U0873433

21世纪普通高等院校规划教材——土木工程类

精编工程力学习题同步解答

主编　陈国平　彭　芸

西南交通大学出版社
·成　都·

内 容 提 要

本书是与陈国平、陶俊林主编的《精编工程力学》相配套的学习辅导书。目的是帮助读者掌握《精编工程力学》各章的基本内容、基本公式和基本的求解方法，使读者牢固把握知识重点、理解知识难点，在学习的过程中提高分析问题解决问题的能力。本书各章均包括知识要点、解题步骤、习题详解3个部分的内容。知识要点主要归纳总结各章知识重点和难点；解题步骤主要讨论各章涉及计算问题的求解方法和解题技巧；习题详解则是对主教材的所有习题给出了详细解答。

本书既可作为学生学习工程力学的参考书，也可作为考研的复习用书、工程技术人员的自学用书和教师的教学参考用书。

图书在版编目（CIP）数据

精编工程力学习题同步解答 / 陈国平，彭芸主编.
—成都：西南交通大学出版社，2014.1（2022.7 重印）
21 世纪普通高等院校规划教材. 土木工程类
ISBN 978-7-5643-2551-0

Ⅰ. ①精… Ⅱ. ①陈… ②彭… Ⅲ. ①工程力学－高等学校－题解 Ⅳ. ①TB12-44

中国版本图书馆 CIP 数据核字（2013）第 188492 号

21 世纪普通高等院校规划教材 —— 土木工程类

精编工程力学习题同步解答

陈国平　彭 芸　主编

*

责任编辑　孟苏成
封面设计　墨创设计

西南交通大学出版社出版发行
四川省成都市金牛区二环路北一段 111 号西南交通大学创新大厦 21 楼
邮政编码：610031　发行部电话：028-87600564
http://www.xnjdcbs.com
成都市书林印刷厂印刷

*

成品尺寸：185 mm×260 mm　印张：12
字数：294 千字
2014 年 1 月第 1 版　2022 年 7 月第 7 印刷
ISBN 978-7-5643-2551-0
定价：33.00 元

图书如有印装质量问题　本社负责退换
版权所有　盗版必究　举报电话：028-87600562

前　言

本书是与西南交通大学出版社出版，陈国平、陶俊林主编的《精编工程力学》(21 世纪普通高等院校规划教材——土木工程类)(以下简称主教材)相配套的教学辅导用书。该书的编写工作由西南科技大学土木工程与建筑学院力学教研室承担并完成。

本书内容与主教材的教学安排完全一致，分为 3 个部分，共 11 章，刚体受力分析与方法 2 章，杆件的基本变形 6 章，杆件的组合变形与压杆稳定 3 章。各章均包括知识要点、解题步骤及习题详解 3 个部分。知识要点和解题步骤旨在使学生了解各章内容的重点难点，掌握基本概念、基本公式和基本的解题方法，使学生既能对基础知识深入理解，又能熟练掌握解题技巧，提高综合运用的能力。习题详解针对主教材的各章习题均给出了详细解答过程，解答重在解题思路的探讨，由浅至深，以便学生能更好地应用各章知识。

本书由西南科技大学的陈国平、张代全、彭芸、李朗、富裕共同编写完成。其中张代全编写了第 1 章和第 2 章；彭芸编写了第 3 章、第 4 章和第 5 章；李朗编写了第 6 章、第 7 章和第 8 章；富裕编写了第 9 章、第 10 章和第 11 章。本书的内容提要、前言以及全书的审稿、修改工作由陈国平和彭芸最后完成。

本书参考了大量国内发行的同类教材，并已一一列于书后，另外本书的撰写还得到了西南科技大学力学教研室同事们的大力支持和帮助，在此一并致谢。

由于编写时间仓促及编者水平所限，书中难免有不当和欠妥之处，敬请读者批评指正。

编　者

2013 年 11 月

目　录

第 1 部分　刚体受力分析与计算

第 2 部分　杆件的基本变形

第 3 部分　杆件的组合变形与压杆稳定

第 1 部分　刚体受力分析与计算

第 1 章　刚体受力分析

1.1　知识要点

1. 本章研究对象和研究内容

（1）研究对象——刚体及刚体系统。

（2）研究内容——理解基本概念，重点掌握静力学公理及其推理，常见约束类型和约束力方向、受力分析。

2. 基本概念

力：物体间的相互作用；力是矢量。对一般物体而言，力是定位矢量；对刚体而言，力是滑移矢量。

刚体：受力不变形的物体。

约束：物体与物体之间接触和连接方式的简化模型，约束的作用是对与之连接物体的运动施加一定的限制条件。

约束力：约束与被约束物体之间的相互作用力。

平衡：物体相对惯性系静止或作匀速直线平移。

3. 静力学公理及其推理

（1）二力平衡公理：作用在刚体上的二力使刚体平衡的充要条件是：大小相等、方向相反、作用在一条直线上。

（2）加减平衡力系公理：在作用于刚体的已知力系中加上或减去任何平衡力系，并不改变原力系对刚体的效应。

（3）力的平行四边形法则：作用于物体上某一点的两力，可以合成为一个合力，合力亦作用于该点上，合力的大小和方向可由这两个力为邻边所构成的平行四边形的对角线确定。

（4）作用力与反作用力定律：两物体间的相互作用力总是大小相等、方向相反，沿同一直线，分别作用在两个物体上。

（5）刚化原理：若将处于平衡状态的变形体刚化为刚体，则平衡状态保持不变。

4. 常见约束类型和约束力方向

（1）柔性约束：由链条、绳索等柔软的、不可伸长的、不计重量的柔性连接物体构成的约束。

约束力方向：沿着绳索，背离物体，是拉力。

（2）光滑接触面约束：两物体直接接触，不计接触处摩擦而构成的约束。

约束力方向：沿过接触点的公法线而指向物体，是压力。

（3）光滑铰链约束：两个构件钻有同样大小的圆孔，并用与圆孔直径相同的光滑销钉连接而构成的约束。

约束力方向：垂直于轴线并通过铰链中心，方向不定，用两个大小未知的正交分力表示。

（4）辊轴支座：铰支座用几个辊轴支承在光滑的支承上，它是光滑接触面约束和光滑铰链约束的复合。

约束力方向：垂直于支承面，且通过铰链中心。

（5）其他。

1.2 解题步骤

受力分析的要领是选择合适的研究对象，正确分析约束和约束力，画出受力图。受力分析过程中要区分内力和外力，正确应用作用力与反作用力定律。具体步骤如下：

（1）选定合适的研究对象，确定分离体。

（2）画出所有作用在分离体上的主动力（一般皆为已知力）。

（3）在分离体的所有约束处，根据约束的性质画出约束力。

1.3 习题详解

1.1 画出各图中物体 A, ABC 或构件 AB, AC 的受力图。未画重力的各物体的重力不计，所有接触面均为光滑接触。

解：各取分离体进行受力分析，如题 1.1 图所示。

（a）

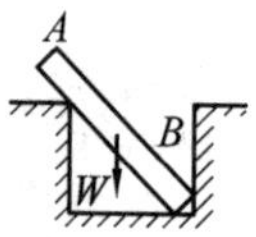

（b）

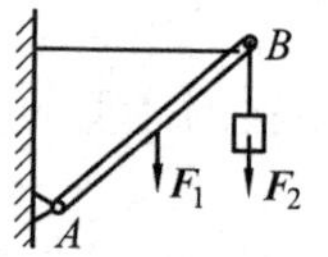

（c）

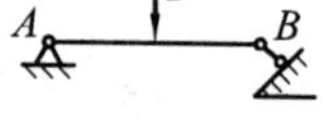

（d）

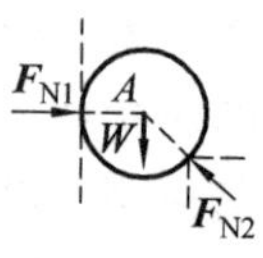

（a1）

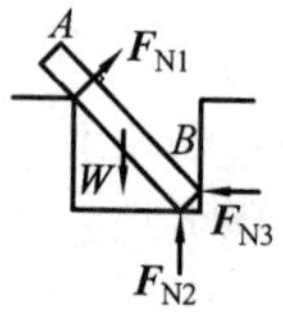

（b1）

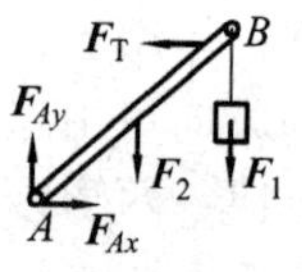

（c1）

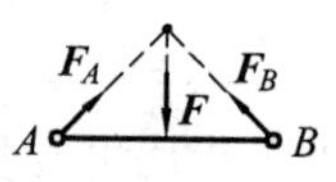

（d1）

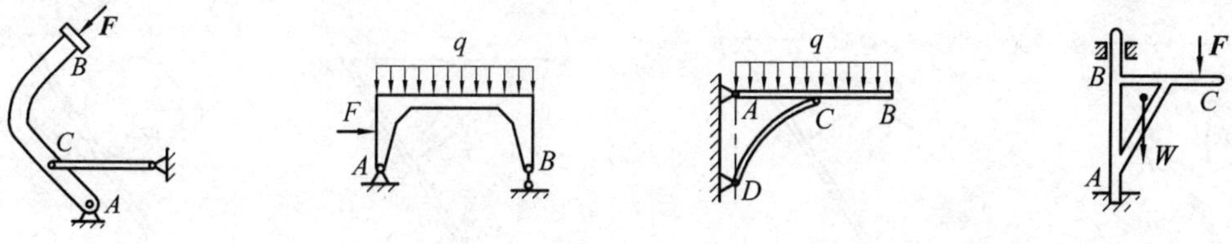

(e)　　(f)　　(g)　　(h)

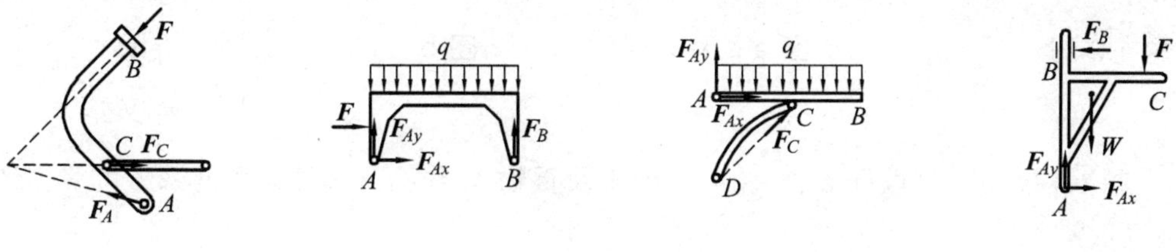

(e1)　　(f1)　　(g1)　　(h1)

题 1.1 图

1.2　画出图中杆件 AB 的受力图。

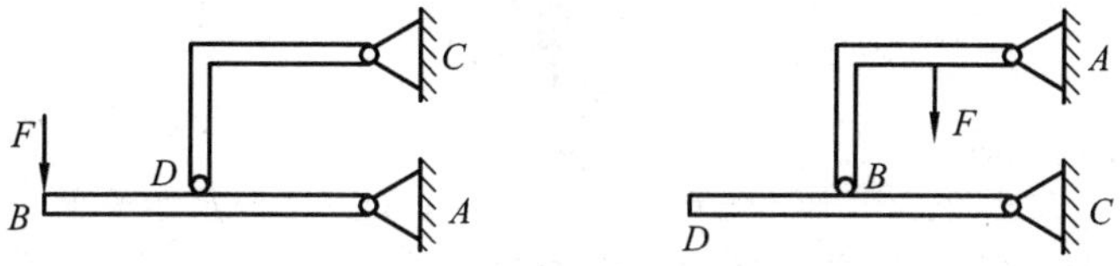

(a)　　(b)

题 1.2 图

解：对于题 1.2 图（a）、题 1.2 图（b），很明显 CD 杆是二力构件，先画 CD 的受力图（图 a1 和图 b1），然后画 AB 的受力图，AB 的受力图有 2 种画法，如下图所示。其中图 a3 和图 b3 用了三力平衡汇交原理。

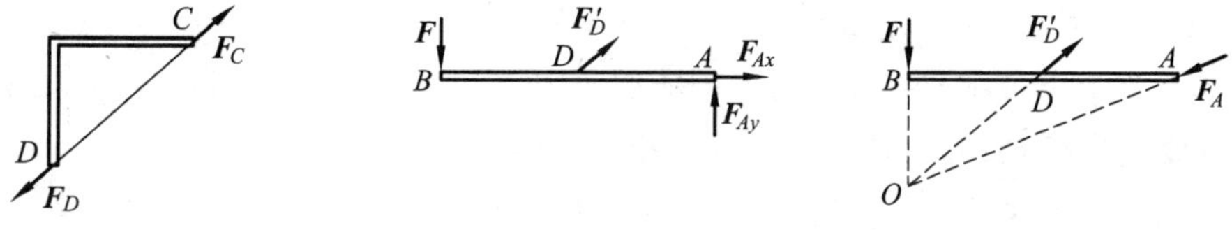

图 a1　　图 a2　　图 a3

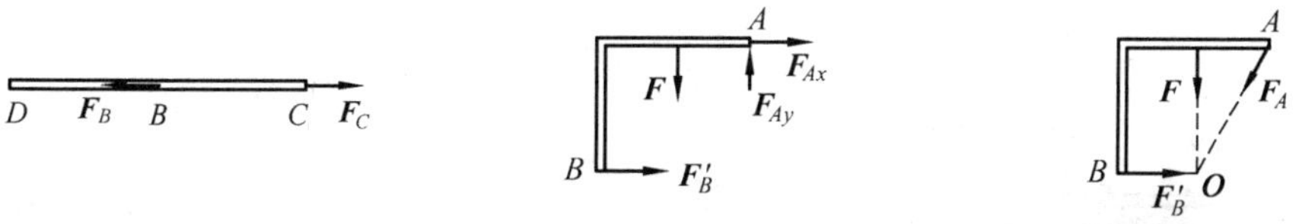

图 b1　　图 b2　　图 b3

1.3　画图中杆 AB 及系统的受力图，各接触面均为光滑面。

解：图 a、图 b 是杆 AB 的受力图，其中图 b 考虑了三力平衡汇交原理，图 c 是系统受力图。

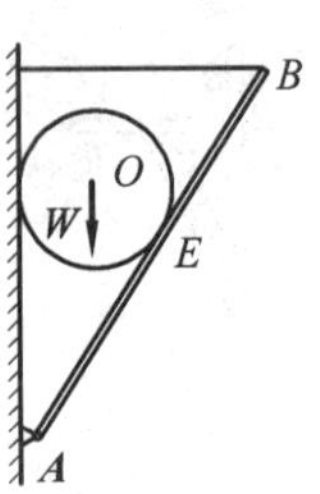

题 1.3 图

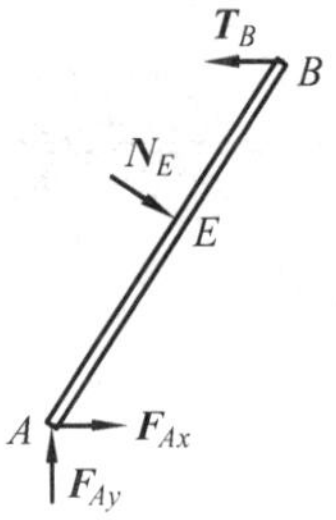

图 a

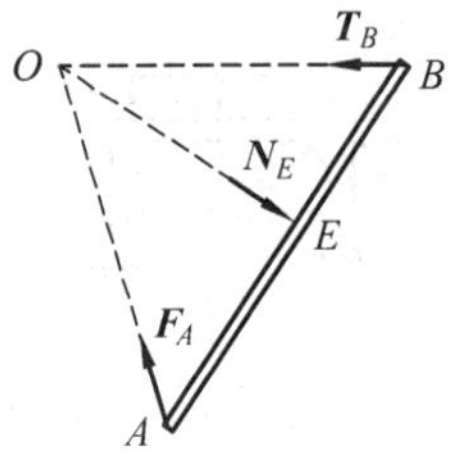

图 b

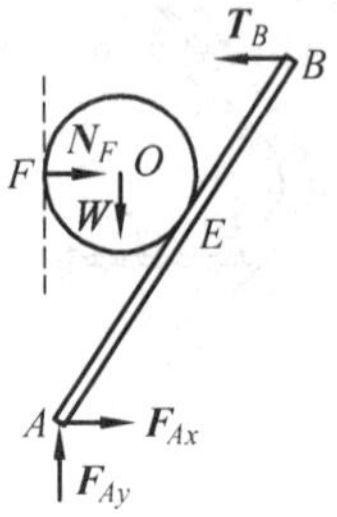

图 c

1.4　题 1.4 图中，试以杆 BC、轮 O、绳索及重物 M 作为分离体，画此系统的受力图。再画杆 AB 的受力图。

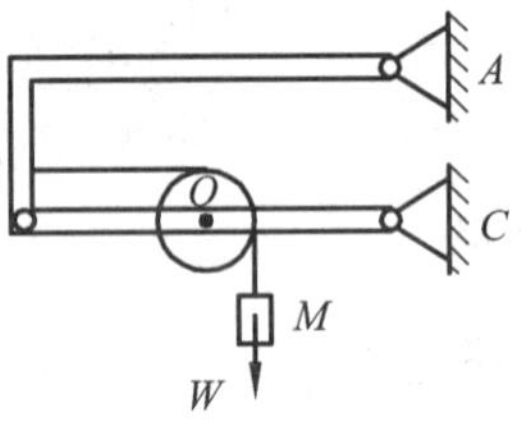

题 1.4 图

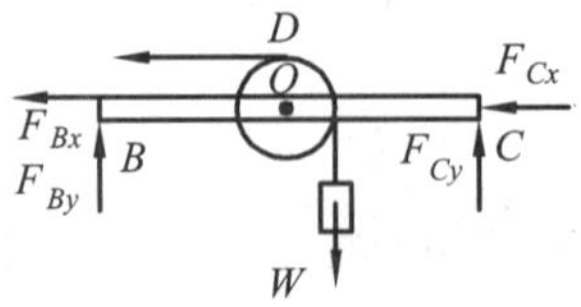

图 a

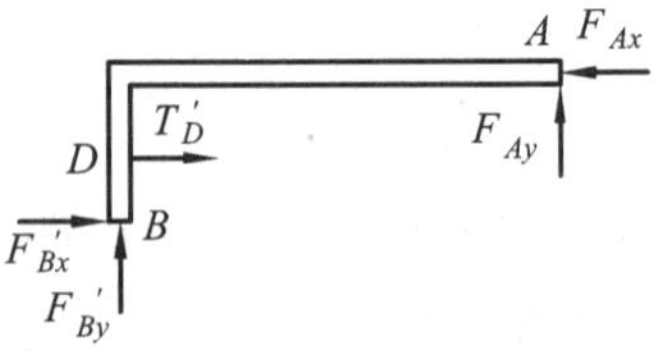

图 b

解：杆 BC、轮 O、绳索及重物 M 组成的系统，受力如图 a 所示；杆 AB 的受力如图 b 所示。

1.5　试画出图中连续梁 AC 杆和 CD 杆的受力图。

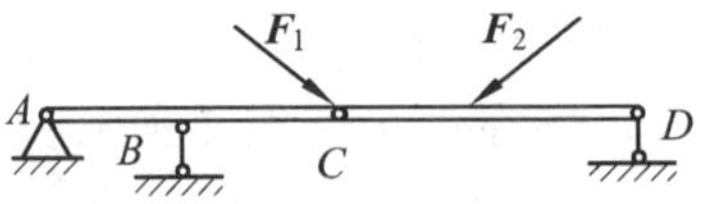

题 1.5 图

解：如图所示，F_1 作用在中间铰 C 上，那么画 AC 和 CD 梁的受力图时，有 2 种画法，一种是把铰 C 分离出来单独分析，另外一种是把铰 C 和其中一个梁看成一个整体来分析，但 2 种方法都要先分析 CD 梁，因为它的受力相对简单些。

第一种方法：分离铰 C。步骤是先分析梁 CD，再分析铰 C，最后分析梁 AB，如图 a、b、c 所示。

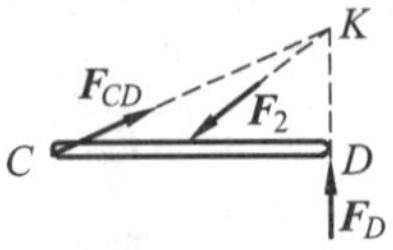

图 a

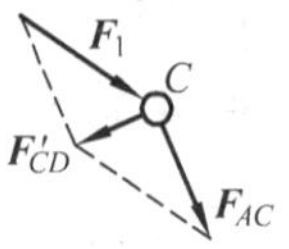

图 b

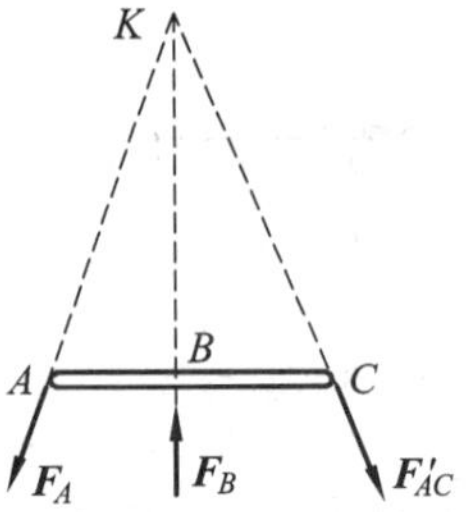

图 c

第二种方法：不分离铰 C，把铰 C 和 AC 梁一起分析，如图 d、e 所示。

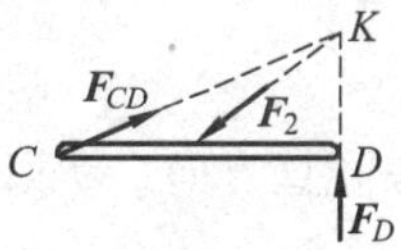

图 d

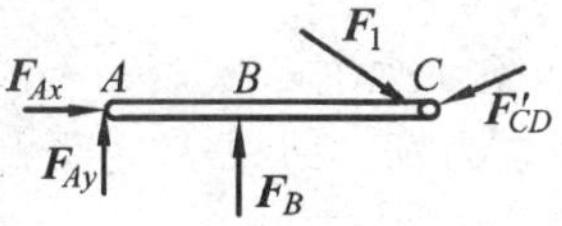

图 e

1.6　按图中给定的结构和载荷，试画：

（1）结构整体的受力图。

（2）杆 *AC* 的受力图

（3）由杆 *AC*，*AE*，*EF* 所组成的系统的受力图。

解：

（1）整体受力如图 a 所示。

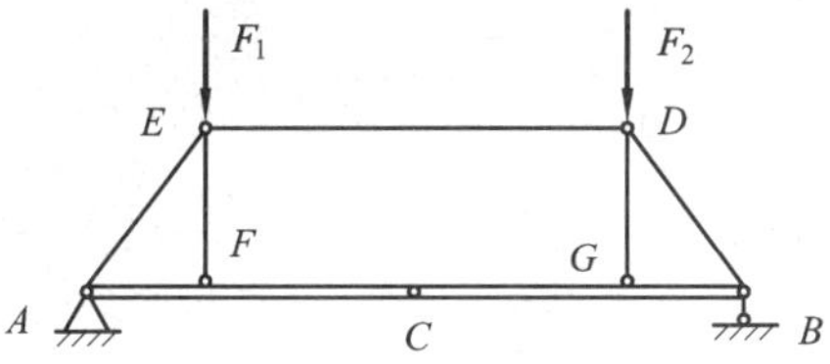

题 1.6 图

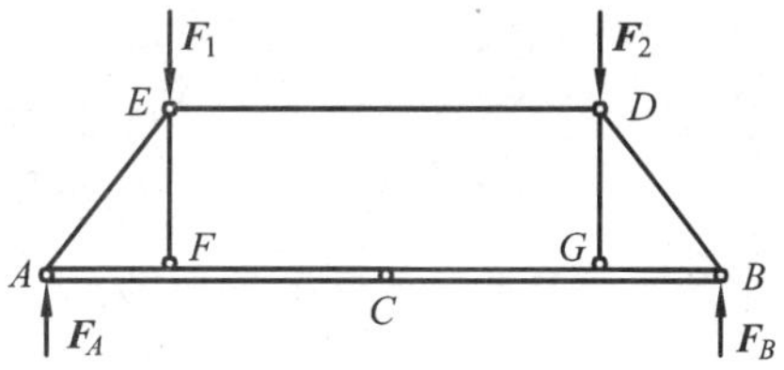

图 a

（2）如果把每个铰节点分离出来，则杆 *ED*、*AE*、*EF*、*DB*、*GD* 都是二力杆。*AC* 的受力图如图 b 所示。

（3）杆 *AC*、*AE*、*EF* 所组成的系统受力图如图 c 所示。

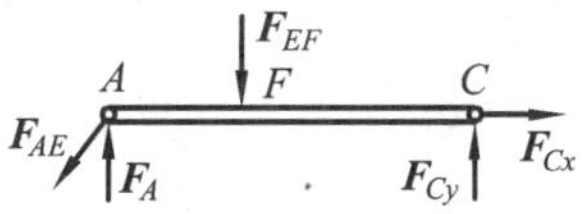

图 b

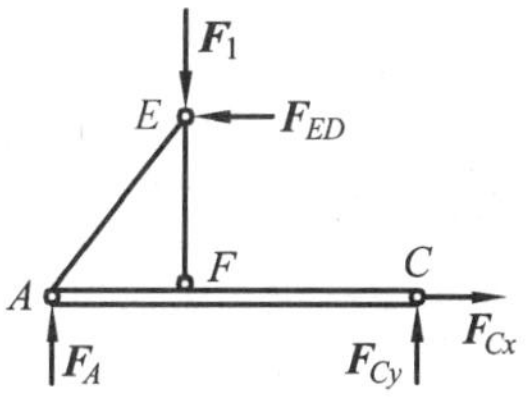

图 c

1.7　按图中给定的结构和载荷，试画：

（1）结构整体的受力图。

（2）杆 *AB* 的受力图。

（3）杆 *CD* 的受力图。

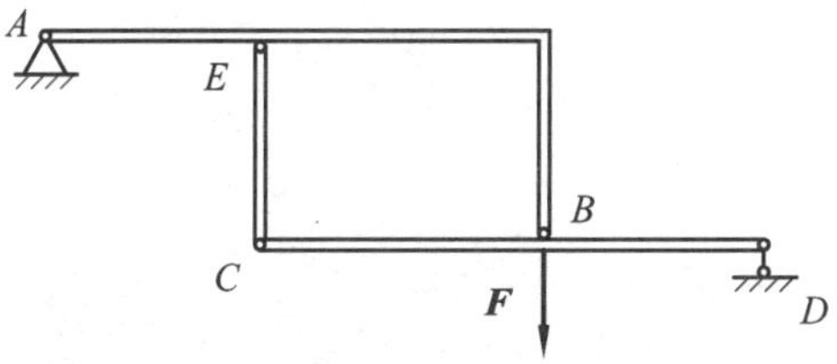

题 1.7 图

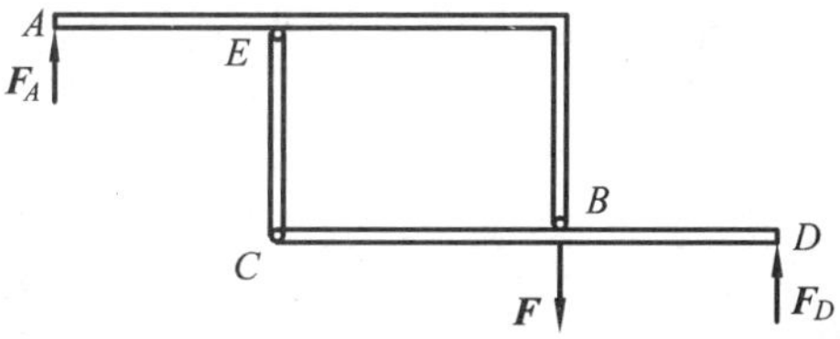

图 a

解：

（1）整体的受力如图 a 所示。

（2）因为杆 EC 为二力杆，所以 E 处受力应该在竖直方向，所以 AB 杆受力如图 b 所示。

（3）杆 CD 的受力如图 c 所示。

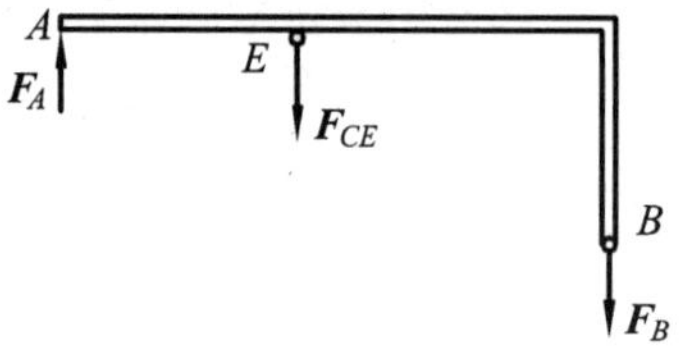

图 b

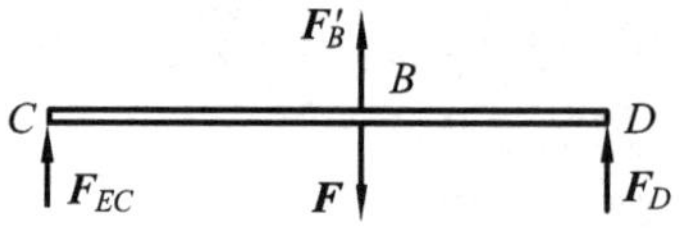

图 c

第2章　力系的分析与计算

2.1　知识要点

1. 本章研究对象和研究内容

（1）研究对象——刚体及刚体系统。

（2）研究内容——理解基本概念，重点掌握平面力系的平衡方程及其应用。

2. 基本概念及定理

力偶：两力大小相等，方向相反且不共线的平行力组成的力系，称为力偶，记作（F，F'）。

力偶矩：力偶对物体的转动效应可用力偶矩来度量，它的大小为力偶中两个力对其作用面内某点的矩的代数和，其值等于力与力偶臂的乘积即 Fd，与矩心位置无关。

平面汇交力系平衡的充要几何条件：力多边形自行封闭。

平面力偶系平衡的充要条件是:所有各力偶矩的代数和等于零。

平面任意力系平衡的充要条件：力系的主矢和主矩都等于零。

合力矩定理：平面汇交力系的合力对平面内任一点的矩，等于所有各分力对同一点的矩的代数和。

力的平移定理：可以把作用于刚体上的力平行移到刚体内任意一点，欲不改变它对刚体的作用效应，必须同时附加一个力偶，附加力偶的力偶矩等于原力对新的作用点之矩。

3. 平面力系平衡方程

平面一般力系的平衡方程：

一矩式	二矩式	三矩式
$\sum F_x = 0$	$\sum F_x = 0$	$\sum M_A = 0$
$\sum F_y = 0$	$\sum M_A = 0$	$\sum M_B = 0$
$\sum M_O = 0$	$\sum M_B = 0$	$\sum M_C = 0$
	A、B 连线不垂直于 x 轴	A，B，C 不共线

平面平行力系的平衡方程：

$\sum F_x = 0$　　成为恒等式

一矩式	二矩式	
$\sum F_y = 0$	$\sum M_A = 0$	A、B 连线不平行于力线
$\sum M_A = 0$	$\sum M_B = 0$	

平面汇交力系的平衡方程：

因 $\sum M_A=0$ 成为恒等式，故

$$\sum F_x=0$$
$$\sum F_y=0$$

平面力偶系的平衡方程：

$$\sum M_i=0$$

2.2 解题步骤

1. 解题步骤与技巧

解题步骤：

(1) 选研究对象。

(2) 画受力图（受力分析）。

(3) 选坐标、取矩点、列平衡方程。

(4) 解方程求出未知数。

解题技巧：

(1) 选坐标轴最好是未知力垂直于投影轴。

(2) 取矩点最好选在未知力的交叉点上。

(3) 充分发挥二力杆的直观性。

(4) 灵活使用合力矩定理。

2. 注意事项

(1) 画整体受力图；若只有 3 个未知数（或有两个未知数可以求解出来）则首先以整体为研究对象。

(2) 画每个局部的受力图；优先以只有 3 个未知数的局部为研究对象。

(3) 解题时，力的指向可以任意设，如果求出负值，说明力的指向与假设相反。

(4) 对于二力构件，一般先设为拉力，如果求出负值，说明物体受压力。

2.3 习题详解

2.1 平面汇交力系如图所示。已知 $F_1=2\ \mathrm{kN}$，$F_2=2.5\ \mathrm{kN}$，$F_3=1.5\ \mathrm{kN}$，求力系合力。

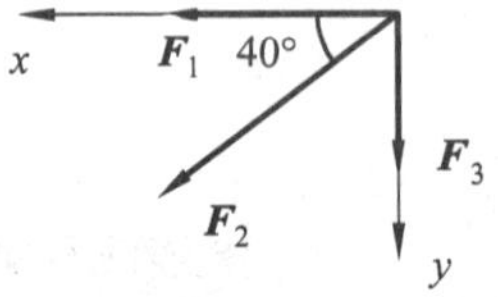

题 2.1 图

解：解析法求解。按照已知坐标系，先求汇交力系的合力大小：

$$\sum F_x = F_1 + F_2 \cdot \cos 40° = 2 + 2.5 \times 0.766 \approx 3.915\ \text{kN}$$
$$\sum F_y = F_3 + F_2 \cdot \sin 40° = 1.5 + 2.5 \times 0.643 \approx 3.11\ \text{kN}$$
$$F_R = \sqrt{(\sum F_x)^2 + (\sum F_y)^2} = \sqrt{3.915^2 + 3.11^2} \approx 5\ \text{kN}$$

合力与 x 轴的夹角：$\angle(F_R, x) = \arccos\left(\dfrac{\sum F_x}{F_R}\right) = \arccos\left(\dfrac{3.915}{5}\right) \approx 38.2°$

2.2 平面汇交力系如图所示。已知 $F_1 = 600$ N，$F_2 = 300$ N，$F_3 = 400$ N，求力系合力。

解：解析法求解。按照已知坐标系，先求汇交力系的合力大小：

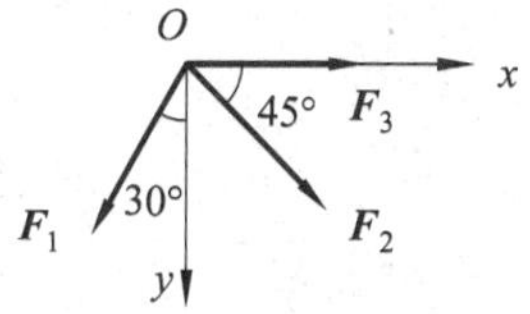

题 2.2 图

$$\sum F_x = -F_1 \cdot \sin 30° + F_2 \cdot \cos 45° + F_3$$
$$= -600 \times 0.5 + 300 \cdot \frac{\sqrt{2}}{2} + 400 \approx 312\ \text{N}$$
$$\sum F_y = F_1 \cos 30° + F_2 \cdot \sin 45°$$
$$= 600 \times \frac{\sqrt{3}}{2} + 300 \cdot \frac{\sqrt{2}}{2} = 731.7\ \text{N}$$
$$F_R = \sqrt{(\Sigma F_x)^2 + (\Sigma F_y)^2} = \sqrt{312.1^2 + 731.7^2} = 795\ \text{N}$$

合力与 x 轴的夹角：$\angle(F_R, x) = \arccos\left(\dfrac{\sum F_x}{F_R}\right) = \arccos\left(\dfrac{312}{795}\right) \approx 66.9°$

2.3 物体重 $W = 20$ kN，用绳子挂在支架的滑轮 B 上，绳子的另一端接在铰 D 上，如图所示。转动铰，物体便能升起。设滑轮的大小、AB 与 CB 杆自重及摩擦略去不计，A，B，C 3 处均为铰链连接。当物体处于平衡状态时，求拉杆 AB 和支杆 CB 所受的力。

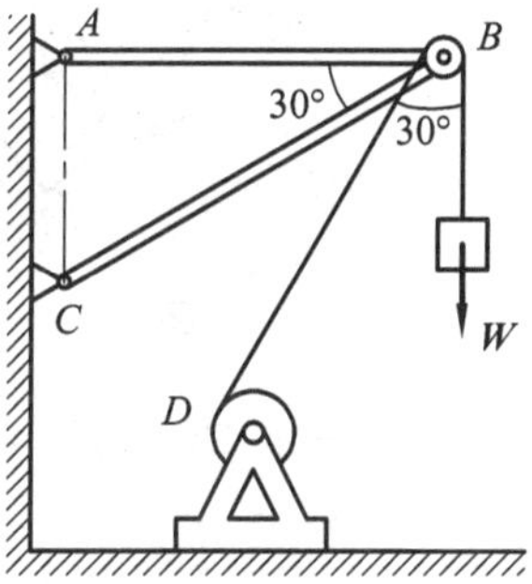

题 2.3 图

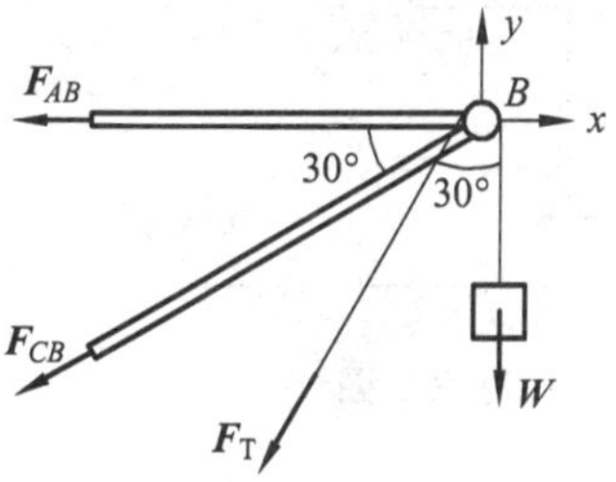

图 a

解：取支架、滑轮及重物为研究对象，画受力图，如图 a 所示。

选取直角坐标系 Bxy，建立平衡方程

$$\sum F_x = 0,\ -F_{AB} - F_{BC} \cos 30° - F_T \sin 30° = 0 \quad (1)$$
$$\sum F_y = 0,\ -F_{BC} \sin 30° - F_T \cos 30° - W = 0 \quad (2)$$

由于 $F_T = W = 20$ kN，将 F_T、W 代入方程（1），（2）得

$$F_{AB}=54.6\ \text{kN}（拉力），F_{BC}=-74.6\ \text{kN}（压力）$$

2.4　如图所示，试计算图中 F 对点 O 之矩。

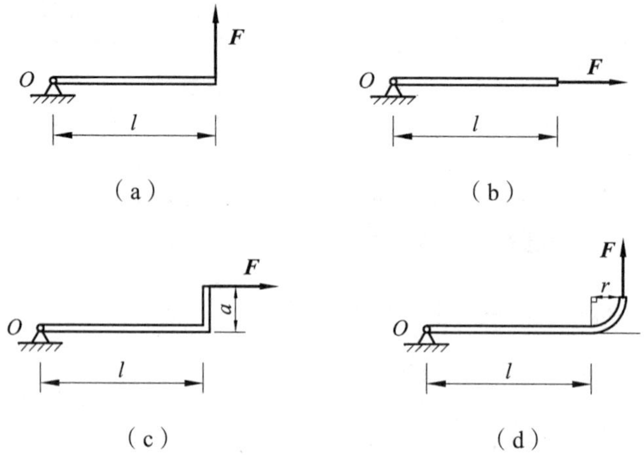

题 2.4 图

解：取逆时针方向为正，力 F 对 O 点之矩等于力的大小乘以力臂之积。

题 2.4 图（a）：$M_O=F\cdot l=Fl$

题 2.4 图（b）：$M_O=F\cdot 0=0$

题 2.4 图（c）：$M_O=-F\cdot a=-Fa$

题 2.4 图（d）：$M_O=F\cdot(l+r)=Fl+Fr$

2.5　如图所示，结构受力偶矩为 m 的力偶作用，求支座 A 的约束力。

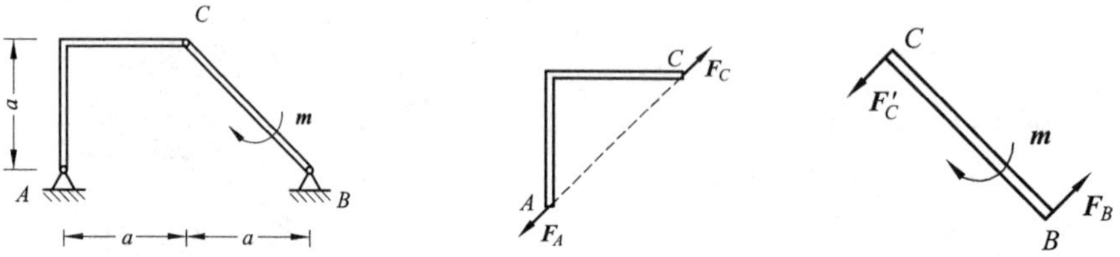

题 2.5 图　　　　图 a　　　　图 b

解：可以看出，AC 是二力构件，AC 和 BC 的受力图分别如图 a、b 所示，由受力图可以得到 $F_A=F_C=F_B$；

由图 b 可以列平面力偶系平衡方程

$$\sum M_C=m-F_B\cdot\sqrt{2}a=0$$

解之得 $F_B=\dfrac{\sqrt{2}m}{2a}$，所以 A 处的支座反力 $F_A=F_B=\dfrac{\sqrt{2}m}{2a}$。

2.6　如图所示，机构中的曲柄 OA 和 O_1B 上各自作用一已知的力偶，使机构处于平衡状态。设 $O_1B=r$，求支座 O_1 的约束力及曲柄 OA 的长度。

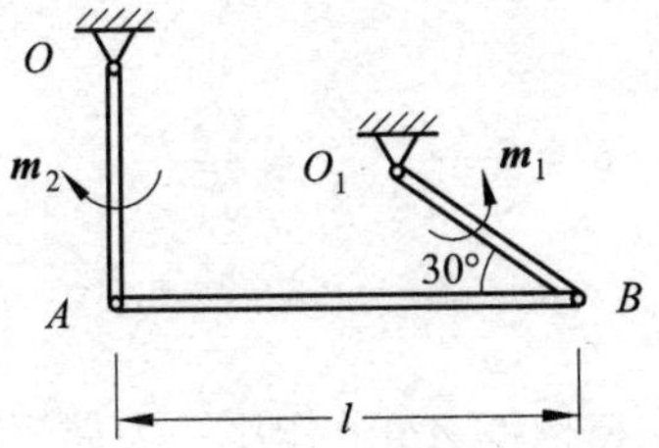

题 2.6 图

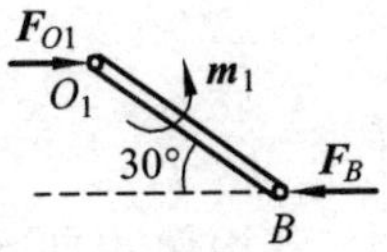

图 a

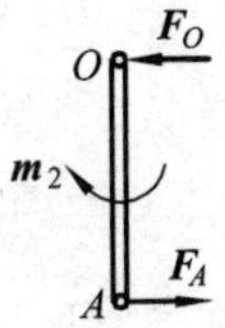

图 b

解：由题意可知，AB 杆是二力杆，受力必然在水平方向，则 O_1B 杆和 OA 杆的受力图如图 a，b 所示。

由图 a 可以列平面力偶系平衡方程 $\sum M_B = m_1 - F_{O1} \cdot r \cdot \sin 30° = 0$

解之可得 $F_{O_1} = \dfrac{2m_1}{r}$，所以 $F_A = F_B = F_{O_1} = \dfrac{2m_1}{r}$。

同理，由图 b 可以列平面力偶系平衡方程 $\sum M_O = F_A \cdot \overline{OA} - m_2 = 0$

解之可得 $\overline{OA} = \dfrac{rm_2}{2m_1}$。

2.7 如图所示，结构受给定力偶的作用。求支座 A 和铰 C 的约束力。

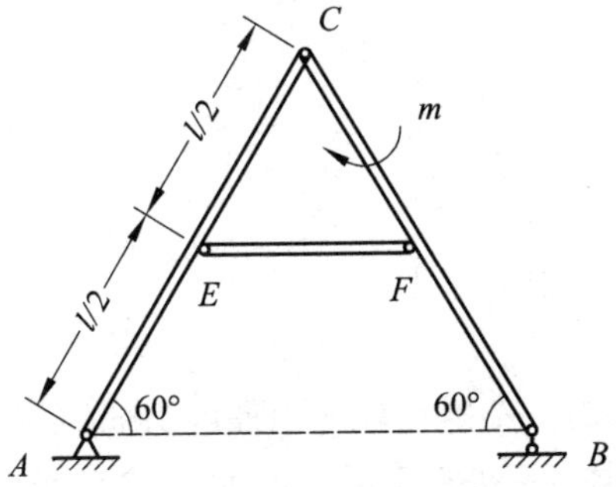

题 2.7 图

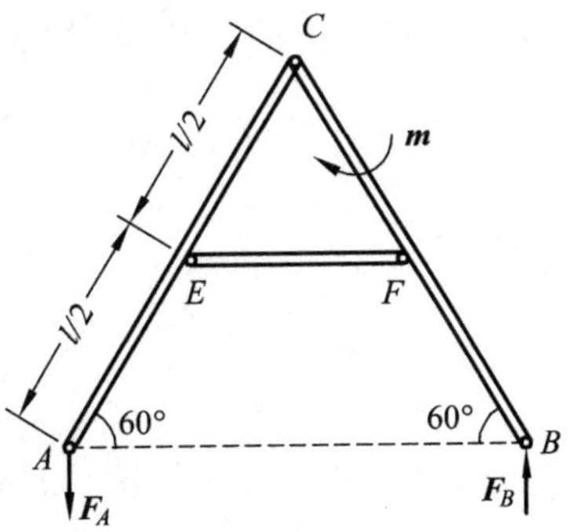

图 a

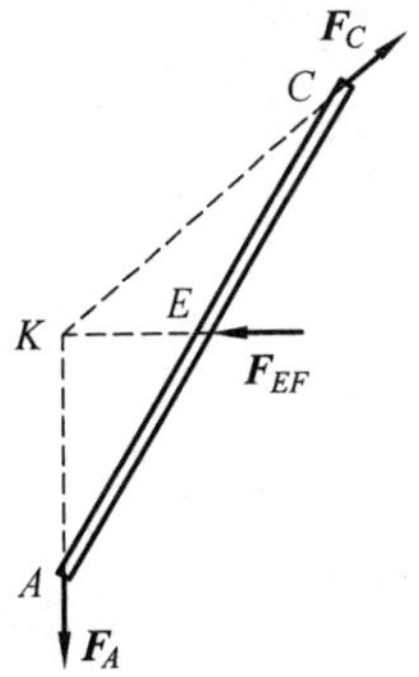

图 b

解：先对整体进行分析，受力如图 a 所示，列平面力偶系平衡方程

$$\sum M_B = F_A \cdot l - m = 0$$

解之可得

$$F_A = \frac{m}{l} \tag{1}$$

再对杆 AC 分析，由于杆 EF 是二力杆，其受力方向必在水平方向，所以杆 AC 的受力图如图 b 所示，列平衡方程

$$F_C \cdot \sin\angle CKE - F_A = 0 \tag{2}$$

分析三角形 CKE，其中 $CE = \dfrac{l}{2}$，$KE = \dfrac{l}{4}$，$\angle CEK = 120°$，由余弦定理得

$$CK = \sqrt{CE^2 + KE^2 - 2CE \cdot KE \cdot \cos\angle CEK} = \sqrt{\left(\frac{l}{2}\right)^2 + \left(\frac{l}{4}\right)^2 - 2 \cdot \frac{l}{2} \cdot \frac{l}{4} \cdot (-0.5)} = \frac{\sqrt{7}}{4} l$$

再由正弦定理可得

$$\frac{CE}{\sin\angle CKE}=\frac{CK}{\sin\angle CEK}\text{，所以}\sin\angle CKE=\frac{CE}{CK}\sin\angle CEK=\frac{l/2}{\sqrt{7}l/4}\frac{\sqrt{3}}{2}=\frac{\sqrt{3}}{\sqrt{7}}$$

代入方程（1）、（2），可得 $F_C=\sqrt{\frac{7}{3}}\frac{m}{l}$。

2.8　在如图所示结构中，各构件的自重略去不计。在构件 AB 上作用一力偶矩为 M 的力偶，求支座 A 和支座 C 的约束力。

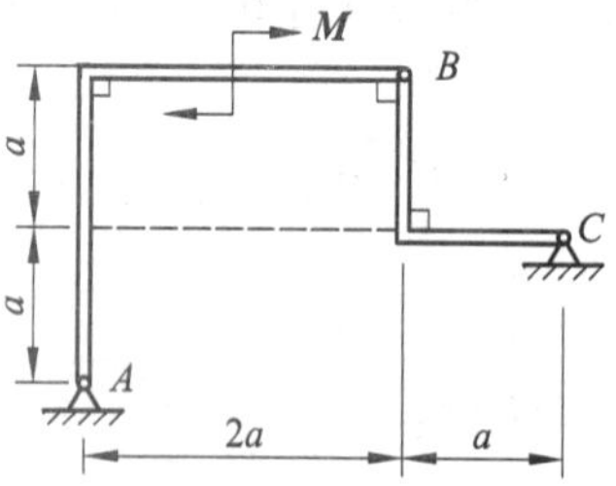

题 2.8 图

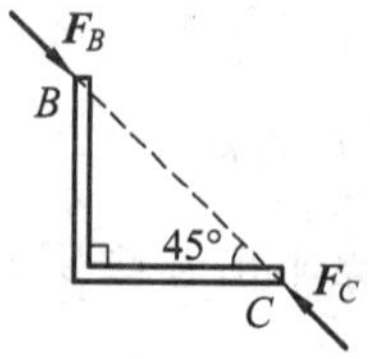

图 a

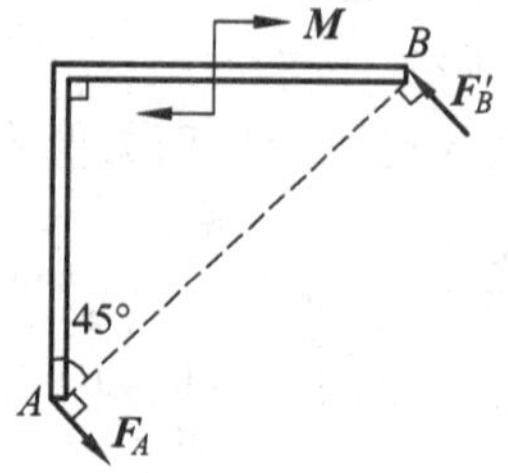

图 b

解：（1）BC 为二力杆，$F_C=F_B$，如图 a 所示。

（2）研究对象 AB，受力如图 b 所示：F_A, F_B' 构成力偶，则

$$\sum M=0\text{，}\quad F_A\cdot\sqrt{2}\cdot 2a-M=0$$

$$F_A=\frac{M}{2\sqrt{2}a}=\frac{\sqrt{2}M}{4a}$$

$$F_C=F_B=F_A=\frac{\sqrt{2}M}{4a}$$

2.9　直角弯杆 $ABCD$ 与直杆 DE 及 EC 铰接。如图所示，作用在杆上力偶的力偶矩 $M=40\ \text{kN}\cdot\text{m}$，不计各构件自重，不考虑摩擦，尺寸如图。求支座 A，B 处的约束力及杆 EC 的受力。

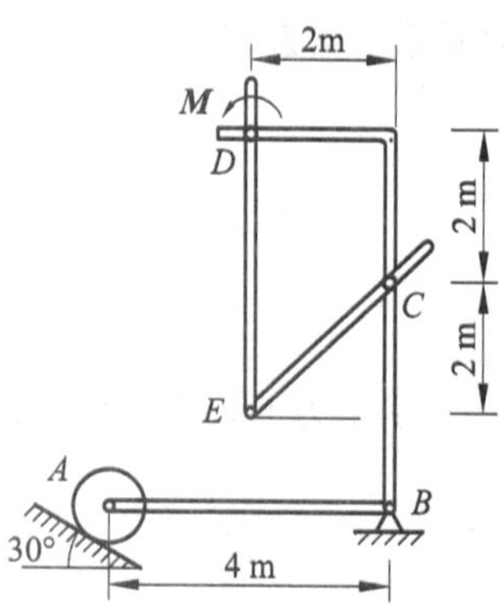

题 2.9 图

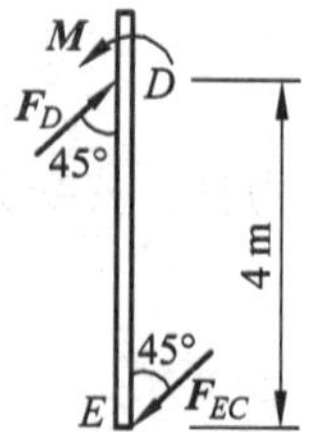

图 a

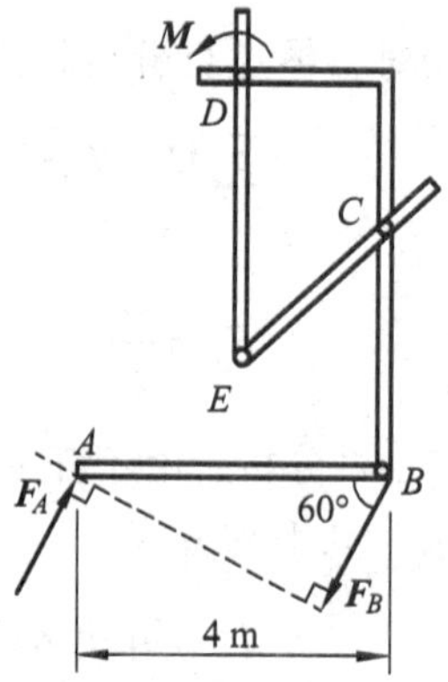

图 b

解：EC 为二力杆。

（1）研究对象 DE 和受力，如图（a）所示

$$\sum M_D = 0,\quad -F_{EC}\cdot 4\cdot\frac{\sqrt{2}}{2}+M=0$$

$$F_{EC}=\frac{40}{2\sqrt{2}}=10\sqrt{2}=14.1\ \text{kN}$$

（2）研究对象整体，受力如图（b）所示

$$F_A = F_B$$

$$\sum M = 0,\ M - F_A\cdot 4\cdot\cos 30^\circ = 0$$

$$F_A=\frac{20}{\sqrt{3}}\approx 11.5\ \text{kN},\quad F_B\approx 11.5\ \text{kN}$$

2.10　在如图所示机构中，曲柄 OA 上作用一力偶，其矩为 M；另在滑块 D 上作用水平力 F。机构尺寸如图所示，各杆自重不计。求当机构平衡时，力 F 与力偶矩 M 的关系。

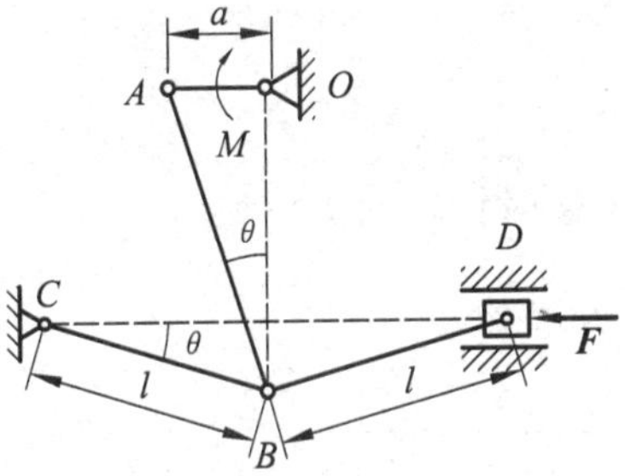

题 2.10 图

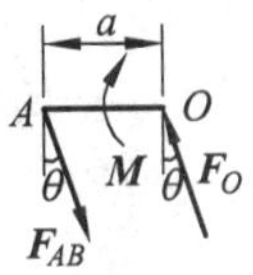

图 a

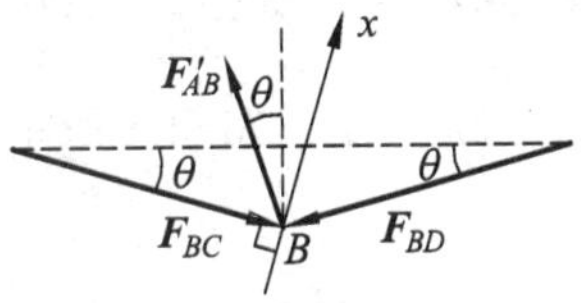

图 b

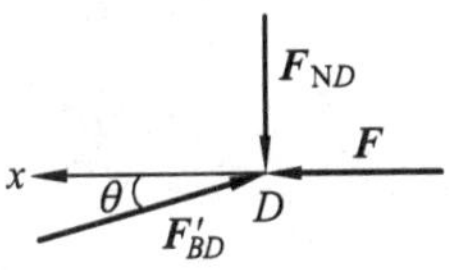

图 c

解：

（1）研究对象：AO，受力图如图 a 所示

$$\sum M_O = 0,\quad F_{AB}\cos\theta\cdot a = M,\quad F_{AB}=\frac{M}{a\cos\theta}$$

（2）研究对象：B，受力图如图 b 所示

$$\sum F_x = 0,\quad F'_{AB}\cos 2\theta - F_{BD}\sin 2\theta = 0 \qquad (1)$$

由式（1），$F_{BD}=\dfrac{F'_{AB}\cos 2\theta}{\sin 2\theta}=\dfrac{M\cos 2\theta}{a\cos\theta\sin 2\theta}$

（3）研究对象：D，受力图如图 c 所示

$$\sum F_x = 0,\ F - F_{BD}\cos\theta = 0 \qquad (2)$$

由式（2），即 $F=\dfrac{M}{a}\cot 2\theta$。

2.11　如图所示，已知 $F_1 = 150$ N，$F_2 = 200$ N，$F_3 = 300$ N，$F = F' = 200$ N。求力系向点 O 的简化结果，并求力系合力的大小及其与原点 O 的距离 d。

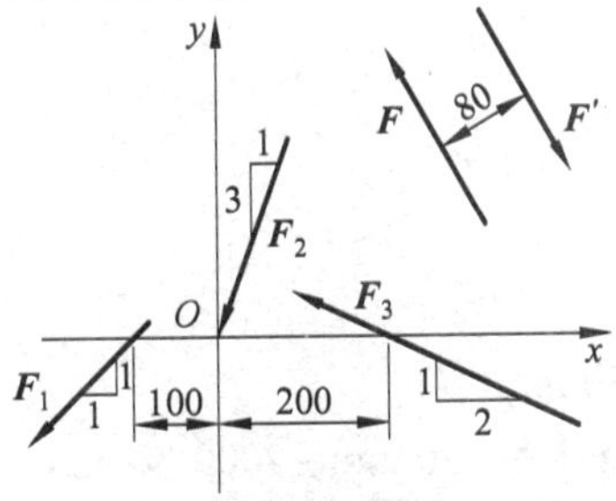

题 2.11 图

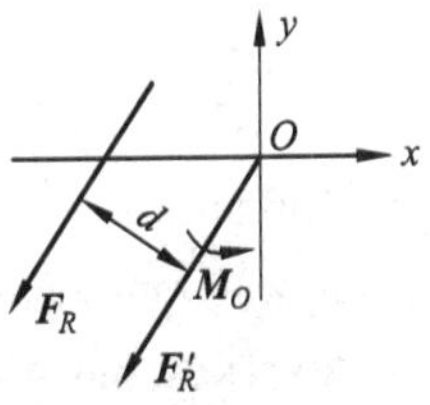

图 a

解：

（1）求合力 F_R 的大小。

$$\sum F_x=-F_1\cdot\frac{1}{\sqrt{2}}-F_2\cdot\frac{1}{\sqrt{10}}-F_3\cdot\frac{2}{\sqrt{5}}$$

$$=-150\cdot\frac{1}{\sqrt{2}}-200\cdot\frac{1}{\sqrt{10}}-300\cdot\frac{2}{\sqrt{5}}=-437.62\ \text{N}$$

$$\sum F_y=-F_1\cdot\frac{1}{\sqrt{2}}-F_2\cdot\frac{3}{\sqrt{10}}-F_3\cdot\frac{1}{\sqrt{5}}$$

$$=-150\cdot\frac{1}{\sqrt{2}}-200\cdot\frac{3}{\sqrt{10}}+300\cdot\frac{1}{\sqrt{5}}=-161.62\ \text{N}$$

主矢 $$F_R'=\sqrt{(\sum F_x)^2+(\sum F_y)^2}=\sqrt{(-437.62)^2+(-161.62)^2}=466.5\ \text{N}$$

主矩 $$M_O=F_1\cdot\frac{10}{\sqrt{2}}+F_3\cdot\frac{20}{\sqrt{5}}-F\cdot 8$$

$$=150\cdot\frac{10}{\sqrt{2}}+300\cdot\frac{20}{\sqrt{5}}-200\cdot 8=21.44\ \text{N}\cdot\text{m}\ （逆时针转向）$$

合力 F_R 在原点 O 的左侧上方，如图 a 所示，且 $F_R=F_R'=466.5\ \text{N}$。

（2）求距离 d。

$$d=\left|\frac{M_O}{R'}\right|=\frac{21.44}{466.5}=0.045\ 9\ \text{m}=4.59\ \text{cm}\ （图 a）$$

2.12 如图所示，平面一般力系中 $F_1=40\sqrt{2}$ N，$F_2=80$ N，$F_3=40$ N，$F_4=110$ N，$M=$ 2 000 N · mm。各力作用线位置如图所示。求：（1）力系向点 O 简化的结果；（2）力系的合力大小、方向及合力作用线方程。

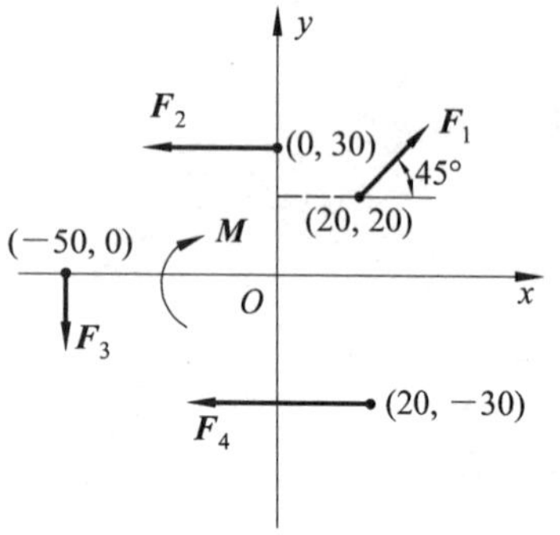

题 2.12 图

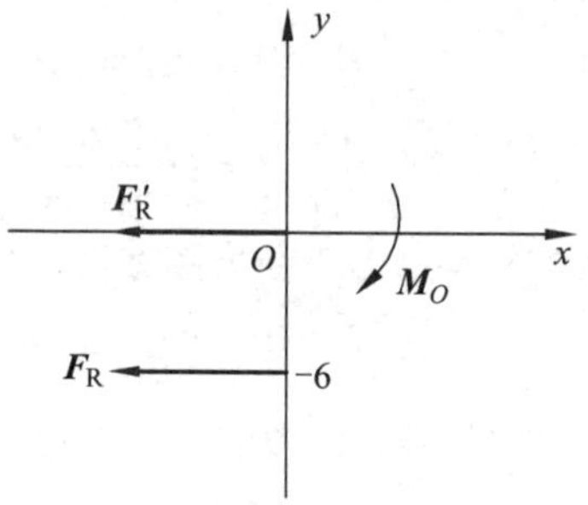

图 a

解：

（1）$$F_{Rx}'=F_1\cdot\frac{\sqrt{2}}{2}-F_2-F_4=-150$$

$$F_{Ry}'=F_1\cdot\frac{\sqrt{2}}{2}-F_3=0$$

$$F_R'=-150\ \text{N}$$

$$M_O=F_2\times 30\ \text{mm}+F_3\times 50\ \text{mm}-F_4\times 30\ \text{mm}-M$$

$$=80\ \text{N}\times 30\ \text{mm}+40\ \text{N}\times 50\ \text{mm}-110\ \text{N}\times 30\ \text{mm}-2000\ \text{N}\cdot\text{mm}$$

$$=-900\ \text{N}\cdot\text{mm}$$

（2）合力。

大小：$F_R = 150$ N，方向水平向左。合力作用线方程

$$|y| = \left|\frac{M_O}{F_R}\right| = \frac{900\ \text{N}\cdot\text{mm}}{150\ \text{N}} = 6\ \text{mm}$$

由 M_O 转向知道合力作用线方程为 $y = -6$ mm，如图 a 所示。

2.13　如图所示，挡土墙自重 $W = 400$ kN，土压力 $F = 320$ kN，水压力 $H = 176$ kN。试求上述各力组成的力系向底边中心简化的结果，并求力系合力作用线的位置。

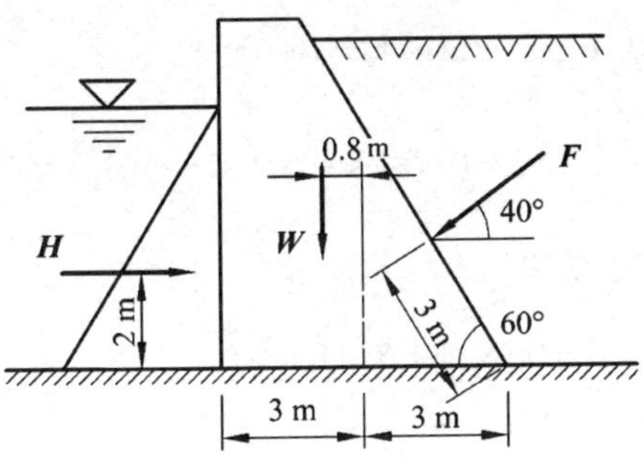

题 2.13 图

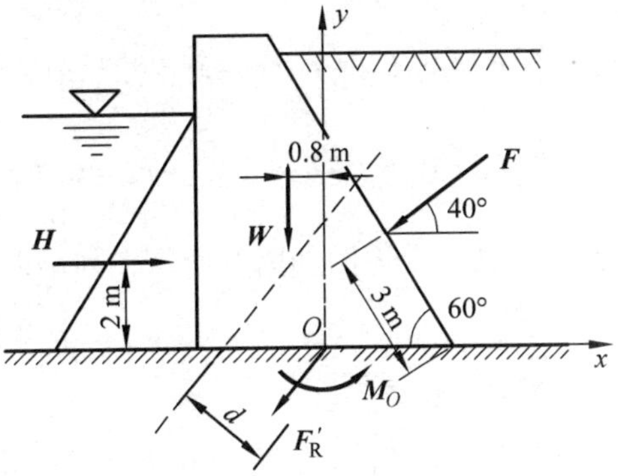

图 a

解：如图 a 所示建立直角坐标系

$$\sum F_x = H - F\cdot\cos 40° = 176 - 320\times 0.766 \approx -69.12\ \text{kN}$$

$$\sum F_y = -W - F\cdot\sin 40° = -400 - 320\times 0.643 \approx -605.76\ \text{kN}$$

主矢　$$F_R' = \sqrt{(\Sigma F_x)^2 + (\Sigma F_y)^2} = \sqrt{(-69.12)^2 + (-605.76)^2} = 609.69\ \text{kN}$$

主矩　$$\begin{aligned} M_O &= F\cos 40°\cdot 3\cdot\sin 60° - F\sin 40°\cdot(3 - 3\cdot\cos 60°) + W\cdot 0.8 - H\cdot 2 \\ &= 320\times 0.766\times 3\times 0.866 - 320\times 0.643\times(3 - 3\times 0.5) + 400\times 0.8 - 176\times 2 \\ &= 296.18\ \text{kN}\cdot\text{m}\quad（逆时针转向） \end{aligned}$$

由 M_O 转向可知合力作用线在 O 点左侧，如图 a 所示。

$$d = \left|\frac{M_O}{F_R'}\right| = \frac{296.18\ \text{kN}\cdot\text{m}}{609.69\ \text{kN}} = 0.49\ \text{m}$$

可得合力作用线方程近似为　$y = 8.76x + 0.49$ m。

2.14　如图所示，外伸梁受力 F 和力偶矩为 m 的力偶作用。已知 $F = 2$ kN，$m = 2$ kN·m，求支座 A 和 B 的反力。

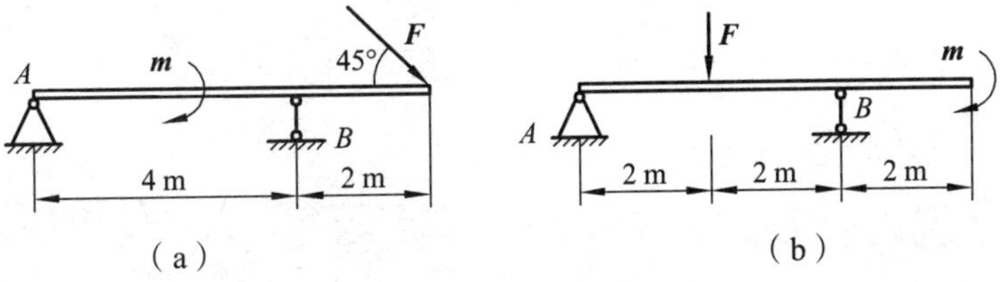

题 2.14 图

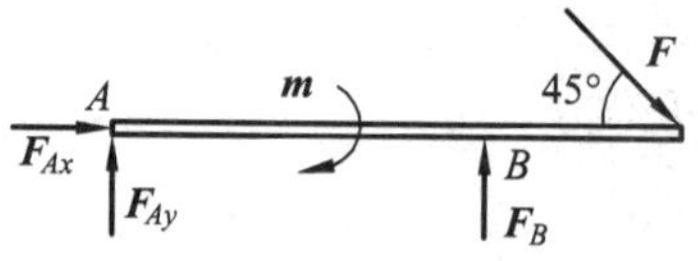

图 a

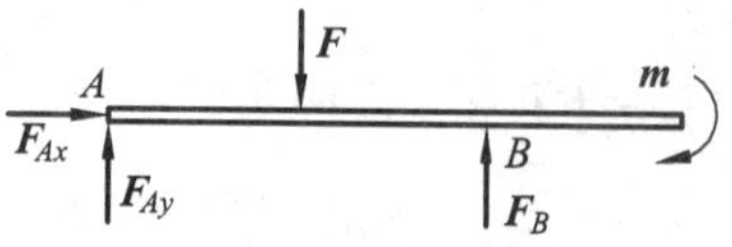

图 b

解：

（1）梁 AB，受力图如图 a 所示，列平面力系平衡方程

$$\sum M_A=0,\ F_B\times4-F\sin45°\times6-m=0,\ F_B\times4-2\times\frac{\sqrt2}{2}\times6-2=0,\ F_B\approx2.62\text{ kN}（\uparrow）$$

$$\sum F_x=0,\ F_{Ax}+F\cdot\cos45°=0,\ F_{Ax}+2\times\frac{\sqrt2}{2}=0,\ F_{Ax}\approx-1.414\text{ kN}（\leftarrow）$$

$$\sum F_y=0,\ F_{Ay}-F\cdot\sin45°+F_B=0,\ F_{Ay}-2\times\frac{\sqrt2}{2}+2.62=0,\ F_{Ay}\approx-1.21\text{ kN}（\downarrow）$$

（2）梁 AB，受力图如图 b 所示，列平面力系平衡方程

$$\sum M_A=0,\ F_B\times4-F\times2-m=0,\ F_B\times4-2\times2-2=0,\ F_B=1.5\text{ kN}（\uparrow）$$
$$\sum F_x=0,\ F_{Ax}=0$$
$$\sum F_y=0,\ F_{Ay}-F+F_B=0,\ F_{Ay}-2+1.5=0,\ F_{Ay}\approx0.5\text{ kN}（\uparrow）$$

2.15　无重水平梁的支承和载荷如图所示。已知力 F、力偶矩为 M 的力偶和载荷集度为 q 的均布载荷。求支座 A 和 B 处的约束力。

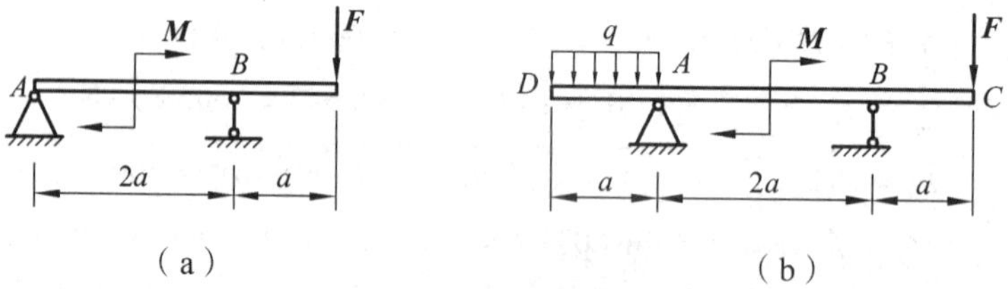

题 2.15 图

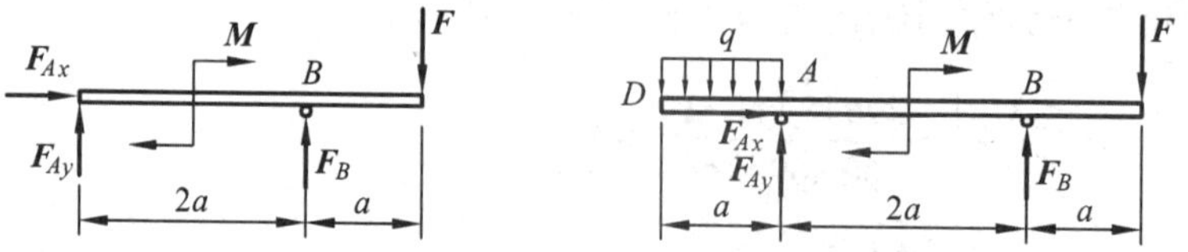

图 a　　　　图 b

解：

（1）梁 AB，受力图如图 a 所示，列平面力系平衡方程

$$\sum M_A=0,\ F_B\times2a-M-F\times3a=0,\ F_B=\frac{1}{2}\left(3F+\frac{M}{a}\right)$$

$$\sum F_x=0,\ F_{Ay}=0$$

$$\sum F_y=0,\ F_{Ay}+F_B-F=0,\quad F_{Ay}=F-F_B=-\frac{1}{2}\left(F+\frac{M}{a}\right)$$

（2）梁 AB，受力图如图 b 所示，列平面力系平衡方程

$$\sum M_A = 0,\ \frac{1}{2}qa^2 + F_B \times 2a - F \times 3a - M = 0,\ F_B = \frac{1}{2}\left(3F + \frac{M}{a} - \frac{1}{2}qa\right)$$

$$\sum F_x = 0,\ F_{Ay} = 0$$

$$\sum F_y = 0,\ F_A + F_B - F - qa = 0,\ F_A = -\frac{1}{2}\left(F + \frac{M}{a} - \frac{5}{2}qa\right)$$

2.16 如图所示三铰拱，各部分尺寸如图所示。拱的顶面承受集度为 q 的均布载荷。若已知 q，l，h，且不计拱结构的自重，试求 A，B 二处的约束力。

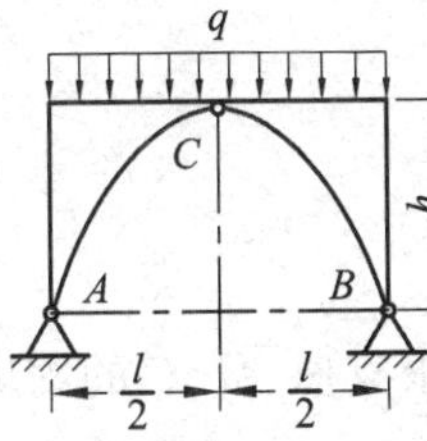

题 2.16 图

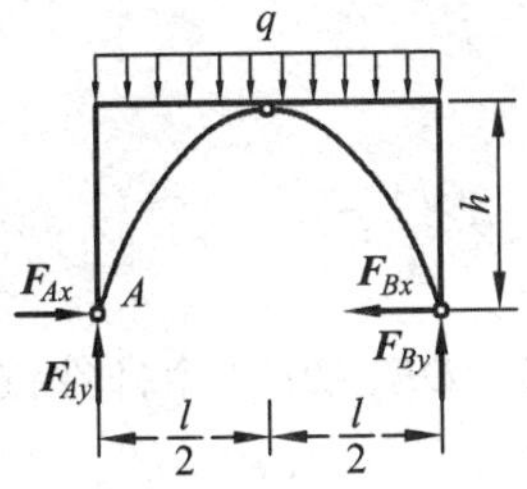

图 a

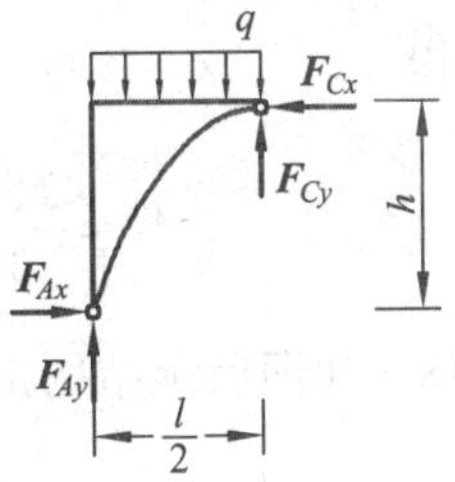

图 b

解：（1）整体，受力图如图 a 所示：

$$\sum M_A = 0,\ F_{By} \cdot l - \frac{1}{2}ql^2 = 0,\ F_{By} = \frac{1}{2}ql$$

$$\sum F_y = 0,\ F_{Ay} + F_{By} - ql = 0,\ F_{Ay} = \frac{1}{2}ql$$

$$\sum F_x = 0,\ F_{Ax} - F_{Bx} = 0$$

（2）分析左半拱 AC，受力如图 b 所示

$$\sum M_C = 0,\ F_{Ax} \cdot h - F_{Ay} \cdot \frac{l}{2} + q \cdot \frac{l}{2} \cdot \frac{l}{4} = 0,\ F_{Ax} = \frac{ql^2}{8h}$$

综上，A，B 处的支座反力为

$$F_{Ax} = F_{Bx} = \frac{ql^2}{8h},\quad F_{Ay} = F_{By} = \frac{1}{2}ql$$

2.17 如图所示结构，AB，BC 和 CD 杆通过铰相互连接。在 CD 杆上受一水平集中力 F 作用。当结构处于平衡时，需要在 E 处施加多大的力偶 M 作用？并求 A 点的约束力。

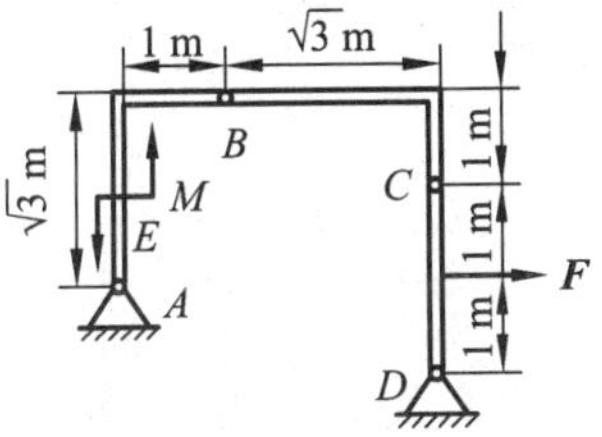

题 2.17 图

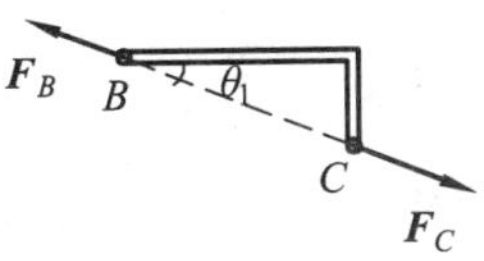

图 a

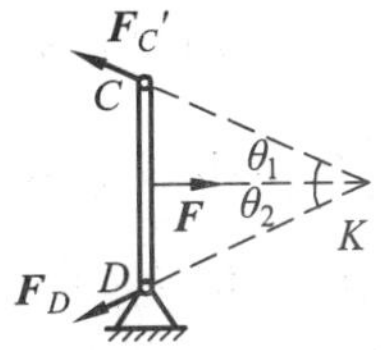

图 b

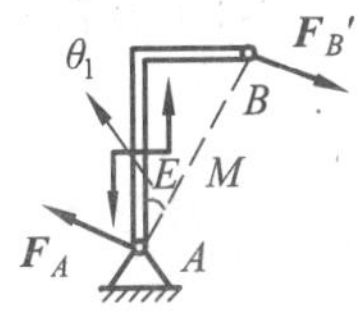

图 c

解：

（1）BC 杆是二力杆，受力如图 a 所示，有

$$F_B = F_C$$

（2）取 CD 杆为研究对象，受力如图 b 所示，是一个平面汇交力系

$$\sum F_x = 0,\ F - F_{C'}\cos\theta_1 - F_D\cos\theta_2 = 0$$
$$\sum F_y = 0,\ F_{C'}\sin\theta_1 - F_D\sin\theta_2 = 0$$

（3）取 AB 杆为研究对象，受力如图 c 所示，是一个平面力偶系

$$F_A = F_{B'}\,,\qquad M = F_A\cdot l$$

根据几何尺寸关系，可得 $\theta_1=\theta_2=30^\circ$，$AB$ 恰好垂直于 F_A 和 F_B，$l=AB=2\ \mathrm{m}$ 代入以上式子，得

$$M=\frac{2\sqrt{3}}{3}F\,,\quad F_A=\frac{\sqrt{3}}{3}F$$

2.18　如图所示结构由 AB，CD，DE，BF 4 个杆件铰接组成。求支座 A，C 的约束力。

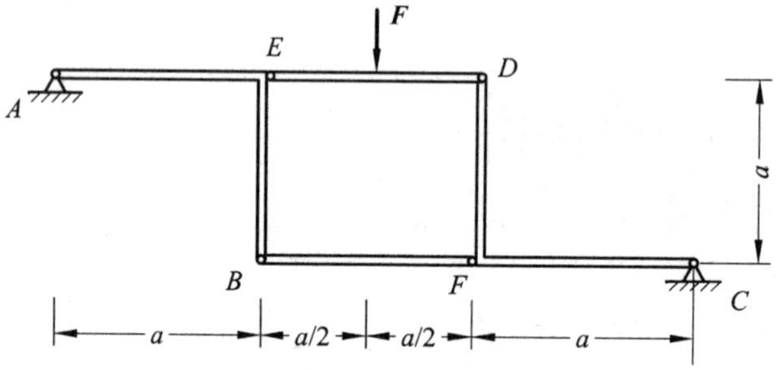

题 2.18 图

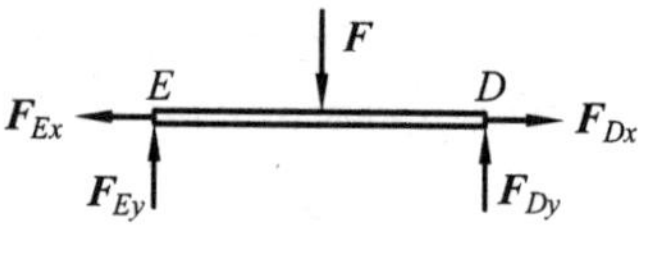

图 a

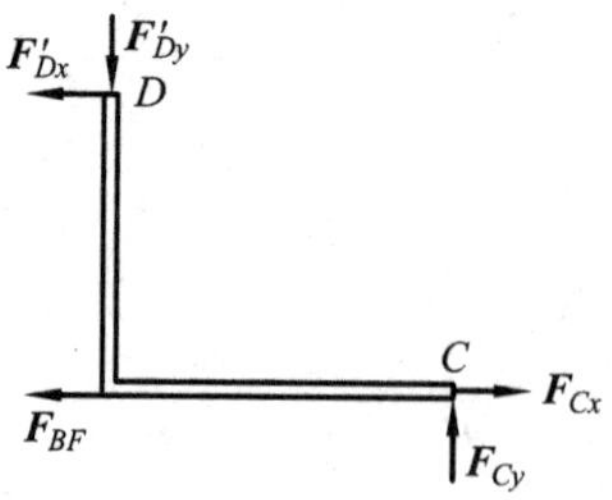

图 b

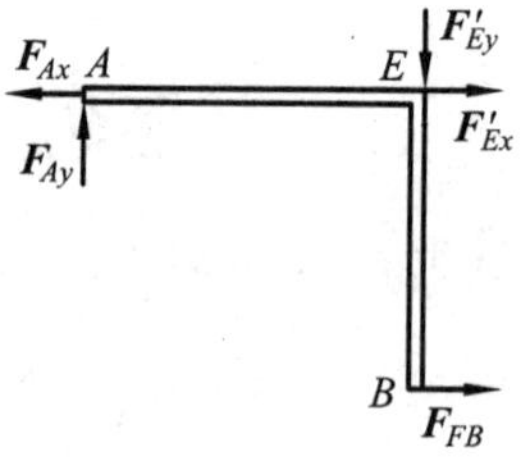

图 c

解：如果对整体进行分析，会出现 4 个未知数，而最多可以列 3 个方程，无法完全求解，因此从分离体入手，同时注意到题中 BF 杆为二力杆。

（1）分析杆 ED，受力如图 a 所示，列平衡方程

$$\sum M_E = 0,\ F_{Dy}\cdot a - F\cdot\frac{a}{2} = 0$$
$$\sum F_y = 0,\ F_{Ey} + F_{Dy} - F = 0$$
$$\sum F_x = 0,\ F_{Dx} - F_{Ex} = 0$$

3 个方程包含 4 个未知数，解之得 $F_{Dy}=F_{Ey}=\dfrac{F}{2}$，$F_{Dx}=F_{Ex}$。

（2）再分析杆 CD，受力如图 b 所示，列平衡方程

$$\sum M_C = 0,\ F'_{Dy}\cdot a + F'_{Dx}\cdot a = 0$$
$$\sum F_y = 0,\ F_{Cy} - F'_{Dy} = 0$$
$$\sum F_x = 0,\ F_{Cx} - F'_{Dx} - F_{BF} = 0$$

把 $F'_{Dy} = F_{Dy} = \dfrac{F}{2}$ 代入，解之得 $F'_{Dx} = -\dfrac{F}{2}$，$F_{Cy} = \dfrac{F}{2}$，$F_{Cx} = F_{BF} - \dfrac{F}{2}$。

（3）C 处的支座反力只差 F_{Cx} 没有求出来了，它与 F_{BF} 有关，因此再分析杆 AB，受力如图 c 所示，列平衡方程

$$\sum M_A = 0,\ F_{FB}\cdot a - F'_{Ey}\cdot a = 0$$
$$\sum F_x = 0,\ F'_{Ex} + F_{FB} - F_{Ax} = 0$$

将 $F'_{Ey} = F_{Ey} = \dfrac{F}{2}$ 代入，可以得到 $F_{FB} = \dfrac{F}{2}$，

$$\sum M_E = 0,\ F_{FB}\cdot a - F_{Ay}\cdot a = 0\text{，得 } F_{Ay} = F_{FB} = \frac{F}{2},\ F_{Ax} = 0,\ F_{Cx} = \frac{F}{2} - \frac{F}{2} = 0$$

综上：$F_{Cx} = 0,\ F_{Cy} = \dfrac{F}{2}(\uparrow),\ F_{Ax} = 0,\ F_{Ay} = \dfrac{F}{2}(\uparrow)$

2.19　如图所示为汽车台秤简图，BCF 为整体台面，杠杆 AB 可绕轴 O 转动，B，C，D 3 处均为铰链，杆 DC 处于水平位置。假设砝码和汽车的重量分别为 W_1 和 W_2。试求平衡时 W_1 和 W_2 之间的关系。

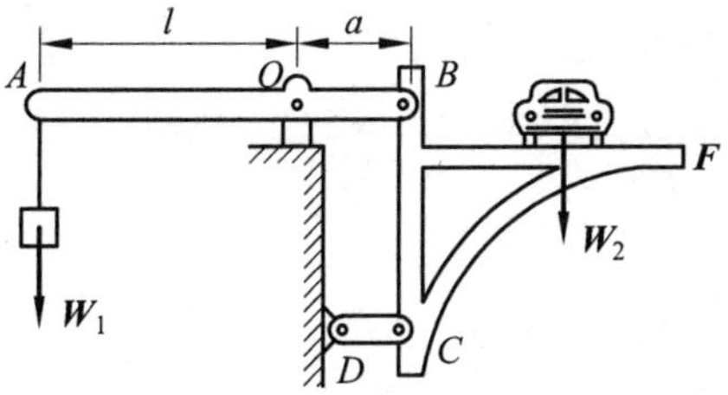

题 2.19 图

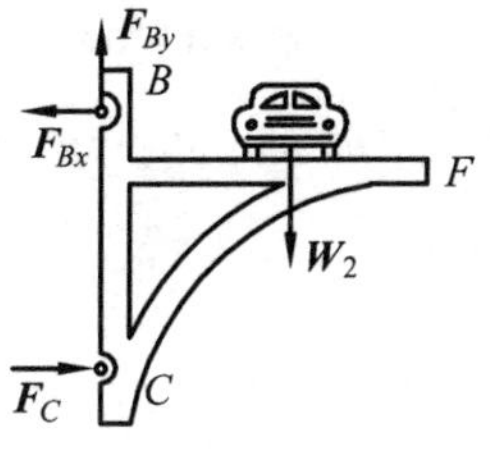

图 a

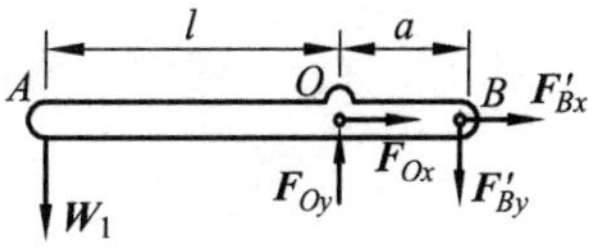

图 b

解：若整体分析，未知力个数太多，故直接取分离体分析，注意到 DC 是一个二力构件。

（1）先分析平台 BCF，受力如图 a 所示

$$\sum F_y = 0,\ F_{By} - W_2 = 0$$

得到 $F_{By} = W_2$。

（2）再分析杠杆 AB，受力如图 b 所示

$$\sum M_O = 0,\ W_1\cdot l - F'_{By}\cdot a = 0$$

将 $F'_{By} = F_{By} = W_2$ 代入，可以得到

$$\frac{W_1}{W_2} = \frac{a}{l}$$

2.20　由直角曲杆 ABC、DE、直杆 CD 及滑轮组成的结构如图所示。杆 AB 上作用有水平均布载荷 q。不计各杆重量，在 D 处作用一铅垂力 F，在滑轮上悬吊一重为 W 的重物，滑轮的半径 $r=a$，且 $W=2F$，$CO=OD$。求支座 E 及固定端 A 的约束力。

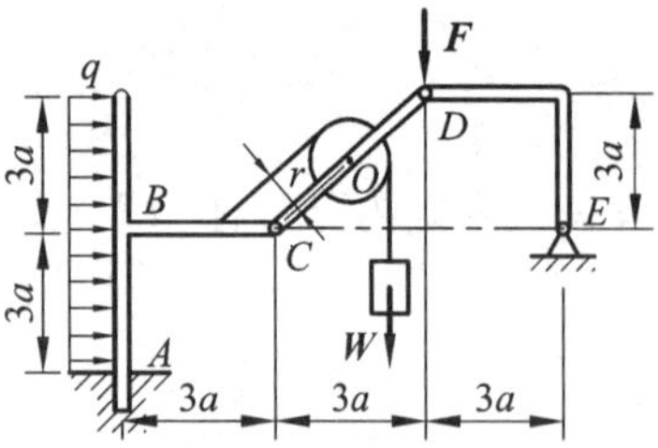

题 2.20 图

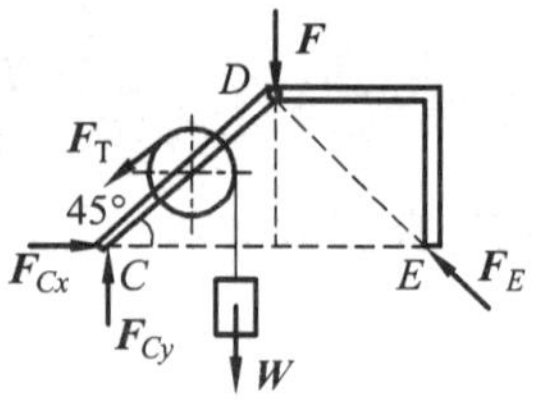

图 a

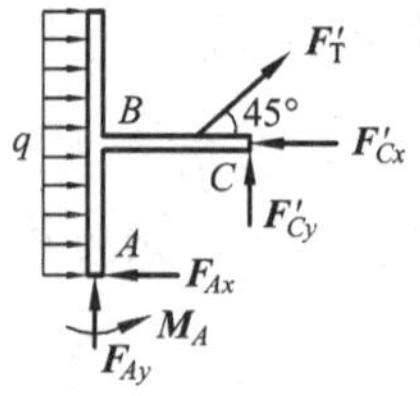

图 b

解：

（1）DE 为二力杆，取 CD 杆、滑轮、重物 W、DE 杆组成的系统为研究对象，受力如图 a 所示且有 $F_T=W=2F$，列平衡方程有

$$\sum M_C=0,\ F_E\cdot 3a\sqrt{2}-F\cdot 3a-W(3a/2+r)+F_T\cdot r=0,\ F_E=\sqrt{2}F$$

$$\sum F_x=0,\ F_{Cx}-F_E\cos 45°-F_T\cos 45°=0,\ F_{Cx}=(\sqrt{2}+1)F$$

$$\sum F_y=0,\ F_{Cy}-F_T\sin 45°-W-F+F_E\sin 45°=0,\ F_{Cy}=(\sqrt{2}+2)F$$

（2）再分析直角曲杆 ABC，受力如图 b 所示

$$\sum F_x=0,\ q\cdot 6a-F_{Ax}-F'_{Cx}+F'_T\cos 45°=0,\ F_{Ax}=6qa-F$$

$$\sum F_y=0,\ F_{Ay}-F'_{Cy}+F_T\sin 45°=0,\ F_{Ay}=2F$$

$$\sum M_A=0,\ M_A-6qa\cdot 3a+F'_{Cx}\cdot 3a-F'_{Cy}\cdot 3a-F'_T\cdot r=0,\ M_A=5Fa+18qa^2$$

综上，A，E 处的支座反力为

$$F_E=\sqrt{2}F,\ F_{Ax}=6qa-F,\ F_{Ay}=2F,\ M_A=5Fa+18qa^2$$

第 2 部分　杆件的基本变形

第 3 章　轴向拉伸和压缩

3.1　知识要点

1. 本章研究对象和研究内容

（1）研究对象——构件一般为等截面直杆；所受外力的合力作用线与杆件轴线重合；该类杆件的轴线在受力后均匀伸长或缩短，杆件横截面沿杆件轴线方向产生相对的平行移动，即轴向拉压变形。

（2）研究内容——理解基本概念，重点掌握轴向拉压杆横截面上的内力、横截面及斜截面上应力、拉压杆的强度计算、变形计算和超静定问题的求解。

2. 横截面上的内力—— 轴力

（1）内力的定义：由外力作用发生变形，杆件内部因相对位置改变而引起相互之间的作用力。

（2）截面法：截面法是求内力的一般方法。在需要计算内力的截面处，用一假想平面沿该截面将杆件截开，取出其中的一部分，将弃去部分对留下部分的作用代之以内力，然后根据留下部分力的平衡，由平衡条件求出该截面上的未知内力。

（3）轴力：轴向拉压时，杆件横截面上的内力为轴力，以 F_N 表示，沿杆件轴线方向。

（4）轴力的正负号规定：以拉力为正，压力为负。

（5）轴力图：表示各横截面上的轴力沿杆件轴线方向变化规律的图线。

3. 轴向拉压杆横截面上的应力

（1）应力定义：由外力作用引起截面上内力的分布集度。

（2）应力的单位：N/m^2，或记作 Pa，常用 MPa。

（3）轴向拉压时横截面上的应力：

① 分布规律：对等截面直杆，正应力在整个截面上均匀分布。

② 计算公式：$\sigma = \dfrac{F_N}{A}$。

4. 轴向拉压杆斜截面上的应力

（1）斜截面上的应力：

① 正应力：$\sigma_\alpha=\dfrac{F_{\mathrm{N}}}{A}\cos^2\alpha=\sigma_0\cos^2\alpha$。

② 切应力：$\tau_\alpha=\dfrac{F_{\mathrm{N}}}{2A}\sin2\alpha=\dfrac{\sigma_0}{2}\sin2\alpha$。

（2）应力极值：

$$(\sigma_\alpha)_{\max}=\sigma_{\alpha=0^\circ}=\frac{F_{\mathrm{N}}}{A}=\sigma_0,\quad (\sigma_\alpha)_{\min}=\sigma_{\alpha=90^\circ}=0$$

$$|\tau_\alpha|_{\max}=\tau_{\alpha=\pm45^\circ}=\frac{F_{\mathrm{N}}}{2A}=\frac{\sigma_0}{2},\quad |\tau_\alpha|_{\min}=\sigma_{\alpha=0^\circ,90^\circ}=0$$

其中，σ_0为横截面上正应力。

5. 轴向拉压杆的强度问题

为保证杆件具有足够的强度，要求在载荷作用下杆件最大的工作应力$\sigma_{\max}$不超过材料的许用应力$[\sigma]$，即有$\sigma_{\max}\leqslant[\sigma]$。

（1）杆件失效时的应力作为极限应力σ^0，脆性断裂和塑性屈服作为强度失效的两种形式。

（2）在极限应力σ^0的基础上除以大于 1 的安全因数 n，得到许用应力$[\sigma]$，此应力作为杆件工作应力的最高限值。

6. 轴向拉压杆的变形量

轴向拉压杆的变形量，是指杆件轴向的伸缩量，用Δl表示。

（1）当杆件为等截面直杆、轴力为常数时，变形公式为$\Delta l=\dfrac{F_{\mathrm{N}}l}{EA}$。

（2）当杆件的横截面面积沿轴线变化（变化缓慢）或轴力沿轴线变化（作用线与轴线重合），变形公式为

$$\Delta l=\int_l\frac{F_{\mathrm{N}}(x)}{EA(x)}\mathrm{d}x$$

（3）当构件为阶梯形直杆时，变形公式为$\Delta l=\sum\limits_i\Delta l_i=\sum\limits_i\dfrac{F_{\mathrm{N}i}l_i}{E_iA_i}$。

（4）上述变形公式中，EA称为杆件的抗拉（压）刚度，刚度越大则变形Δl越小，刚度越小则变形Δl越大。

（5）上述公式只适用于应力不超过比例极限的轴向拉压杆。

7. 拉压超静定问题

杆件的轴力不能完全由静力平衡方程求解得到的问题就是拉压超静定问题，即未知量的个数大于独立平衡方程的数目。因此，超静定问题求解的关键就是在静力平衡方程之外，寻求补充方程。补充方程主要是通过杆件的变形协调条件和材料的物理关系共同得到。

3.2 解题步骤

本章内容涉及的求解问题主要有 4 类：轴向拉压杆件的轴力计算、强度计算、变形计算和超静定问题的计算。

1. 轴力的计算

（1）建立坐标系。

（2）根据载荷作用特点，分段取截面，利用平衡方程计算各段的内力（轴力）。

（3）做出杆件的轴力图。

2. 强度计算

（1）建立坐标系，根据截面法计算杆件的轴力，从而确定危险截面。

（2）根据轴向拉压杆件横截面上应力的公式 $\sigma=\dfrac{F_N}{A}$，得到杆件的 σ_{max}。

（3）根据轴向拉压杆件的强度条件 $\sigma_{max}\leqslant[\sigma]$，可进行强度校核、截面设计和许用载荷的计算。

3. 变形计算

（1）建立坐标系，根据截面法计算杆件的轴力。

（2）根据轴向拉压杆件变形公式 $\Delta l=\dfrac{F_N l}{EA}$，计算杆件的变形量。

（3）如果要计算结构的位移，则在上述基础上，可利用几何法或能量法进行求解。

4. 拉压超静定问题计算

（1）建立坐标系，建立静力平衡条件。

（2）根据结构的特点，找出杆件变形量之间的几何关系，即变形协调条件。

（3）在变形协调条件上引入材料的物理关系，即可得到补充方程。

（4）联立静力平衡方程和补充方程，超静定问题即可得到解决。

3.3 习题详解

3.1　试求图中各杆 1-1 和 2-2 横截面上的轴力，并作杆件的轴力图。

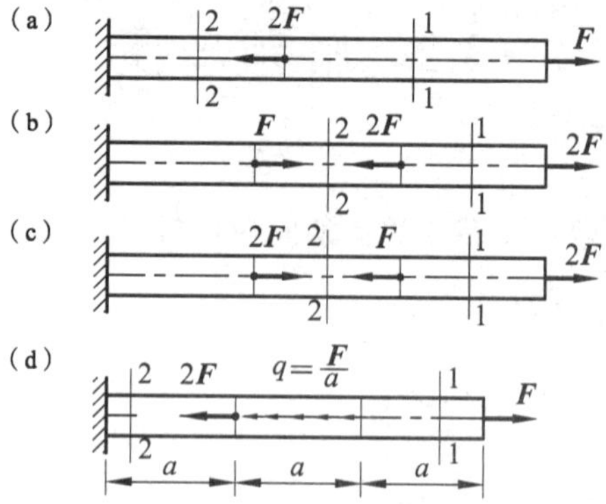

题 3.1 图

解：该题计算轴向拉压杆的内力——轴力，采用截面法进行计算。即在指定的截面位置处用一个假想的截面把杆件截开，取出其中的一部分，在截开的截面上假设轴力，最后利用平衡方程进行求解。

（a）

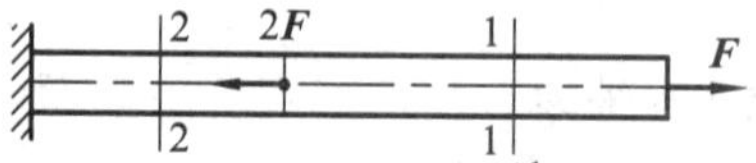

1-1 截面：

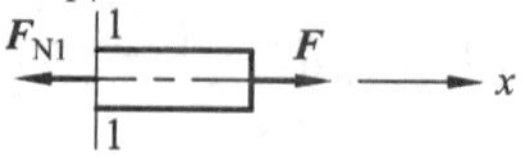

$$\sum F_x = 0 \Rightarrow F - F_{N1} = 0 \Rightarrow F_{N1} = F$$

2-2 截面：

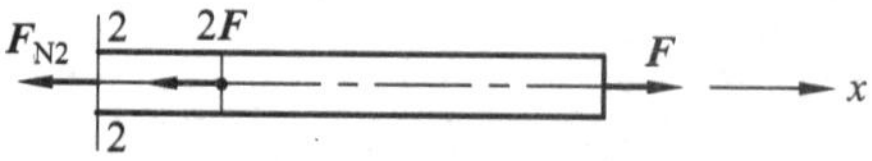

$$\sum F_x = 0 \Rightarrow F - 2F - F_{N2} = 0 \Rightarrow F_{N2} = -F$$

轴力图：

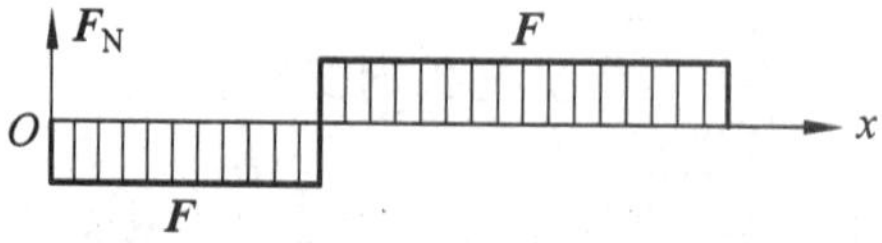

（b）

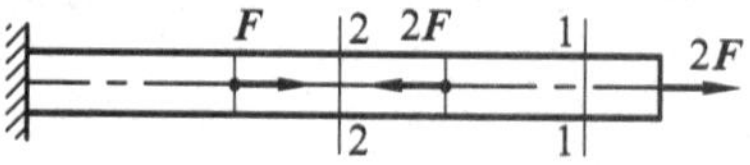

1-1 截面：

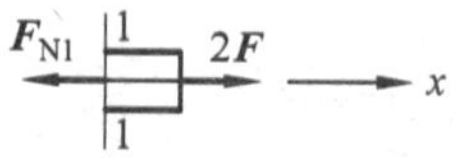

$$\sum F_x = 0 \Rightarrow 2F - F_{N1} = 0 \Rightarrow F_{N1} = 2F$$

2-2 截面：

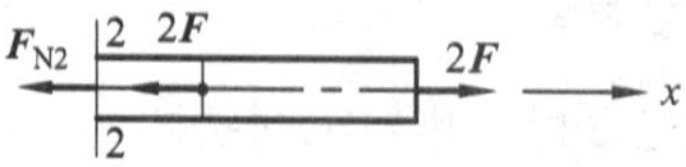

$$\sum F_x = 0 \Rightarrow 2F - 2F - F_{N2} = 0 \Rightarrow F_{N2} = 0$$

轴力图：

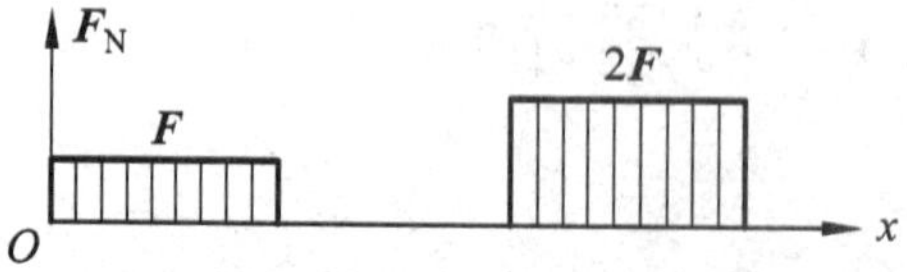

（c）

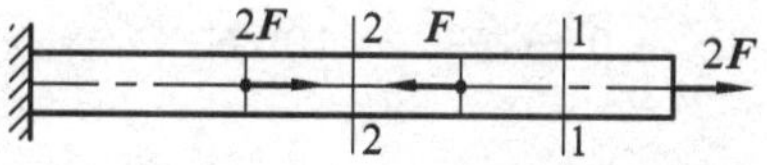

1-1 截面：

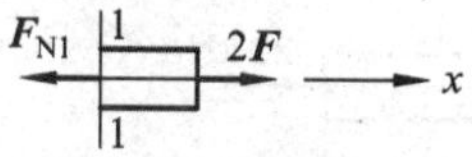

$$\sum F_x = 0 \Rightarrow 2F - F_{N1} = 0 \Rightarrow F_{N1} = 2F$$

2-2 截面：

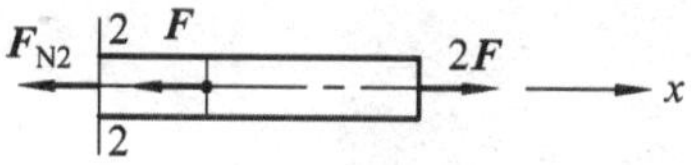

$$\sum F_x = 0 \Rightarrow 2F - F - F_{N2} = 0 \Rightarrow F_{N2} = F$$

轴力图：

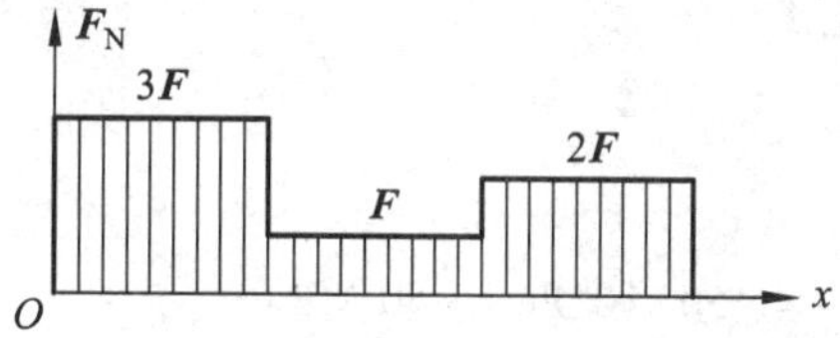

（d）

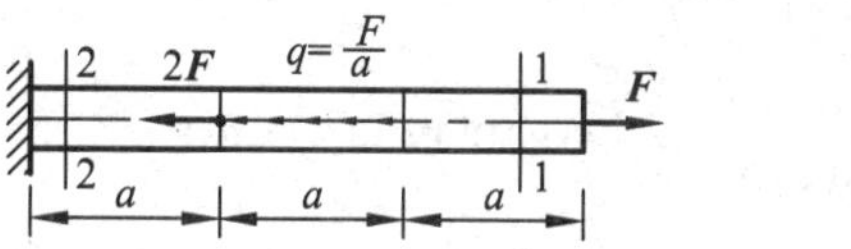

1-1 截面：

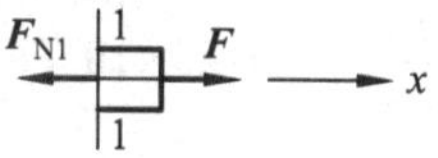

$$\sum F_x = 0 \Rightarrow F - F_{N1} = 0 \Rightarrow F_{N1} = F$$

2-2 截面：

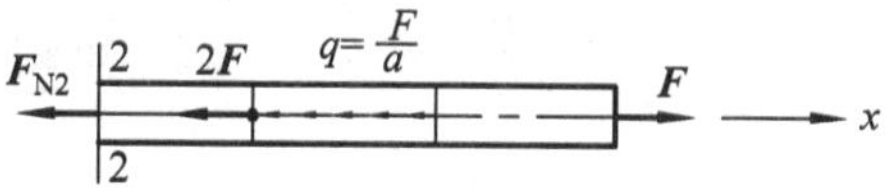

$$\sum F_x = 0 \Rightarrow F - qa - 2F - F_{N2} = 0 \Rightarrow F_{N2} = -2F$$

轴力图：

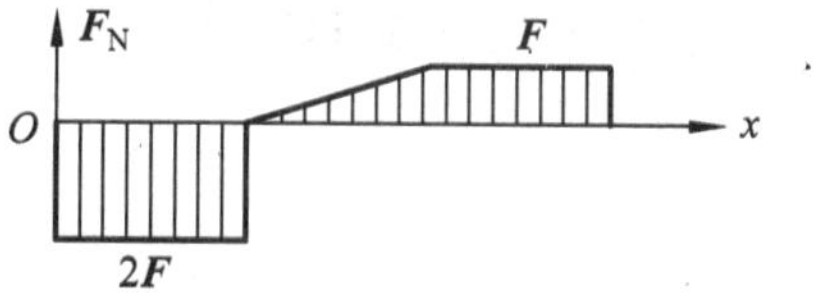

3.2　试求如图所示等直杆横截面 1-1、2-2 和 3-3 上的轴力，并作轴力图。若横截面面积 $A = 400\ \text{mm}^2$，试求各横截面上的应力。

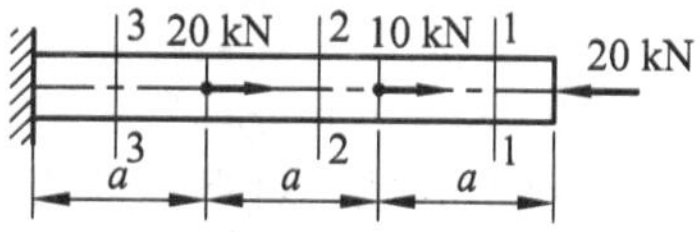

题 3.2 图

解：

（1）杆件内力的计算。

1-1 截面：

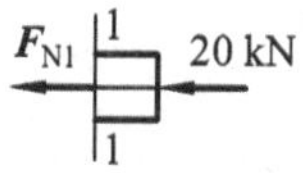

$$\sum F_x = 0 \Rightarrow -20 - F_{N1} = 0 \Rightarrow F_{N1} = -20\ \text{kN}$$

2-2 截面：

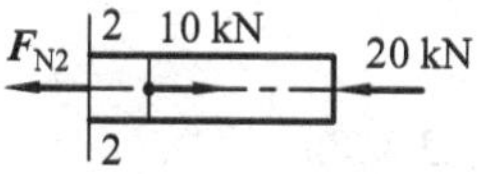

$$\sum F_x = 0 \Rightarrow -20+10-F_{N2}=0 \Rightarrow F_{N2}=-10\ \text{kN}$$

3-3 截面：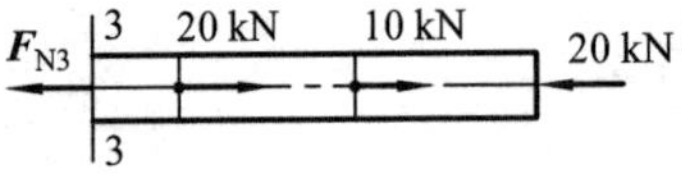

$$\sum F_x = 0 \Rightarrow -20+10+20-F_{N3}=0 \Rightarrow F_{N3}=10\ \text{kN}$$

轴力图：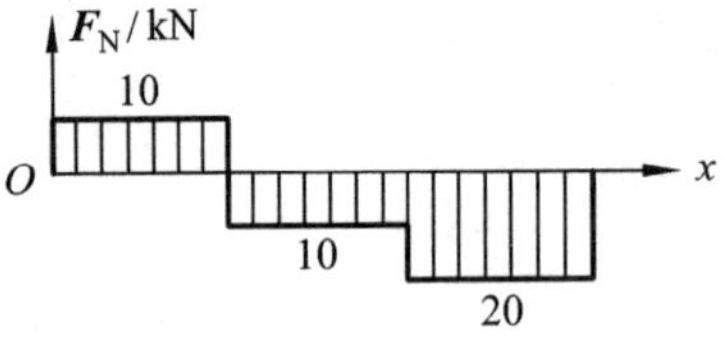

（2）应力计算。

$$\sigma_1 = \frac{F_{N1}}{A} = \frac{-20\times 10^3}{400\times 10^{-6}} = -50\times 10^6\ \text{Pa} = -50\ \text{MPa}$$

$$\sigma_2 = \frac{F_{N2}}{A} = \frac{-10\times 10^3}{400\times 10^{-6}} = -25\times 10^6\ \text{Pa} = -25\ \text{MPa}$$

$$\sigma_3 = \frac{F_{N3}}{A} = \frac{10\times 10^3}{400\times 10^{-6}} = 25\times 10^6\ \text{Pa} = 25\ \text{MPa}$$

3.3　如图所示杆中，$A_1 = 400\ \text{mm}^2$，$A_2 = 300\ \text{mm}^2$，试求 1-1 和 2-2 截面上的应力。

解：

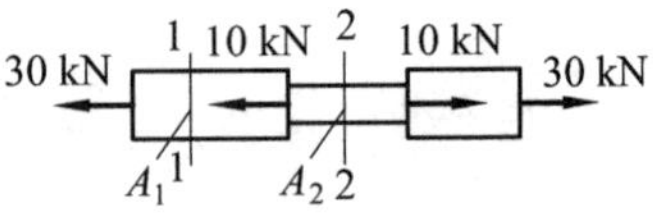

题 3.3 图

（1）杆件内力的计算。

1-1 截面：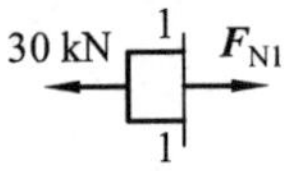

$$\sum F_x = 0 \Rightarrow -30+F_{N1}=0 \Rightarrow F_{N1}=30\ \text{kN}$$

2-2 截面：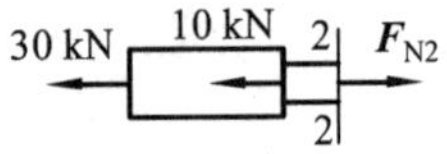

$$\sum F_x = 0 \Rightarrow -10-30+F_{N2}=0 \Rightarrow F_{N2}=40\ \text{kN}$$

根据对称性，可得杆件的轴力图：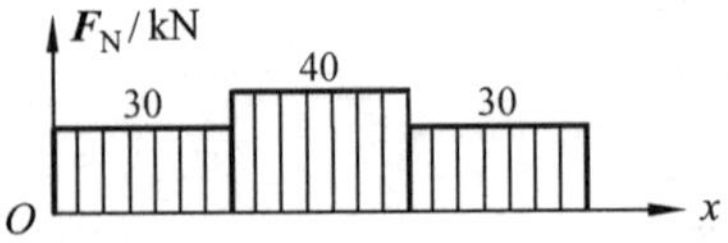

（2）应力计算。

$$\sigma_1 = \frac{F_{N1}}{A_1} = \frac{30\times 10^3}{400\times 10^{-6}} = 75\times 10^6\ \text{Pa} = 75\ \text{MPa}$$

$$\sigma_2 = \frac{F_{N2}}{A_2} = \frac{40\times 10^3}{300\times 10^{-6}} = 133.3\times 10^6\ \text{Pa} = 133.3\ \text{MPa}$$

3.4　如图所示结构中，AB 为刚性杆，CD 为圆截面木杆，其直径 $d = 120$ mm，已知 $F = 8$ kN，试求 CD 杆横截面上的应力。

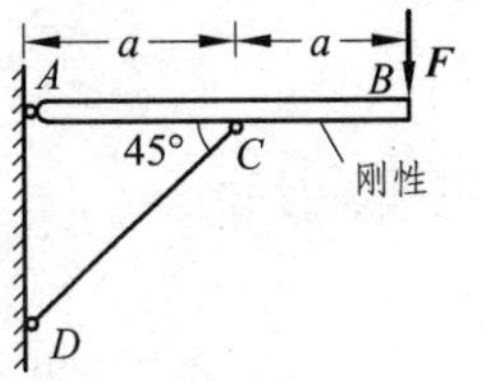

题 3.4 图

解：

（1）CD 杆内力的计算。

取 AB 杆进行受力分析，并列出相关平衡方程

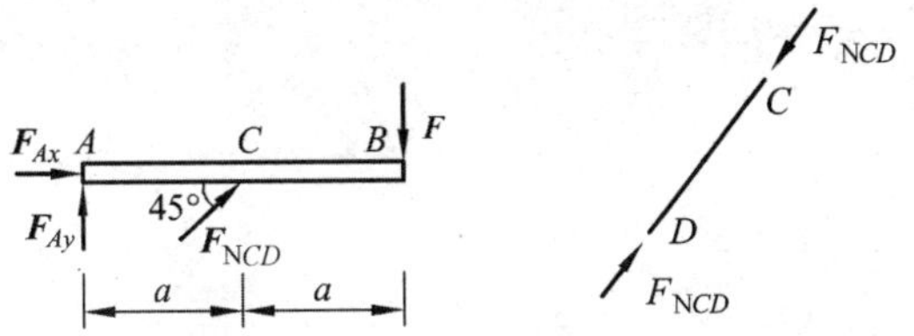

$$\sum M_A = 0 \Rightarrow -2Fa + F_{NCD}\sin 45°\cdot a = 0 \Rightarrow F_{NCD} = 2\sqrt{2}F$$

即

$$F_{NCD} = -2\sqrt{2}F\text{（}CD\text{ 杆受压）}$$

（2）应力计算。

$$\sigma_{CD} = \frac{F_{NCD}}{A_{CD}} = \frac{2\sqrt{2}F}{\dfrac{\pi}{4}d^2} = \frac{2\sqrt{2}\times 8\times 10^3}{\dfrac{\pi}{4}\times 120^2\times 10^{-6}} = 2\times 10^6\,\text{Pa} = 2\,\text{MPa}\quad\text{（压应力）}$$

3.5　如图所示为一旋臂吊车的简图，斜杆 AB 为直径 $d = 20$ mm 的钢杆，载荷 $W = 15$ kN。当 W 移到 A 点时，求斜杆 AB 横截面上的应力。

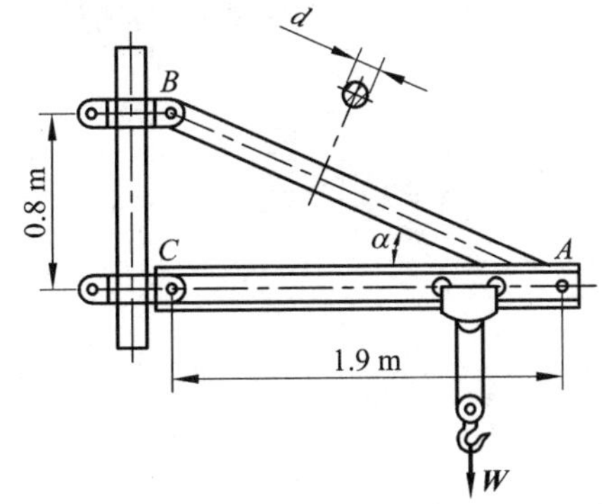

题 3.5 图

解：

（1）对斜杆 AB 和横梁进行受力分析。

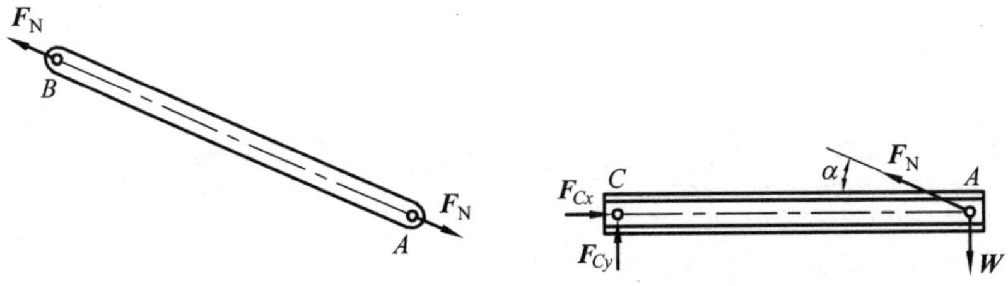

（2）对横梁的受力分析图列出平衡方程

$$\sum M_C = 0 \Rightarrow F_N \sin\alpha \cdot AC - W \cdot AC = 0 \Rightarrow F_N = \frac{W}{\sin\alpha}$$

由已知条件知

$$\sin\alpha = \frac{BC}{AB} = \frac{0.8}{\sqrt{0.8^2 + 1.9^2}} = 0.388$$

由此解得

$$F_N = \frac{W}{\sin\alpha} = \frac{15}{0.388} = 38.7\ \text{kN}$$

（3）AB 杆应力

$$\sigma = \frac{F_N}{A} = \frac{38.7\times10^3}{\frac{\pi}{4}\times20^2\times10^{-6}} = 123\times10^6\ \text{Pa} = 123\ \text{MPa}$$

3.6　石砌桥墩的墩身高 $l = 10$ m，其横截面如图所示。载荷 $F = 1\ 000$ kN，材料的密度 $\rho = 2.35\times10^3\ \text{kg/m}^3$，试求墩身底部横截面上的压应力。

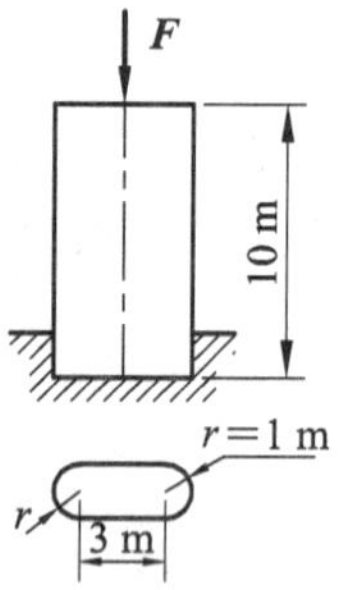

题 3.6 图

解：墩身底部横截面上的压力计算是最关键的。

（1）取墩身底部横截面受力分析，采用截面法计算内力

$$\sum F_x = 0 \Rightarrow F_N + \rho gAl + F = 0 \Rightarrow F_N = -\rho gAl - F$$

（2）横截面面积计算

$$A = 3\times2 + \pi\times1^2 = 6 + \pi = 9.142\ \text{m}^2$$

（3）应力计算

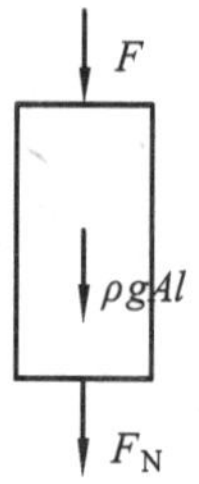

$$\begin{aligned}\sigma &= \frac{F_N}{A} = \frac{-\rho gAl - F}{A} = -\rho gl - \frac{F}{A}\\ &= -2.35\times10^3\times9.8\times10 - \frac{1\ 000\times10^3}{9.142}\\ &= -0.34\times10^6\ \text{Pa} = -0.34\ \text{MPa}\end{aligned}$$

3.7　直径为 10 mm 的圆杆，在拉力 $F = 10$ kN 的作用下，试求最大切应力，并求与横截面的夹角为 $\alpha = 30°$ 的斜截面上的正应力及切应力。

解：

根据拉压杆斜截面应力公式 $\begin{cases}\sigma_\alpha = \sigma\cos^2\alpha \\ \tau_\alpha = \frac{\sigma}{2}\sin2\alpha\end{cases}$ 知，当 $\alpha = 45°$ 时，$\tau_{max} = \frac{\sigma}{2}$，其中 σ 为横截面上应力。所以

$$\tau_{max}=\frac{\sigma}{2}=\frac{1}{2}\cdot\frac{F_N}{A}=\frac{1}{2}\cdot\frac{10\times10^3}{\frac{\pi}{4}\times10^2\times10^{-6}}=63.7\times10^6\,\text{Pa}=63.7\text{ MPa}$$

当 $\alpha=30°$ 时，

$$\sigma_{30°}=\sigma\cos^2 30°=\frac{F_N}{A}\cos^2 30°=\frac{10\times10^3}{\frac{\pi}{4}\times10^2\times10^{-6}}\cos^2 30°=95.5\times10^6\,\text{Pa}=95.5\text{ MPa}$$

$$\tau_{30°}=\frac{\sigma}{2}\sin 60°=\frac{F_N}{2A}\sin 60°=\frac{10\times10^3}{2\times\frac{\pi}{4}\times10^2\times10^{-6}}\sin 60°=55.1\times10^6\,\text{Pa}=55.1\text{ MPa}$$

3.8　一等直杆受力如图所示。已知杆的横截面面积 A 和材料的弹性模量 E。试作轴力图，并求杆端点 D 的位移。

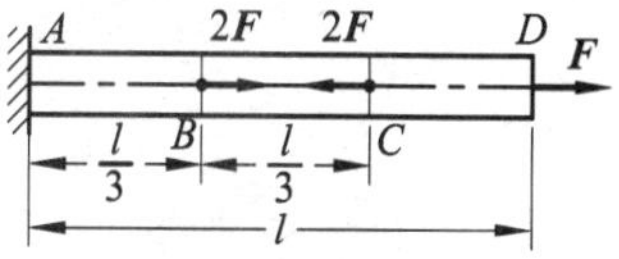

题 3.8 图

解：

（1）根据杆件受力特点，取 AB，BC，CD 三段分别采用截面法计算内力，得到杆件内力图。

（2）由于 A 端固定，D 端位移即为整个杆件的变形量。

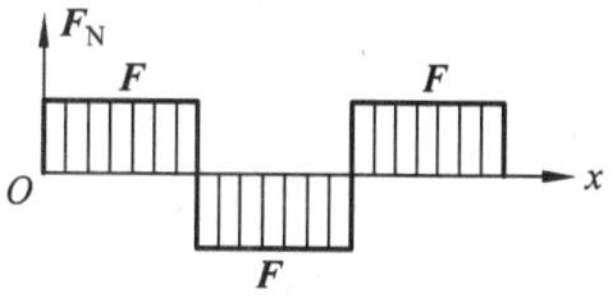

$$\Delta_D=\Delta l=\sum\frac{F_{Ni}l_i}{EA}=\frac{1}{EA}\left(\frac{F_{NAB}l}{3}+\frac{F_{NBC}l}{3}+\frac{F_{NCD}l}{3}\right)$$

$$=\frac{l}{3EA}(F-F+F)=\frac{Fl}{3EA}\text{（方向水平向右）}$$

3.9　如图所示，图中的 M12 螺栓内径 $d_1=10.1$ mm，拧紧后在计算长度 $l=80$ mm 内产生的总伸长为 $\Delta l=0.03$ mm。钢的弹性模量 $E=210$ GPa。试计算螺栓内的应力和螺栓的预紧力。

解：拧紧后螺栓的应变为

$$\varepsilon=\frac{\Delta l}{l}=\frac{0.03}{80}=0.000\,375$$

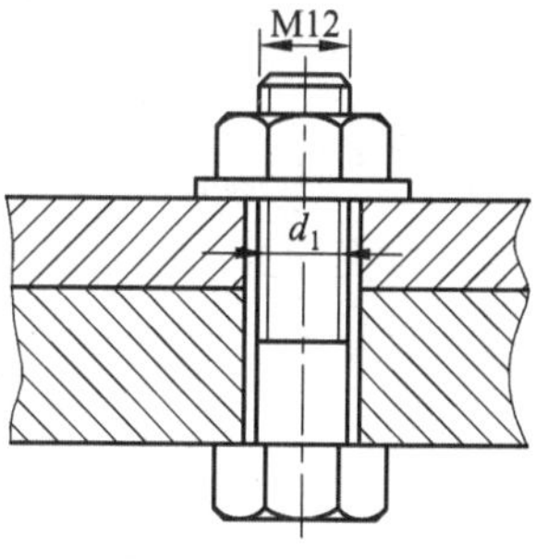

题 3.9 图

由拉压胡克定律 $\sigma=E\varepsilon$，得到螺栓横截面上的拉应力

$$\sigma=E\varepsilon=210\times10^9\times0.000\,375=78.8\times10^6\text{ Pa}=78.8\text{ MPa}$$

则，螺栓的预紧力

$$F=A\sigma=\frac{\pi}{4}\times10.1^2\times78.8=6\,313\text{ N}=6.313\text{ kN}$$

3.10　等截面杆承受轴向均布载荷如图所示，q，l，EA 均为已知，试求该杆的伸长量。

解：

（1）内力计算：取距自由端 x 位置的截面受力分析

$$\sum F_x=0\Rightarrow F_N-qx=0\Rightarrow F_N=qx$$

（2）伸长量计算：

取微段 dx，则伸长量

$$d(\Delta l)=\frac{F_N(x)dx}{EA}$$

所以，整个杆件的伸长量

$$\Delta l=\int_0^l \frac{F_N(x)dx}{EA}=\int_0^l \frac{qxdx}{EA}=\frac{ql^2}{2EA}$$

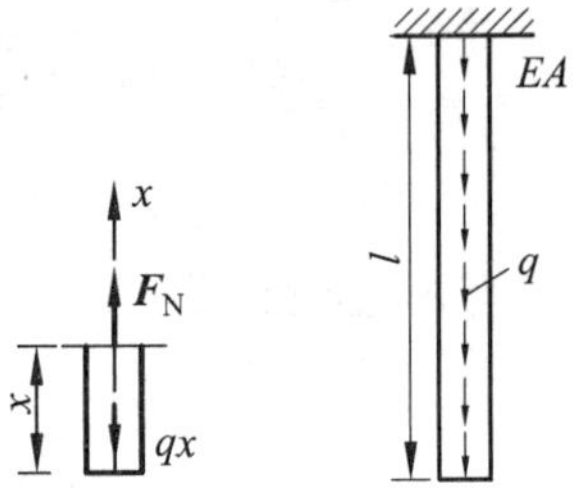

题 3.10 图

3.11　变截面直杆如图所示。已知 $A_1=8\ cm^2$, $A_2=4\ cm^2$, $E=200$ GPa。求杆的总伸长 Δl。

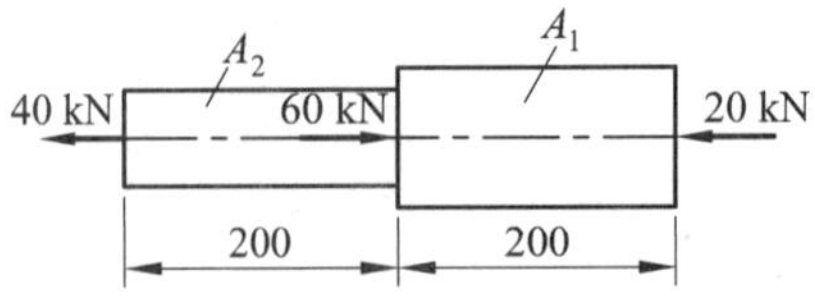

题 3.11 图

解：

（1）杆件的内力图

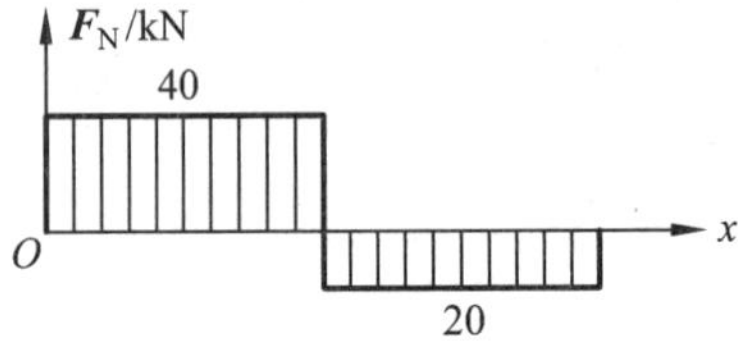

（2）伸长量计算

$$\Delta l=\Delta l_1+\Delta l_2=\frac{F_{N1}l_1}{EA_1}+\frac{F_{N2}l_2}{EA_2}$$
$$=\frac{-20\times10^3\times200\times10^{-3}}{200\times10^9\times8\times10^{-4}}+\frac{40\times10^3\times200\times10^{-3}}{200\times10^9\times4\times10^{-4}}$$
$$=0.075\times10^{-3}\,m=0.075\ mm$$

3.12　如图所示，杆系由钢杆 1 和 2 组成。已知杆端铰接，两杆与铅垂线均成 $\alpha=30°$ 的角度，长度均为 $l=2$ m，直径均为 $d=25$ mm，钢的弹性模量为 $E=210$ GPa。设在结点 A 处悬挂一重量为 $W=100$ kN 的重物，试求结点 A 的位移 ΔA。

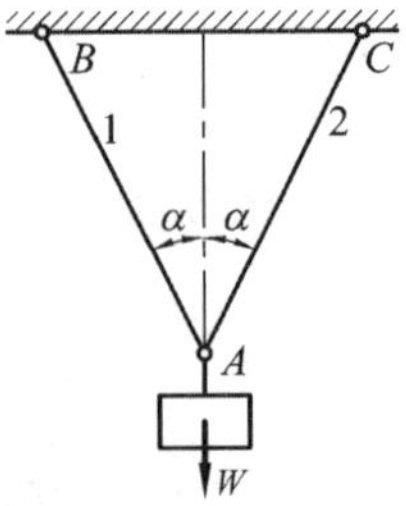

题 3.12 图

解：

（1）1，2 杆内力计算

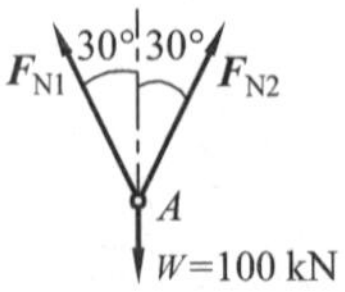

$$\begin{cases}\sum F_x=0\\ \sum F_y=0\end{cases}\Rightarrow\begin{cases}F_{N2}\sin30°-F_{N1}\sin30°=0\\ F_{N1}\cos30°+F_{N2}\cos30°-W=0\end{cases}$$

求解得到

$$F_{N1} = F_{N2} = \frac{W}{\sqrt{3}} = 57.74\ \text{kN}$$

（2）位移计算。由变形协调条件得

$$\Delta l_1 = \varDelta_A \cos\alpha$$

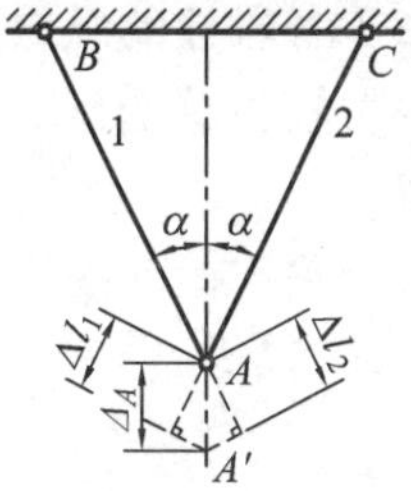

即

$$\frac{F_{N1} l_1}{EA} = \varDelta_A \cos 30^\circ$$

$$\varDelta_A = \frac{57.74\times10^3\times2}{210\times10^9\times\frac{\pi}{4}\times(25\times10^{-3})^2\cos30^\circ}$$

解得

$$\varDelta_A = 0.001\ 29\ \text{m} = 1.29\ \text{mm}\text{（竖直向下）}$$

3.13　如图所示，设 CG 为刚体，BC 为铜杆，DG 为钢杆，两杆的横截面面积分别为 A_1 和 A_2，弹性模量分别为 E_1 和 E_2。如要求 CG 始终保持水平位置，试求 x。

解：

（1）CG 杆的受力分析图如下图，建立平衡方程

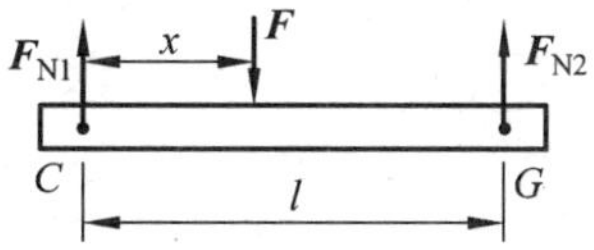

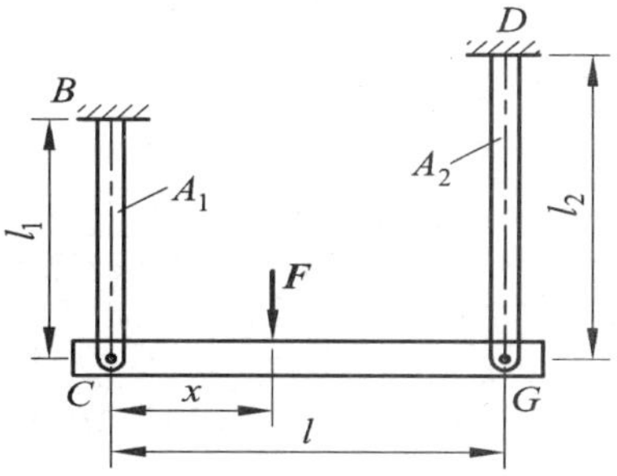

题 3.13 图

$$\begin{cases}\sum F_y = 0\\ \sum M_C = 0\end{cases} \Rightarrow \begin{cases}F_{N1}+F_{N2}-F=0\\ F_{N2}\cdot l - F\cdot x = 0\end{cases}$$

（2）建立变形协调条件。由于 CG 杆始终保持水平状态，则有

$$\Delta l_1 = \Delta l_2$$

再根据

$$\Delta l_1 = \frac{F_{N1} l_1}{E_1 A_1},\quad \Delta l_2 = \frac{F_{N2} l_2}{E_2 A_2}$$

即有

$$\frac{F_{N1} l_1}{E_1 A_1} = \frac{F_{N2} l_2}{E_2 A_2}$$

（3）联立上述三式，解得

$$x = \frac{l l_1 E_2 A_2}{l_2 E_1 A_1 + l_1 E_2 A_2}$$

3.14　一木桩受力如图所示。柱的横截面为边长 200 mm 的正方形，材料可认为符合胡克定律，其弹性模量 $E = 10$ GPa。如不计柱的自重，试求：

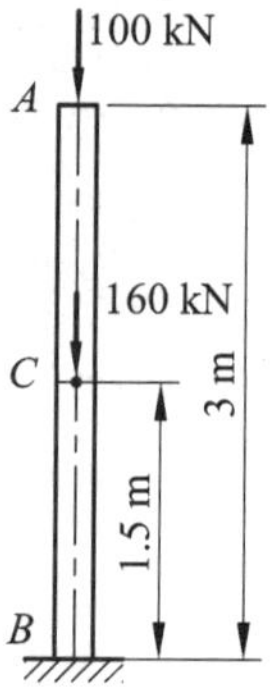

题 3.14 图

（1）作轴力图。

（2）各段柱横截面上的应力。

（3）各段柱的纵向线应变。

（4）柱的总变形。

解：

（1）采用截面法计算木桩内力，作内力图。

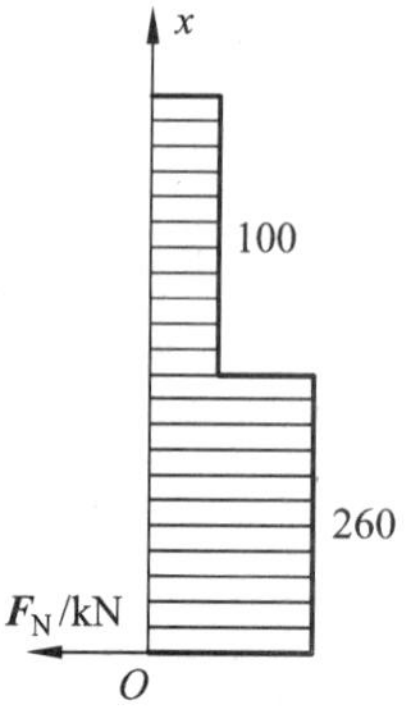

（2）应力计算

$$\sigma_{AC} = \frac{F_{NAC}}{A_{AC}} = \frac{-100\times10^3}{200\times200\times10^{-6}} = -2.5\times10^6\,\text{Pa} = -2.5\ \text{MPa}$$

$$\sigma_{CB} = \frac{F_{NCB}}{A_{CB}} = \frac{-260\times10^3}{200\times200\times10^{-6}} = -6.5\times10^6\,\text{Pa} = -6.5\ \text{MPa}$$

（3）纵向线应变计算

$$\varepsilon_{AC} = \frac{\sigma_{AC}}{E} = \frac{-2.5\times10^6}{10\times10^9} = -0.25\times10^{-3}$$

$$\varepsilon_{CB} = \frac{\sigma_{CB}}{E} = \frac{-6.5\times10^6}{10\times10^9} = -0.65\times10^{-3}$$

（4）柱的总变形

$$\begin{aligned}\Delta l &= \Delta l_{AC} + \Delta l_{CB} = \frac{F_{NAC} l_{AC}}{EA_{AC}} + \frac{F_{NCB} l_{CB}}{EA_{CB}} \\ &= \frac{-100\times10^3\times1.5}{10\times10^9\times200\times200\times10^{-6}} + \frac{-260\times10^3\times1.5}{10\times10^9\times200\times200\times10^{-6}} \\ &= -1.35\times10^{-3}\,\text{m} = -1.35\ \text{mm}\end{aligned}$$

3.15　用绳索起吊重物如图所示，已知重物的重量 $W = 10$ kN，绳索的直径 $d = 40$ mm，材料的许用应力 $[\sigma] = 10$ MPa，试校核该绳索的强度。

解：（1）绳索内力计算

题 3.15 图

$$\begin{cases}\sum F_x = 0 \\ \sum F_y = 0\end{cases} \Rightarrow \begin{cases} F_{N1}\cos 45° - F_{N2}\cos 45° = 0 \\ F_{N1}\sin 45° + F_{N2}\sin 45° - W = 0\end{cases}$$

$$\Rightarrow \quad F_{N1} = F_{N2} = \frac{\sqrt{2}}{2}W = 5\sqrt{2}\ \text{kN}$$

（2）强度计算

$$\sigma_{\max} = \frac{F_{N\max}}{A} = \frac{F_{N1}}{A} = \frac{5\sqrt{2}\times 10^3}{\frac{\pi}{4}\times(40\times10^{-3})^2} = 5.63\times10^6\ \text{Pa} = 5.63\ \text{MPa} < [\sigma] = 10\ \text{MPa}$$

所以，绳索强度满足要求。

3.16 如图所示结构，AC 和 BC 均为边长 $a = 60$ mm 的正方形截面木杆，AB 为直径 $d = 10$ mm 的圆形截面钢杆，已知 $F = 8$ kN、木材的许用应力 $[\sigma_{木}] = 10$ MPa、钢材的许用应力 $[\sigma_{钢}] = 160$ MPa，试分别校核木杆和钢杆的强度。

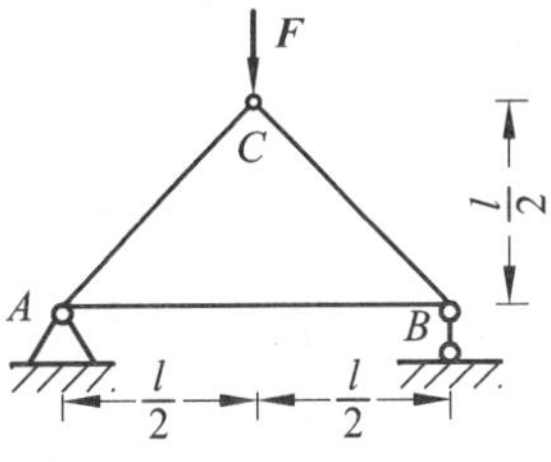

题 3.16 图

解：

（1）计算各杆内力。

对 C 点受力分析，建立平衡方程

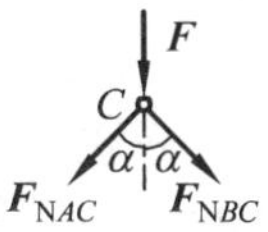

$$\begin{cases}\sum F_x = 0 \\ \sum F_y = 0\end{cases} \Rightarrow \begin{cases} F_{NBC}\sin\alpha - F_{NAC}\sin\alpha = 0 \\ -F_{NBC}\cos\alpha - F_{NAC}\cos\alpha - F = 0\end{cases}$$

解得

$$F_{NBC} = F_{NAC} = -\frac{F}{2\cos\alpha}$$

因为，$\alpha = 45°$（由几何条件可知），所以

$$F_{NBC} = F_{NAC} = -\frac{\sqrt{2}F}{2}$$

对 B 点受力分析，建立平衡方程

$$\sum F_x = 0 \Rightarrow \ -F_{NBC}\cos 45° - F_{NAB} = 0 \Rightarrow F_{NAB} = -F_{NBC}\cos 45° = \frac{F}{2}$$

（2）强度校核。

木杆：$$\sigma_{\max} = \frac{F_{N\max}}{A} = \frac{\frac{\sqrt{2}}{2}F}{a^2} = \frac{\frac{\sqrt{2}}{2}\times 8\times10^3}{(60\times10^{-3})^2} = 1.57\ \text{MPa} < [\sigma_{木}] = 10\ \text{MPa}$$

$$\text{钢杆：}\ \sigma_{max}=\frac{F_{N\max}}{A}=\frac{\frac{F}{2}}{\frac{\pi}{4}d^2}=\frac{\frac{1}{2}\times 8\times 10^3}{\frac{\pi}{4}\times(10\times 10^{-3})^2}=50.93\ \text{MPa}<[\sigma_{钢}]=160\ \text{MPa}$$

故，木杆和钢杆强度满足要求。

3.17　如图所示结构中，BC 和 AC 都是圆截面直杆，直径均为 $d=20$ mm，材料都是 Q235 钢，其许用应力 $[\sigma]=157$ MPa。试求该结构的许用载荷。

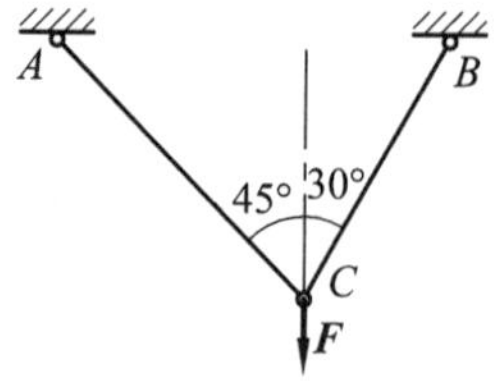

题 3.17 图

解：

（1）各杆内力计算

对 C 点受力分析，建立平衡方程

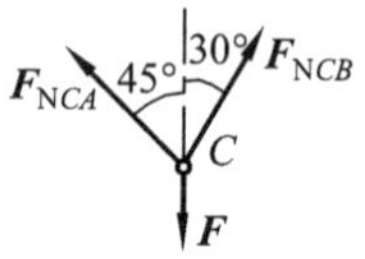

$$\begin{cases}\sum F_x=0\\ \sum F_y=0\end{cases}\Rightarrow\begin{cases}F_{NCB}\sin 30°-F_{NCA}\sin 45°=0\\ F_{NCB}\cos 30°+F_{NCA}\cos 45°-F=0\end{cases}$$

$$\Rightarrow\begin{cases}F_{NCB}=\dfrac{2\sqrt{2}F}{\sqrt{6}+\sqrt{2}}\\ F_{NCA}=\dfrac{2F}{\sqrt{6}+\sqrt{2}}\end{cases}$$

（2）强度计算。

由 $\sigma_{max}\leqslant[\sigma]$ 得到

$$\sigma_{max}=\sigma_{CB}\leqslant[\sigma]\Rightarrow\frac{F_{NCB}}{A}\leqslant[\sigma]\Rightarrow\frac{\frac{2\sqrt{2}F}{\sqrt{6}+\sqrt{2}}}{\frac{\pi}{4}\times(20\times 10^{-3})^2}\leqslant 157\times 10^6$$

$$\Rightarrow F\leqslant 67\ 376\ \text{N}\approx 67.4\ \text{kN}$$

3.18　气动夹具如图所示，已知气缸内径 $D=140$ mm，缸内气压 $p=0.6$ MPa。活塞杆材料为 20 钢，$[\sigma]=80$ MPa。试设计活塞杆的直径 d。

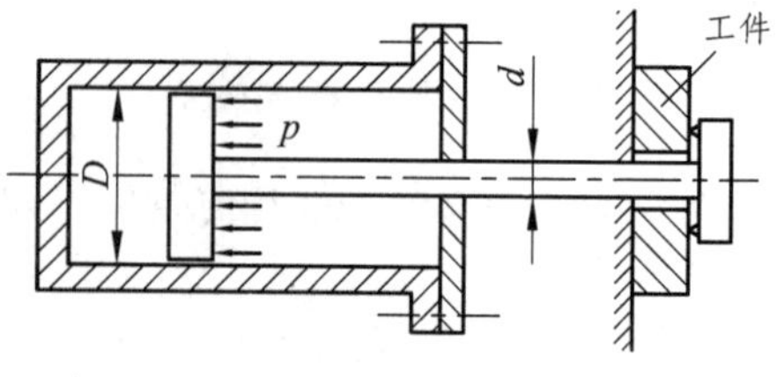

题 3.18 图

解：活塞杆在左端承受活塞上的气体压力，右端承受工件的反作用力，故为轴向拉伸。拉力 F 可由气体压强乘活塞的受压面积来得到。在尚未确定活塞杆的横截面面积之前，计算活塞的受压面积时，可暂将活塞杆横截面面积略去不计，这是偏于安全的。

活塞杆的受力分析如下图，

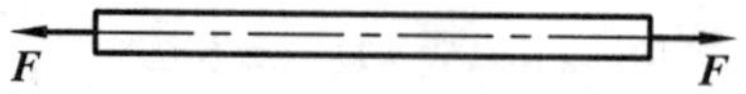

$$F=p\times\frac{\pi}{4}D^2=0.6\times 10^6\times\frac{\pi}{4}\times(140\times 10^{-3})^2=9\ 236\ \text{N}\approx 9.24\ \text{kN}$$

则，活塞杆轴力 $F_N=F=9.24$ kN。

由强度条件 $\sigma_{max}\leqslant[\sigma]$ 得到

$$\sigma_{\max} \leqslant [\sigma] = 80\ \text{MPa} \Rightarrow \frac{F_{\mathrm{N}}}{A} \leqslant [\sigma] \Rightarrow \frac{9.24\times10^{3}}{\frac{\pi}{4}\times d^{2}} \leqslant 80\times10^{6}$$

解得，$d \geqslant 0.012\ 2$ m，鉴于强度计算中忽略活塞杆横截面面积的影响，结果偏于安全，此处可取 $d = 0.012\ \text{m} = 12\ \text{mm}$。

若取 $d = 0.012$ m，此处再进行强度验算，即有

活塞轴力　　$F_{\mathrm{N}} = p\times\frac{\pi}{4}(D-d)^{2}$

则

$$\sigma = \frac{F_{\mathrm{N}}}{A} = \frac{p\times\frac{\pi}{4}(D-d)^{2}}{\frac{\pi}{4}\times d^{2}} = \frac{0.6\times10^{6}\times\frac{\pi}{4}\times(140-12)^{2}\times10^{-6}}{\frac{\pi}{4}\times12^{2}\times10^{-6}} = 68.27\ \text{MPa} < [\sigma]$$

由此可知，活塞杆直径取 12 mm 安全。

3.19　如图所示结构中，设 AB 和 AC 分别为直径是 20 mm 和 24 mm 的圆截面杆，$E=200$ GPa，$F=5$ kN。试求 A 点的垂直位移。

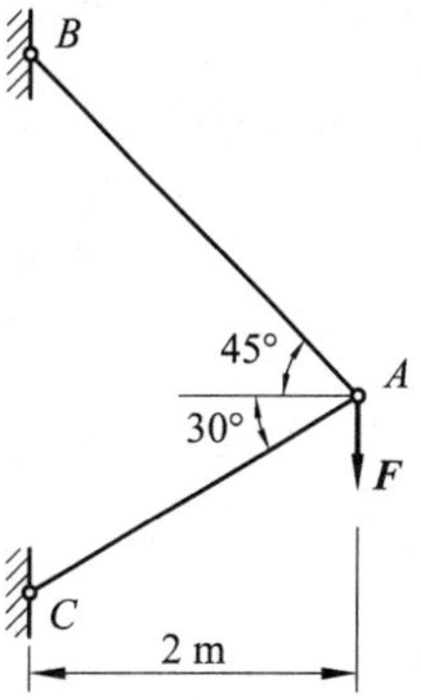

题 3.19 图

解：

解法一：（几何法）

（1）对 A 铰受力分析 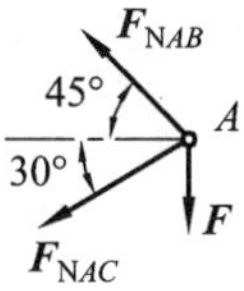

，计算两杆内力

$$\begin{cases}\sum F_x = 0 \\ \sum F_y = 0\end{cases} \Rightarrow \begin{cases}-F_{NAB}\cos45° - F_{NAC}\cos30° = 0 \\ F_{NAB}\sin45° - F_{NAC}\sin30° - F = 0\end{cases}$$

$$\Rightarrow \begin{cases}F_{NAB} = 0.897F = 4.485\ \text{kN} \\ F_{NAC} = -0.732F = -3.66\ \text{kN}\end{cases}$$

（2）变形计算

$$\Delta l_{AB} = \frac{F_{NAB}l_{AB}}{EA_{AB}} = \frac{4.485\times10^{3}\times2/\cos45°}{200\times10^{9}\times\frac{\pi}{4}\times20^{2}\times10^{-6}} = 0.202\ \text{mm}$$

$$\Delta l_{AC} = \frac{F_{NAC}l_{AC}}{EA_{AC}} = \frac{-3.66\times10^{3}\times2/\cos30°}{200\times10^{9}\times\frac{\pi}{4}\times24^{2}\times10^{-6}} = -0.093\ \text{mm}$$

（3）A 点垂直位移计算。

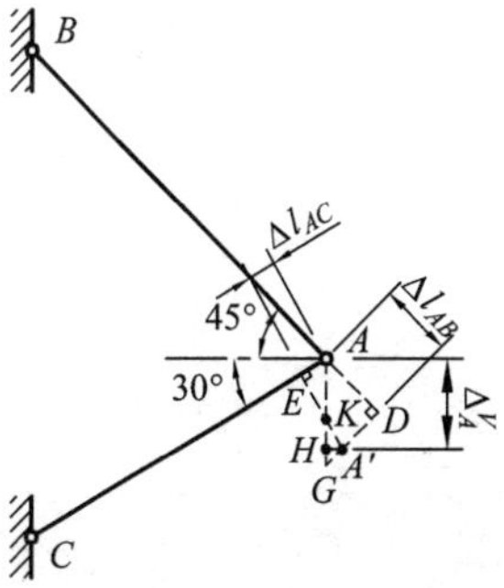

由变形量之间的几何关系，知

$$\Delta_A^{\mathrm{V}} = AH = AK + KH$$

其中

$$AK = \frac{EA}{\cos60°} = \frac{\Delta l_{AC}}{\cos60°} = 0.186\ \text{mm}$$

$$KH = A'K\cos 30° = \frac{\sqrt{3}}{2}A'K$$

在$\Delta KGA'$中，

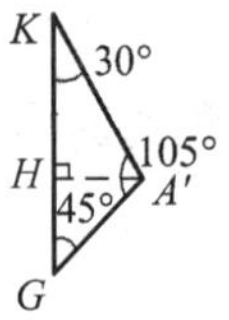

$$\frac{A'K}{\sin 45°} = \frac{KG}{\sin 105°} = \frac{AG - AK}{\sin 105°} = \frac{\sqrt{2}AD - AK}{\sin 105°}\text{，且 } AD = \Delta l_{AB}$$

即得到，$A'K = 0.073\ \text{mm}$，$KH = 0.063\ \text{mm}$

故，$\Delta_A^{\mathrm{V}} = AK + KH = 0.186 + 0.063 = 0.249\ \text{mm} \approx 0.25\text{mm}$

解法二：（能量法）

（1）对 A 铰受力分析，得到

$$F_{\mathrm{N}AB} = 0.897F,\ F_{\mathrm{N}AC} = -0.732F$$

（2）两杆总变形能

$$V_\varepsilon = \sum \frac{F_{\mathrm{N}i}^2 l_i}{2EA_i} = \frac{F_{\mathrm{N}AB}^2 l_{AB}}{2EA_{AB}} + \frac{F_{\mathrm{N}AC}^2 l_{AC}}{2EA_{AC}} = \frac{(0.897F)^2 l_{AB}}{2EA_{AB}} + \frac{(-0.732F)^2 l_{AC}}{2EA_{AC}}$$

（3）A 点垂直位移计算。

由 $V_\varepsilon = W = \frac{1}{2}F\cdot\Delta_A^{\mathrm{V}}$ 得到，$\frac{(0.897F)^2 l_{AB}}{2EA_{AB}} + \frac{(-0.732F)^2 l_{AC}}{2EA_{AC}} = \frac{F\cdot\Delta_A^{\mathrm{V}}}{2}$，解得，

$$\Delta_A^V = \frac{(0.897)^2 F l_{AB}}{EA_{AB}} + \frac{(-0.732)^2 F l_{AC}}{EA_{AC}}$$

$$= \frac{(0.897)^2 \times 5\times 10^3 \times 2/\cos 45°}{200\times 10^9 \times \frac{\pi}{4}\times 20^2 \times 10^{-6}} + \frac{(-0.732)^2 \times 5\times 10^3 \times 2/\cos 30°}{200\times 10^9 \times \frac{\pi}{4}\times 24^2 \times 10^{-6}} = 0.25\ \text{mm}$$

3.20　如图所示受力杆中，F 为轴向外力，杆的抗拉压刚度为 EA，试画出该杆的轴力图。

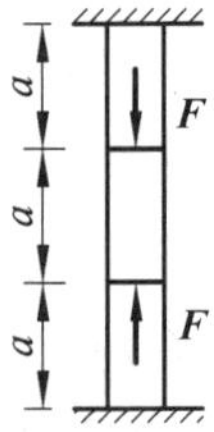

题 3.20 图

解：这是拉压超静定问题，需要根据静力平衡条件、变形几何关系、物理关系联立求解。

（1）去掉下端约束，代之以约束力 F_A，计算杆件内力。

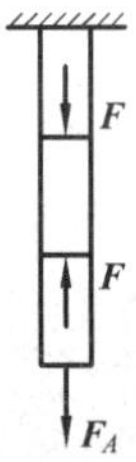

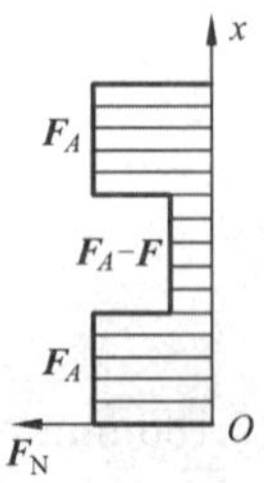

（2）变形几何关系：由于杆件两端固定，则 $\Delta l = 0$

（3）物理关系：$\dfrac{F_A a}{EA} + \dfrac{(F_A - F)a}{EA} + \dfrac{F_A a}{EA} = 0$，解得，$F_A = \dfrac{F}{3}$

（4）由此得到轴力图。

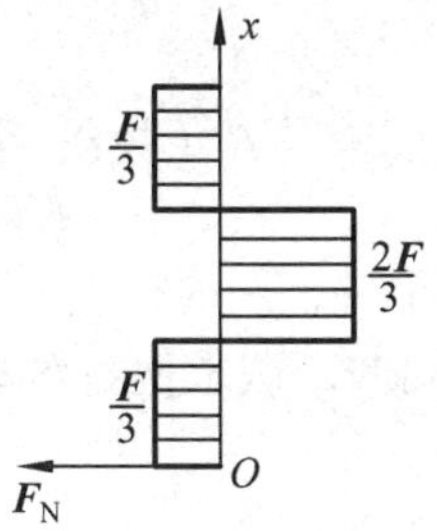

3.21　在如图所示结构中，假设 AC 梁为刚杆，杆 1，2，3 的横截面面积相等，材料相同。试求三杆的轴力。

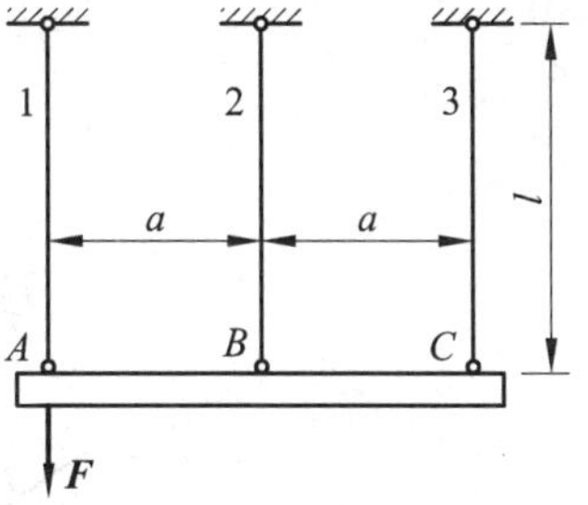

题 3.21 图

解：

（1）对刚杆 AC 进行受力分析，建立平衡方程

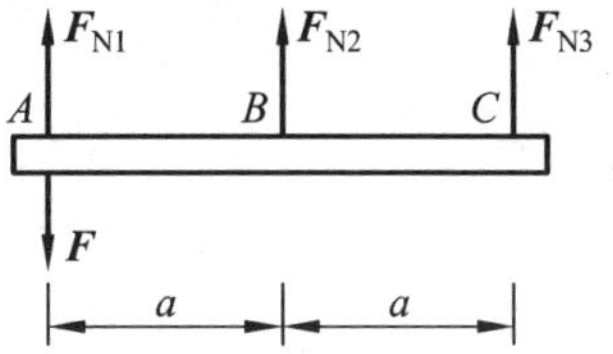

$$\begin{cases}\sum F_y = 0 \\ \sum M_A = 0\end{cases} \Rightarrow \begin{cases}F_{N1} + F_{N2} + F_{N3} - F = 0 \\ F_{N2} \cdot a + F_{N3} \cdot 2a = 0\end{cases}$$

（2）几何关系

$$2\Delta l_2 = \Delta l_1 + \Delta l_3$$

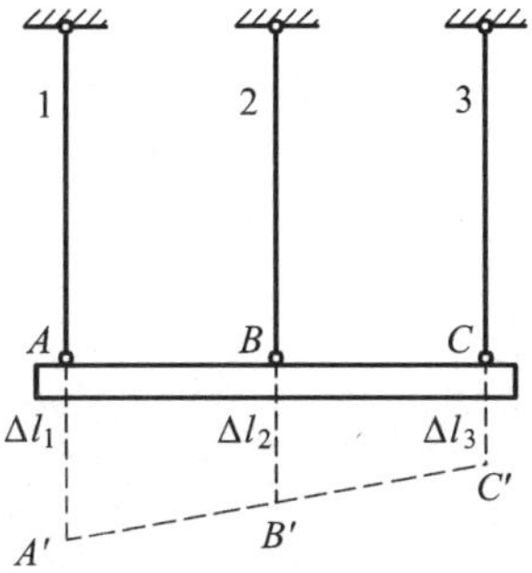

（3）物理关系

$$\frac{2F_{N2}l}{EA}=\frac{F_{N1}l}{EA}+\frac{F_{N3}l}{EA}$$

（4）联立上述三式，得到

$$F_{N1}=\frac{5}{6}F\text{（拉）},\quad F_{N2}=\frac{1}{3}F\text{（拉）},\quad F_{N3}=-\frac{1}{6}F\text{（压）}$$

3.22　如图所示，刚杆 AB 悬挂于 1，2 两杆上，1 杆的横截面面积为 60 mm^2，2 杆为 120 mm^2，且两杆材料相同。若 $F=6$ kN，试求两杆的轴力及支座 A 的约束力。

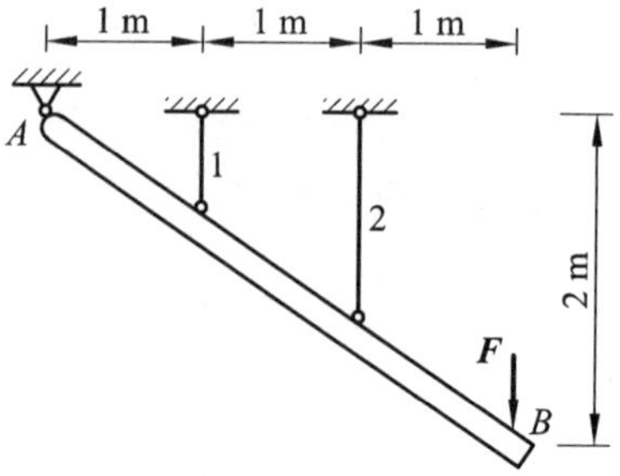

题 3.22 图

解：

（1）对 AB 杆受力分析，建立平衡方程

$$\begin{cases}\sum F_x=0\\ \sum F_y=0\\ \sum M_A=0\end{cases}\Rightarrow\begin{cases}F_{Ax}=0\\ F_{Ay}+F_{N1}+F_{N2}-F=0\\ F_{N1}\times 1+F_{N2}\times 2-F\times 3=0\end{cases}$$

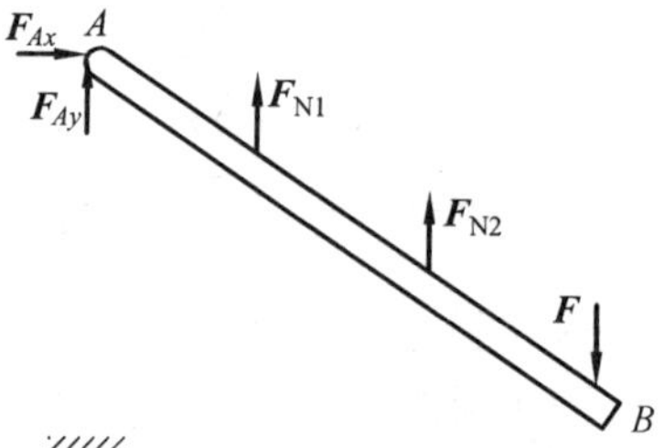

（2）几何关系

$$\frac{\Delta l_1}{\Delta l_2}=\frac{1}{2}\text{，即 }2\Delta l_1=\Delta l_2$$

（3）物理关系

$$\frac{2F_{N1}l_1}{EA_1}=\frac{F_{N2}l_2}{EA_2}\Rightarrow\frac{2\times F_{N1}\times 2/3}{E\times 60\times 10^{-3}}=\frac{F_{N2}\times 4/3}{E\times 120\times 10^{-3}}$$

$$\Rightarrow F_{N1}=\frac{1}{2}F_{N2}$$

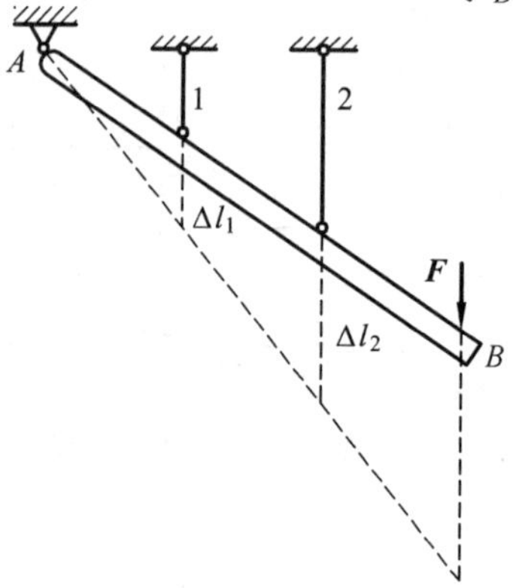

（4）将上式代入平衡方程第三式，解得

$$F_{N1}=3.6\text{ kN},\quad F_{N2}=7.2\text{ kN}$$

（5）求解平衡方程得到

$$F_{Ax}=0,\quad F_{Ay}=-4.8\text{ kN（}\downarrow\text{）}$$

第 4 章　剪切和挤压

4.1　知识要点

1. 本章研究对象和研究内容

（1）研究对象——构件常为连接件，如螺栓、铆钉、销钉等；所受外力的合力作用线作用于杆件某一截面两侧，且大小相等、方向相反、垂直于构件轴线、作用线靠近；该类构件沿两平行外力的交界面（剪切面）发生相对错动的变形，即剪切变形。

（2）研究内容——理解基本概念，重点掌握连接件剪切和挤压的实用计算、焊缝的实用计算。

2. 连接件剪切的实用计算

（1）剪切面和剪力。

剪切面——构件将发生相对错动的截面。

剪力——剪切面上的内力，其作用线与剪切面平行。

（2）剪切的实用计算。

鉴于在一些连接件的剪切面上，应力的实际情况比较复杂，实用计算中假设在剪切面上应力均匀分布，即应力等于剪切面上的平均切应力（或称为名义切应力）。

$$\tau = \frac{F_S}{A}$$

式中　F_S——剪力；

A——剪切面面积。

（3）剪切的强度条件。

$$\tau = \frac{F_S}{A} \leqslant [\tau]$$

式中　$[\tau]$——材料的许用切应力。

3. 连接件挤压的实用计算

（1）挤压面和挤压力。

挤压面——构件承压的截面。

挤压力——挤压面上的内力，其作用线与挤压面垂直。

（2）挤压的实用计算。

鉴于在一些连接件的挤压面上，应力的实际情况比较复杂，实用计算中通常假设在挤压面上应力均匀分布，即应力等于挤压面上的平均挤压应力（或称为名义挤压应力）。

$$\sigma_{bs}=\frac{F_{bs}}{A_{bs}}$$

式中　F_{bs}——挤压力；

A_{bs}——挤压面面积。

当连接件和被连接件为半圆柱面接触时，挤压面面积 A_{bs} 为实际挤压面在垂直于挤压力方向的投影面积，即有效挤压面面积。

（3）挤压的强度条件

$$\sigma_{bs}=\frac{F_{bs}}{A_{bs}}\leqslant[\sigma_{bs}]$$

式中　$[\sigma_{bs}]$——材料的许用挤压应力。

4. 焊缝的实用计算

工程实际中大量采用的焊接连接，焊缝主要承受剪切变形。对其进行强度计算时，通常认为剪切面与焊缝底面成 45° 角，且认为在受剪面上切应力均匀分布。所以焊缝的切应力强度条件为

$$\tau=\frac{F}{A_h}=\frac{F}{h_f\cos45°\times l_f}=\frac{F}{0.7h_f l_f}\leqslant[\tau_h]$$

式中　A_h——焊缝受力计算面积；

h_f——贴角焊缝的厚度；

l_f——焊缝的计算长度，它等于焊缝的实际长度减去 $2h_f$；

$[\tau_h]$——焊缝的许用切应力。

5. 切应力互等定理

切应力互等定理也称为切应力双生定理，在单元体相互垂直的两个平面上，切应力必然成对存在，且数值相等，两者均垂直于两平面的交线，方向则共同指向或背离这一交线。

6. 剪切胡克定律

当切应力不超过材料的剪切比例极限时，切应力与切应变成正比，即

$$\tau=G\gamma$$

4.2　解题步骤

本章内容涉及的求解问题主要有两种：连接件的强度计算、焊缝的强度计算。

1. 连接件的强度计算

连接件的强度计算采用实用计算法。对于连接件，剪切和挤压往往同时存在，连接件的强度计算即讨论剪切的强度计算和挤压的强度计算。

（1）确定剪切面和挤压面。

（2）受力分析，分别计算剪力、挤压力、剪切面面积和挤压面面积。

（3）根据强度条件 $\tau = \dfrac{F_S}{A} \leqslant [\tau]$ 和 $\sigma_{bs} = \dfrac{F_{bs}}{A_{bs}} \leqslant [\sigma_{bs}]$，可进行剪切和挤压的强度校核、连接件的截面设计、许用载荷的计算。

2. 焊缝的强度计算

焊接是一种应用广泛的连接方式。焊缝主要承受剪切作用，即焊缝的强度计算主要是讨论焊缝的切应力强度计算

$$\tau = \frac{F_s}{A_h} = \frac{F}{h_f \cos 45° \times l_f} = \frac{F}{0.7 h_f l_f} \leqslant [\tau_h]$$

4.3 习题详解

4.1 试确定图示连接或接头中的剪切面和挤压面。

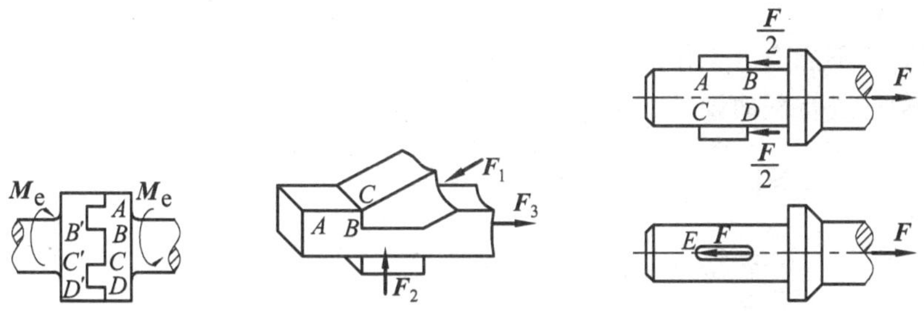

（a）　　（b）　　（c）

题 4.1 图

解：

图（a）中，AB 面、CD 面、$B'C'$面为剪切面，BB'面、DD'面为挤压面；

图（b）中，AB 面为剪切面，BC 面为挤压面；

图（c）中，AB 面、CD 面为剪切面，E（AC）面为挤压面。

4.2 试校核图示连接销钉的剪切强度。已知 $F = 100$ kN，销钉直径 $d = 30$ mm，材料的许用切应力$[\tau] = 60$ MPa，若强度不够，应改用至少多大直径的销钉？

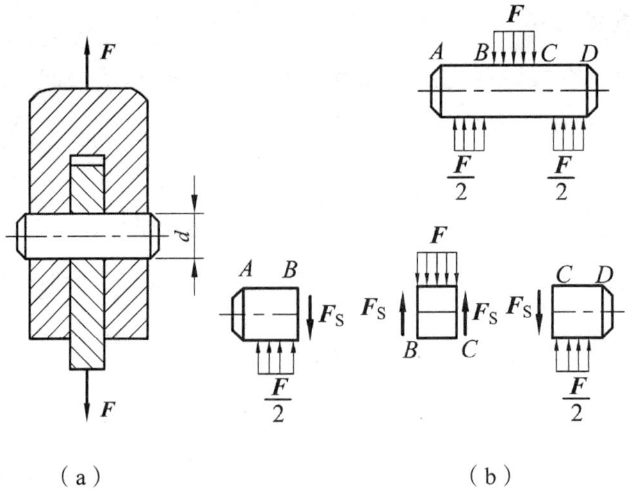

题 4.2 图

解：销钉的每一个剪切面所承受的剪力如题 4.2 图（b）所示

$$F_S = \frac{F}{2}$$

销钉的剪切强度校核为

$$\tau_{max} = \frac{F_S}{A} = \frac{F}{2A} = \frac{100\times10^3}{2\times\frac{\pi}{4}\times30^2\times10^{-6}} = 70.7\ \text{MPa} > [\tau] = 60\ \text{MPa}$$

因此，强度不够，不能安全工作。

利用强度条件进行截面设计

$$\tau_{max} \leqslant [\tau]$$

即

$$\frac{F_S}{A} \leqslant [\tau]$$

则有

$$\frac{F}{2\times\frac{\pi}{4}\times d^2} \leqslant [\tau] \Rightarrow \frac{100\times10^3}{2\times\frac{\pi}{4}\times d^2} \leqslant 60\times10^6 \Rightarrow d \geqslant 32.6\times10^{-3}\ \text{m} = 32.6\ \text{mm}$$

故，改用直径 $d = 33$ mm 的销钉。

4.3　测定材料剪切强度的剪切器的示意图如图所示。设圆试件的直径 $d = 15$ mm，当压力 $F = 31.5$ kN 时，试件被剪断，试求材料的名义剪切极限应力。若取剪切许用应力为 $[\tau] = 80$ MPa，试问安全因数等于多大？

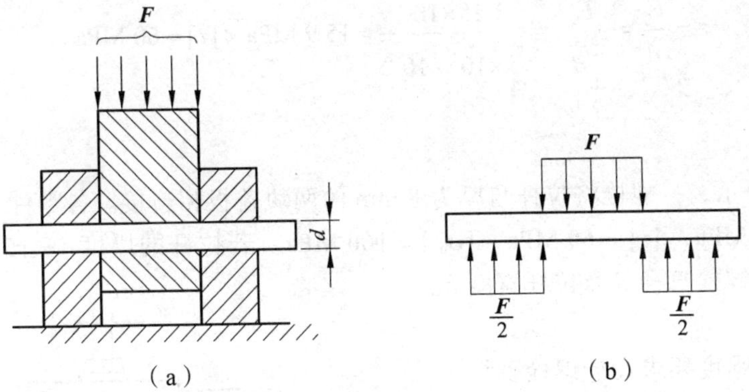

题 4.3 图

解：试件被剪断，则其横截面上的剪力如图：

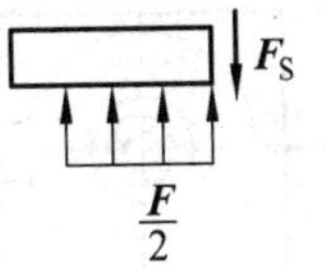

$$F_S = \frac{F}{2}$$

则，材料的名义剪切极限应力

$$\tau_0 = \frac{F_S}{A} = \frac{F}{2A} = \frac{31.5 \times 10^3}{2 \times \frac{\pi}{4} \times 15^2 \times 10^{-6}} = 89.1\ \text{MPa}$$

由于$[\tau] = \frac{\tau_0}{n}$，可以得到$n = \frac{\tau_0}{[\tau]} = \frac{89.1}{80} = 1.1$。

4.4 如图所示，凸缘联轴节传递的力偶矩为 $M_e = 200\ \text{N} \cdot \text{m}$，凸缘之间用四只螺栓连接，螺栓内径 $d = 10\ \text{mm}$，对称地分布在 $D_0 = 80\ \text{mm}$ 的圆周上。如螺栓的剪切许用应力$[\tau] = 60\ \text{MPa}$，试校核螺栓的剪切强度。

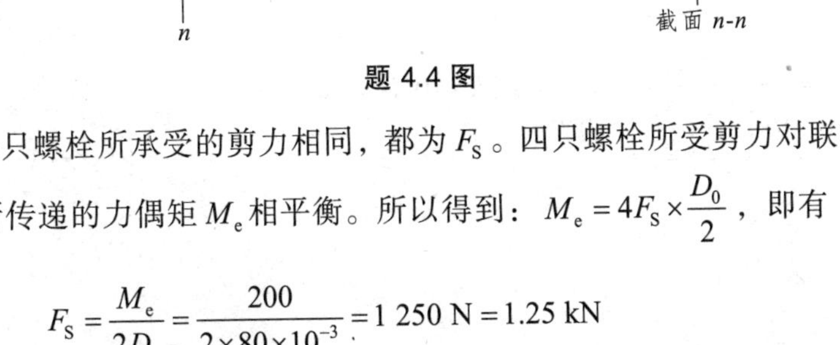

题 4.4 图

解：假设每只螺栓所承受的剪力相同，都为 F_S。四只螺栓所受剪力对联轴节轴线的力矩之和与联轴节所传递的力偶矩 M_e 相平衡。所以得到：$M_e = 4F_S \times \frac{D_0}{2}$，即有

$$F_S = \frac{M_e}{2D_o} = \frac{200}{2 \times 80 \times 10^{-3}} = 1\ 250\ \text{N} = 1.25\ \text{kN}$$

$$\tau=\frac{F_S}{A}=\frac{F_S}{\frac{\pi}{4}d^2}=\frac{1.25\times10^3}{\frac{\pi}{4}\times10^2\times10^{-6}}=15.9\ \text{MPa}<[\tau]=60\ \text{MPa}$$

故，强度满足。

4.5 如图所示，一螺栓将拉杆与厚为 8 mm 的两块盖板相连接。各零件材料相同，许用应力为$[\sigma]$ = 80 MPa，$[\tau]$ = 60 MPa，$[\sigma_{bs}]$ = 160 MPa。若拉杆的厚度δ= 15 mm，拉力 F = 120 kN，试设计螺栓直径 d 及拉杆宽度 b。

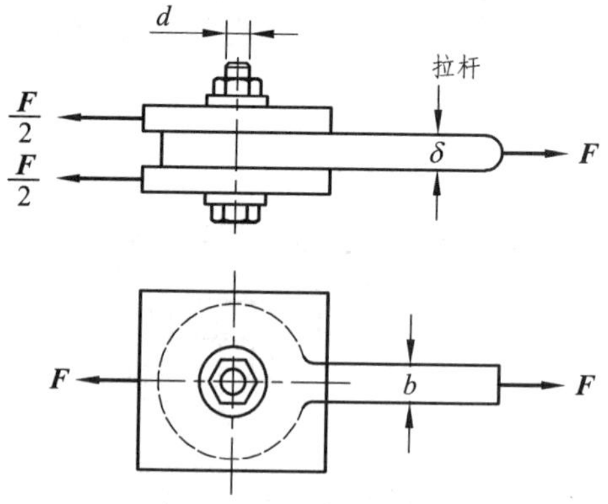

题 4.5 图

解：

（1）按剪切强度要求设计螺栓直径。

螺栓所受剪力为 $F_S=\frac{F}{2}$，应满足剪切强度条件

$$\tau=\frac{F_S}{A}=\frac{F}{2\times\frac{\pi}{4}d^2}\leqslant[\tau]$$

$$\Rightarrow d\geqslant35.7\times10^{-3}\ \text{m}=35.7\ \text{mm}$$

（2）按挤压强度要求设计螺栓直径。

$$\sigma_{bs}=\frac{F}{A_{bs}}=\frac{F}{d\delta}\leqslant[\sigma_{bs}]$$

$$\Rightarrow d\geqslant50\times10^{-3}\text{m}=50\ \text{mm}$$

综上（1）、（2）可知，螺栓直径取 d = 50 mm。

（3）按拉伸强度要求设计拉杆的宽度。

$$\sigma=\frac{F_N}{A}=\frac{F}{b\delta}\leqslant[\sigma]\Rightarrow b\geqslant100\times10^{-3}\text{m}=100\ \text{mm}$$

故，取 d = 50 mm，b = 100 mm。

4.6 如图所示的机床花键轴有 8 个齿。轴与轮的配合长度 l = 60 mm，外力偶矩 M_e = 4 kN · m。轮与轴的挤压许用应力为$[\sigma_{bs}]$ = 140 MPa，试校核花键轴的挤压强度。

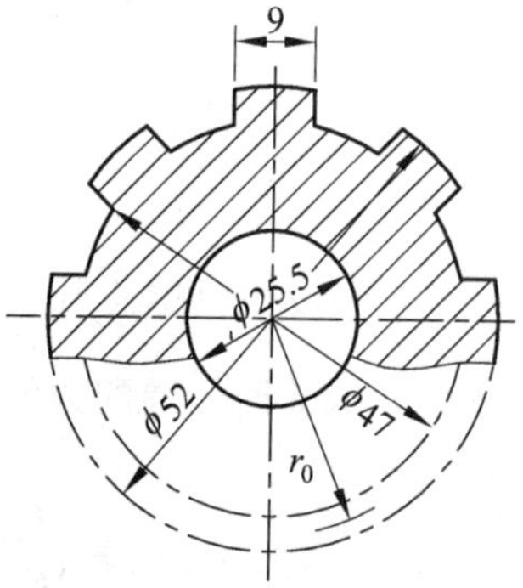

题 4.6 图

解：由于花键轴各齿的位置对称，故每个挤压面上的挤压力相等，有

$$F_{bs}=\frac{M_e}{8r_0}=\frac{4\times10^3}{8\times\left(\frac{52+47}{2\times2}\right)\times10^{-3}}=20.2\times10^3\,\text{N}=20.2\ \text{kN}$$

键的挤压应力

$$\sigma_{bs}=\frac{F_{bs}}{A_{bs}}=\frac{20.2\times10^{3}}{\left(\frac{52-47}{2}\right)\times60\times10^{-6}}$$

$$=135\times10^{6}\,\text{Pa}=135\ \text{MPa}<\left[\sigma_{bs}\right]=140\ \text{MPa}$$

故，花键轴挤压强度满足要求。

4.7 在厚度δ= 5 mm 的钢板上，冲出一个形状如图所示的孔，钢板剪断时的剪切极限应力[τ] = 300 MPa，求冲床所需的冲力 F。

解：要将钢板剪断，剪切面上的切应力应满足

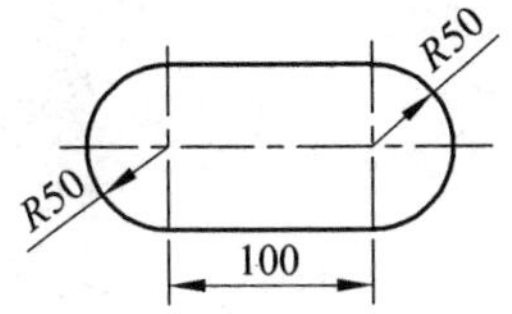

题 4.7 图

$$\tau=\frac{F}{A}\geqslant[\tau]$$

其中，剪切面面积 $A=(2\pi R+0.2)\delta$ 。由此得到

$$F\geqslant[\tau]A=300\times10^{6}\times(2\pi\times0.05+0.2)\times0.005=771\times10^{3}\,\text{N}=771\ \text{kN}$$

4.8 如图所示，可倾式压力机为防止过载采用了压环式保险器。当过载时，保险器先被剪断，以保护其他主要零件。设压环式保险器以剪切的形式破坏，且剪切面的高度δ= 20 mm，材料为 HT21-40，其剪切极限应力 τ_0 = 200 MPa，压力机的最大许可压力 F = 630 kN。试确定压环式保险器剪切部分的直径 D。

解：根据题意，当过载时保险器先被剪断，以保护其他主要零件。则保险器的剪切强度条件应为

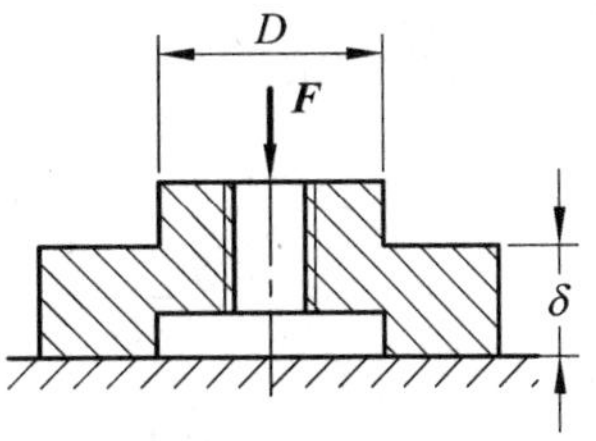

题 4.8 图

$$\tau=\frac{F_S}{A}=\frac{F}{\pi D\delta}\geqslant\tau_0$$

则

$$D\leqslant\frac{F}{\pi\tau_0\delta}=\frac{630\times10^{3}}{\pi\times200\times10^{6}\times0.02}=50.1\times10^{-3}\,\text{m}=50.1\ \text{mm}$$

4.9 如图所示，车床的传动光杆上装有安全联轴器，当超过一定载荷时，安全销被剪断。已知安全销的平均直径为 5 mm，材料为 45 钢，其剪切极限应力为 τ_0 = 370 MPa。求安全联轴器所能传递的力偶矩 M_e。

解：设传动光杆的直径为 D，则安全销所承受的剪力为

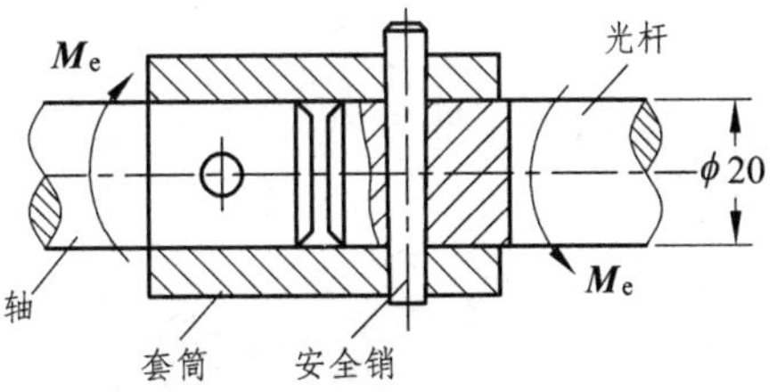

题 4.9 图

$$F_S=\frac{M_e}{D}$$

安全销不被剪断，则要求有

$$\tau = \frac{F_S}{A} \leqslant \tau_0$$

由此，可得到

$$\frac{M_e / D}{\pi d^2 / 4} \leqslant \tau_0 \Rightarrow M_e \leqslant D \cdot \frac{\pi d^2}{4} \cdot \tau_0$$

即可得

$$M_e \leqslant 0.02 \times \frac{\pi}{4} \times 5^2 \times 10^{-6} \times 370 \times 10^6 = 145\ \text{N} \cdot \text{m}$$

4.10 木榫接头如图所示。$a = b = 12$ cm，$h = 35$ cm，$c = 4.5$ cm，$F = 40$ kN。试求接头的剪切和挤压应力。

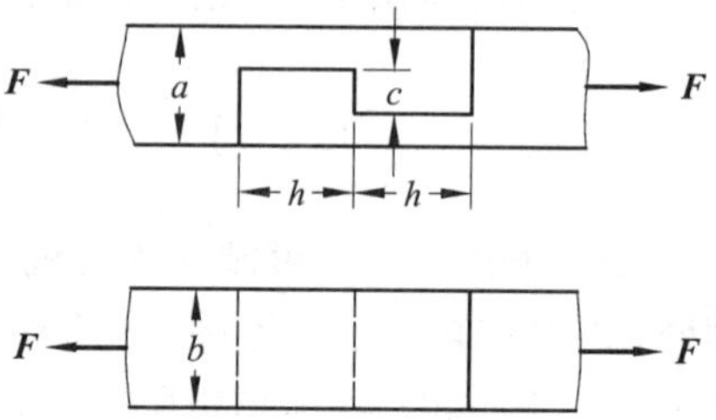

题 4.10 图

解：作用在木榫接头上的剪力为 F，剪切面面积为 bh，接头的切应力为

$$\tau = \frac{F_S}{A} = \frac{F}{bh} = \frac{40 \times 10^3}{12 \times 35 \times 10^{-4}} = 0.952\ \text{MPa}$$

作用在木榫接头上的挤压力 F，挤压面面积为 bc，接头的挤压应力为

$$\sigma_{bs} = \frac{F_{bs}}{A_{bs}} = \frac{40 \times 10^3}{12 \times 4.5 \times 10^{-4}} = 7.41\ \text{MPa}$$

4.11 如图所示，用两个铆钉将 140 mm × 140 mm × 12 mm 的等边角钢铆接在立柱上，构成支托。若 $F = 30$ kN，铆钉的直径为 21 mm，试求铆钉的切应力和挤压应力。

解：由于结构与载荷对称，所以两个铆钉受力相等，作用在每个铆钉上的挤压力和剪力分别为 $F/2$。

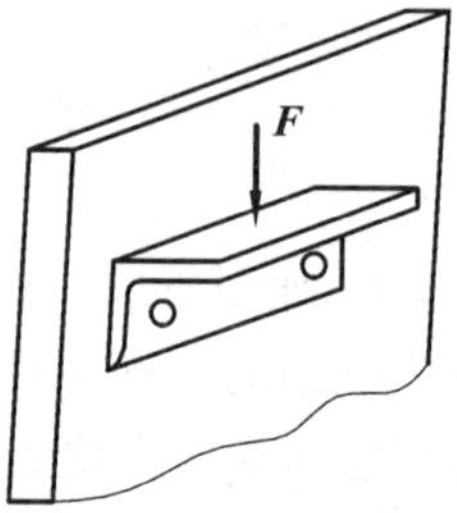

题 4.11 图

铆钉的切应力为

$$\tau = \frac{F_S}{A} = \frac{F/2}{\frac{\pi}{4} d^2} = \frac{30 \times 10^3 / 2}{\frac{\pi}{4} \times 21^2 \times 10^{-6}} = 43.3\ \text{MPa}$$

铆钉的挤压应力为

$$\sigma_{bs} = \frac{F_{bs}}{A_{bs}} = \frac{F}{2\delta d} = \frac{30 \times 10^3}{2 \times 12 \times 21 \times 10^{-6}} = 59.5\ \text{MPa}$$

4.12 如图所示，用夹剪剪断直径为 3 mm 的铅丝。若铅丝的剪切极限应力为 100 MPa，试问需要多大的力 F？若销钉 B 的直径为 8 mm，试求销钉内的切应力。

解：对夹剪的一般受力分析，列平衡方程

$$\begin{cases}\sum F_y = 0 \\ \sum M_B = 0\end{cases} \Rightarrow \begin{cases}F_B - F - F_{\mathrm{S}} = 0 \\ F \times 0.2 - F_{\mathrm{S}} \times 0.05 = 0\end{cases}$$

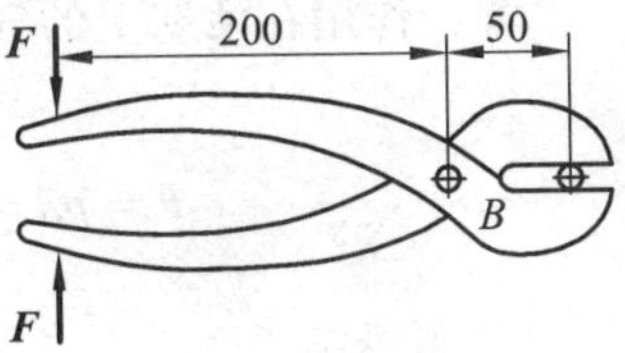

题 4.12 图

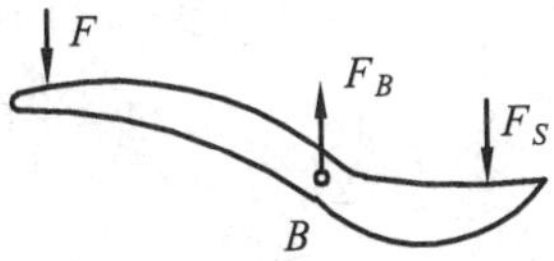

化简得

$$\begin{cases}F_B = 5F \\ F_{\mathrm{S}} = 4F\end{cases}$$

欲将铅丝剪断，则有

$$F_{\mathrm{S}} \geqslant \tau_{\mathrm{u}} A$$

所以，有

$$F_{\mathrm{S}} = 4F \geqslant \tau_{\mathrm{u}} A$$

解得

$$F \geqslant \frac{\tau_{\mathrm{u}} A}{4} = \frac{100 \times 10^6 \times \dfrac{\pi}{4} \times 0.003^2}{4} = 177\ \mathrm{N}$$

若销钉直径为 8mm，则销钉内切应力为

$$\tau = \frac{F_{\mathrm{S}}}{A} = \frac{F_B}{A} = \frac{5F}{\dfrac{\pi}{4} d^2} = \frac{5 \times 177}{\dfrac{\pi}{4} \times 8^2 \times 10^{-6}} = 17.6\ \mathrm{MPa}$$

4.13　如图所示，柴油机活塞销材料为 20Cr，$[\tau] = 70$ MPa，$[\sigma_{\mathrm{bs}}] = 100$ MPa，活塞销外径 $d_1 = 48$ mm，内径 $d_2 = 26$ mm，长度 $l = 130$ mm，$a = 50$ mm，活塞直径 $D = 135$ mm。气体爆发压强 $p = 7.5$ MPa。试对活塞销进行剪切和挤压强度校核。

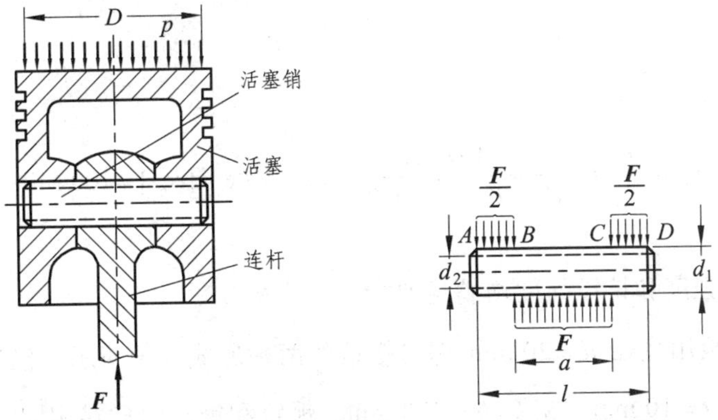

4.┌　　　　（b）

题 4.13 图

解：作用在活塞上的气体压力

$$F = pA = p \cdot \frac{\pi}{4} D^2 = 7.5 \times 10^6 \times \frac{\pi}{4} \times 135^2 \times 10^{-6} = 107 \text{ kN}$$

活塞销的横截面面积

$$A_1 = \frac{\pi}{4}(d_1^2 - d_2^2)$$

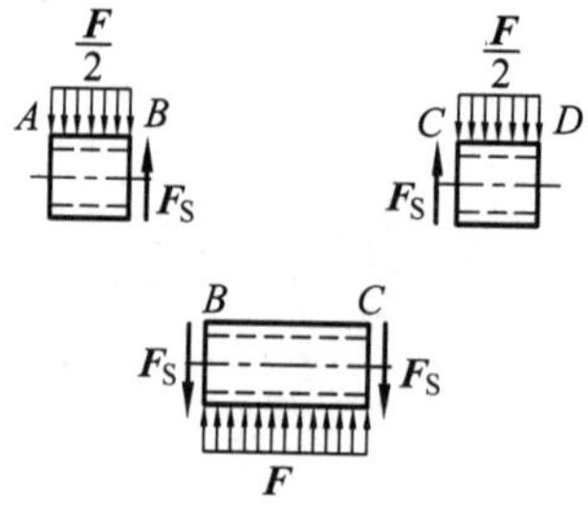

对活塞销进行受力分析，则活塞销上的切应力

$$\tau = \frac{F_S}{A} = \frac{F/2}{\frac{\pi}{4}(d_1^2 - d_2^2)} = \frac{107 \times 10^3 / 2}{\frac{\pi}{4} \times (0.048^2 - 0.026^2)} = 41.8 \times 10^6 \text{ Pa} = 41.8 \text{ MPa} < [\tau] = 70 \text{ MPa}$$

活塞销上挤压应力：

AB、*CD* 段

$$\sigma_{bs} = \frac{F/2}{A_{bs}} = \frac{F/2}{d_1(l-a)/2} = \frac{107 \times 10^3 / 2}{0.048(0.13 - 0.05)/2} = 27.9 \text{ MPa} < [\sigma_{bs}] = 100 \text{ MPa}$$

BC 段

$$\sigma_{bs} = \frac{F}{A_{bs}} = \frac{F}{ad_1} = \frac{107 \times 10^3}{0.05 \times 0.048} = 44.6 \text{ MPa} < [\sigma_{bs}] = 100 \text{ MPa}$$

故，活塞销的剪切强度和挤压强度均满足要求。

4-14　两块钢板用直径 $d = 20$ mm 铆钉搭接的两种形式如图所示。已知 $F = 160$ kN，两板尺寸相同，厚度 $t = 10$ mm，宽度 $b = 120$ mm，铆钉和钢板的材料相同，许用切应力 $[\tau] =$ 140 MPa，许用挤压应力 $[\sigma_{bs}] = 320$ MPa，拉伸许用应力 $[\sigma] = 160$ MPa，试求所需的铆钉数，并比较图示两种排列方式，校核板的拉伸强度。

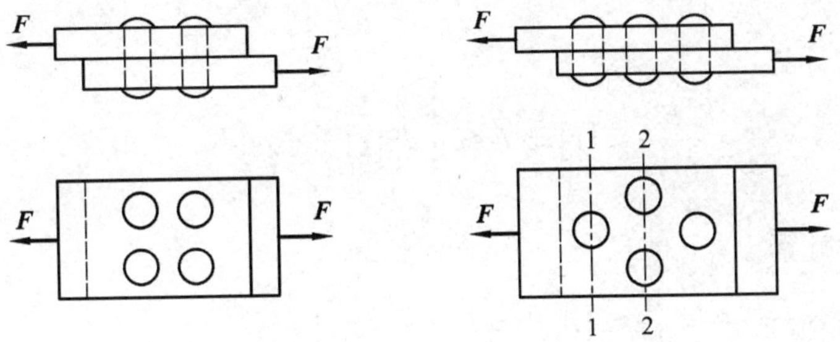

（a）　　（b）

题 4.14 图

解：

（1）剪切强度计算

$$\tau=\frac{F_{\mathrm{S}}}{A}\leqslant[\tau]\Rightarrow\frac{F/n}{\frac{\pi}{4}d^2}=\frac{160\times10^3/n}{\frac{\pi}{4}\times0.02^2}\leqslant140\times10^6\,\mathrm{Pa}\Rightarrow n\geqslant3.6$$

（2）挤压强度计算

$$\sigma_{\mathrm{bs}}=\frac{F_{\mathrm{bs}}}{A_{\mathrm{bs}}}\leqslant[\tau]\Rightarrow\frac{F/n}{td}=\frac{160\times10^3/n}{0.01\times0.02}\leqslant200\times10^6\,\mathrm{Pa}\Rightarrow n\geqslant4$$

综上（1）、（2），取铆钉数 $n=4$。

（3）板的拉伸强度计算

（a）图：

$$\sigma_{\max}=\frac{F}{(b-2d)t}=\frac{160\times10^3}{(0.12-2\times0.02)\times0.01}=200\ \mathrm{MPa}>[\sigma]$$

故，（a）图板的拉伸强度不满足。

（b）图：

图中 1-1 截面：　$$\sigma_1=\frac{F}{(b-d)t}=\frac{160\times10^3}{(0.12-0.02)\times0.01}=160\ \mathrm{MPa}$$

图中 2-2 截面：　$$\sigma_2=\frac{\frac{3}{4}F}{(b-2d)t}=\frac{\frac{3}{4}\times160\times10^3}{(0.12-2\times0.02)\times0.01}=150\ \mathrm{MPa}$$

故，（b）图 $\sigma_{\max}=160\ \mathrm{MPa}=[\sigma]$，铆钉排布强度满足。

4.15　若铆钉许用切应力为$[\tau]$，许用挤压应力为$[\sigma_{\mathrm{bs}}]$。如图所示，若以铆钉连接厚钢板，试求承受单剪时铆钉的合理高细比 l/d。

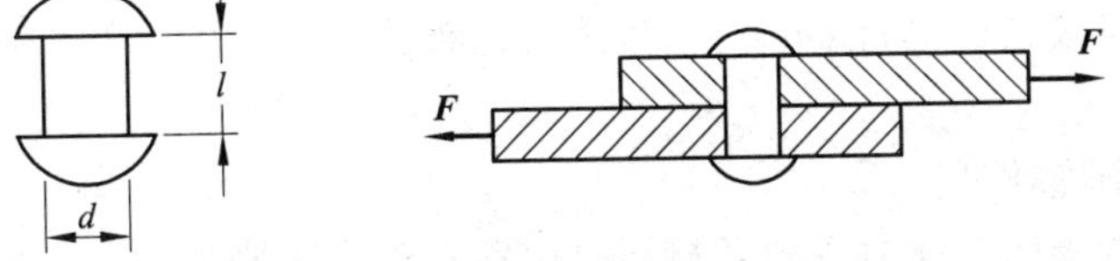

题 4.15 图

解：

（1）剪切强度计算

$$\tau=\frac{F_S}{A}=\frac{F}{\frac{\pi}{4}d^2}\leqslant[\tau]\Rightarrow F\leqslant\frac{\pi}{4}d^2[\tau]$$

（2）挤压强度计算

$$\sigma_{bs}=\frac{F_{bs}}{A_{bs}}=\frac{F}{\frac{ld}{2}}\leqslant[\sigma_{bs}]\Rightarrow F\leqslant\frac{ld}{2}[\sigma_{bs}]$$

由此，可得

$$\frac{\pi}{4}d^2[\tau]=\frac{ld}{2}[\sigma_{bs}]\Rightarrow l/d=\frac{\pi}{2}[\tau]/[\sigma_{bs}]=1.57[\tau]/[\sigma_{bs}]$$

4.16　螺栓对接接头如图所示，共用 2 个螺栓。钢板厚度为 20 mm，盖板厚度为 10 mm，已知 $F=40$ kN，螺栓的许用切应力 $[\tau]=130$ MPa，许用挤压应力 $[\sigma_{bs}]=300$ MPa。试按强度条件计算螺栓所需的直径。

解：

（1）剪切强度计算

$$\tau=\frac{F_S}{A}=\frac{F/2}{\frac{\pi}{4}d^2}\leqslant[\tau]\Rightarrow\frac{40\times10^3/2}{\frac{\pi}{4}d^2}\leqslant130\times10^6$$

$$\Rightarrow d\geqslant0.014\ \text{m}=14\ \text{mm}$$

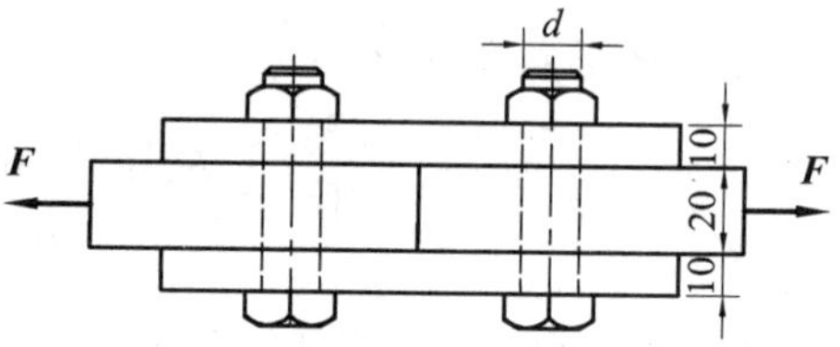

题 4.16 图

（2）挤压强度计算

$$\sigma_{bs}=\frac{F_{bs}}{A_{bs}}=\frac{F}{td}\leqslant[\sigma_{bs}]\Rightarrow\frac{40\times10^3}{0.02d}\leqslant300\times10^6\Rightarrow d\geqslant0.007\ \text{m}=7\ \text{mm}$$

所以，取螺栓直径为 14 mm。

4.17　如图所示，承受内压的圆筒与端盖之间用角钢和铆钉相连。已知圆筒内径 $D=1$ m，内压力 $p=1$ MPa，筒壁及角钢的厚度均为 10 mm。若铆钉的直径为 20 mm，许用切应力 $[\tau]=70$ MPa，许用挤压应力 $[\sigma_{bs}]=160$ MPa，许用拉应力 $[\sigma]=40$ MPa，试问连接筒盖和角钢以及连接角钢和筒壁的铆钉每边各需多少个？

解：

（1）角钢与筒盖连接处。

铆钉主要受拉

$$F_N=p\cdot\frac{\pi}{4}D^2\Rightarrow\sigma_{max}=\frac{F}{A}=\frac{p\cdot\frac{\pi}{4}D^2}{\frac{\pi}{4}d^2\cdot n}\leqslant[\sigma]$$

$$\Rightarrow n\geqslant62.5$$

所以，筒盖与角钢连接处取铆钉 64 个。（考虑对称布置，取双数）

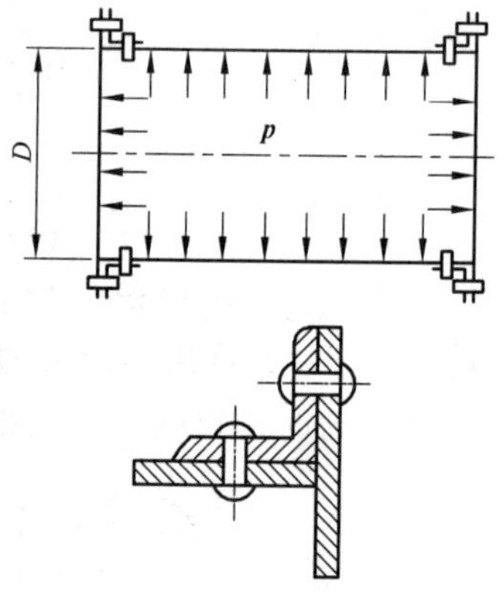

题 4.17 图

（2）筒壁与角钢连接处。

铆钉受角钢影响受压，铆钉受剪及挤压是由筒盖侧向膨胀所致。所以，剪切强度计算

$$\tau_{\max}=\frac{F_S}{A}=\frac{p\cdot\frac{\pi}{4}D^2}{\frac{\pi}{4}d^2\cdot n}\leqslant[\tau]=70\ \text{MPa}\Rightarrow n\geqslant 35.7$$

挤压强度计算

$$\sigma_{bs}=\frac{F_{bs}}{A_{bs}}=\frac{p\cdot\frac{\pi}{4}D^2}{dt\cdot n}\leqslant[\sigma_{bs}]=160\ \text{MPa}\Rightarrow n\geqslant 24.5$$

所以，筒壁与角钢连接处取铆钉 36 个。

4.18　图中，水平梁 A 端用螺栓连接，B，C 铰接。已知 $F=50$ kN，$l=4$ m，螺栓直径 $d=20$ mm，许用切应力 $[\tau]=80$ MPa，许用挤压应力 $[\sigma_{bs}]=200$ MPa，校核螺栓强度。

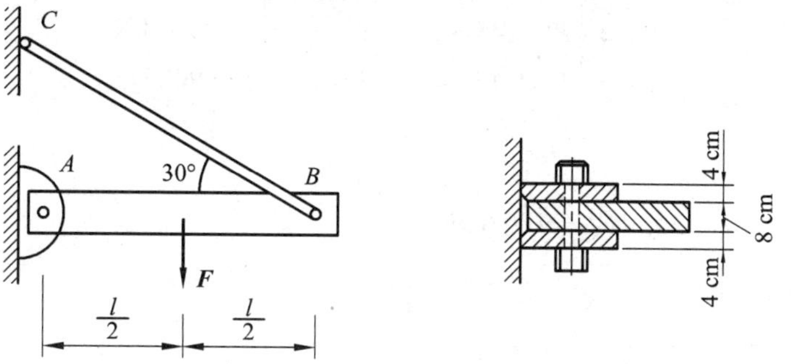

（a）　　　　　　　　（b）

题 4.18 图

解：

（1）计算螺栓处所受的约束力。取 AB 为研究对象，

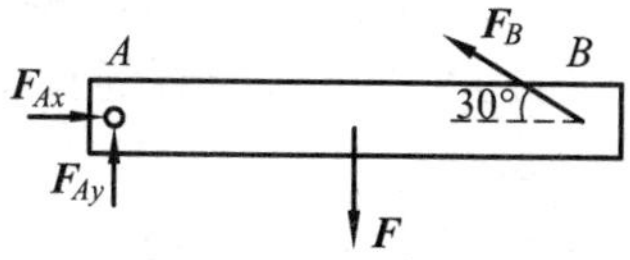

由 $\sum M_B=0$，得 $F\times\frac{l}{2}-F_{Ay}\times l=0\ \Rightarrow\ F_{Ay}=\frac{F}{2}$

由 $\sum F_y=0$，得 $F_{Ay}+F_B\times\sin 30^o-F=0\ \Rightarrow\ F_B=F$

由 $\sum F_x=0$，得 $F_{Ax}-F_B\times\cos 30^o=0\ \Rightarrow\ F_{Ax}=\frac{\sqrt{3}}{2}F$

即，A 处所受约束力：$F_A=\sqrt{F_{Ax}^2+F_{Ay}^2}=F$

（2）螺栓剪切、挤压强度计算。螺栓所受剪力和挤压力均为 F，所以有

$$\tau_{\max}=\frac{F_S}{A}=\frac{F}{2\times\frac{\pi}{4}d^2}=\frac{50\times10^3}{2\times\frac{\pi}{4}\times0.02^2}=79.6\ \text{MPa}<[\tau]=80\ \text{MPa}$$

$$\sigma_{bs\max}=\frac{F_{bs}}{A_{bs}}=\frac{F}{dt}=\frac{50\times10^3}{0.02\times0.08}=31.25\ \text{MPa}<[\sigma_{bs}]=200\ \text{MPa}$$

故，螺栓强度满足要求。

4.19　一钟形曲柄机构如图所示，在 C 处受到一竖直向下的力 45 kN 作用。在 A 点又受到一水平力 F 作用，系统平衡。如果销钉 B 的许用切应力 $[\tau]=100$ MPa，确定 B 处销钉直径。

解：

（1）计算 B 处所受剪力。

受力分析如图所示，得到平衡方程

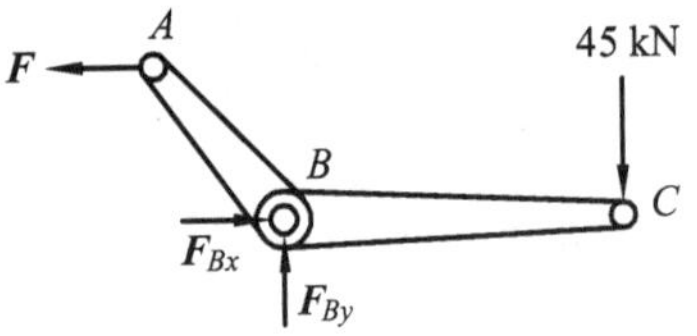

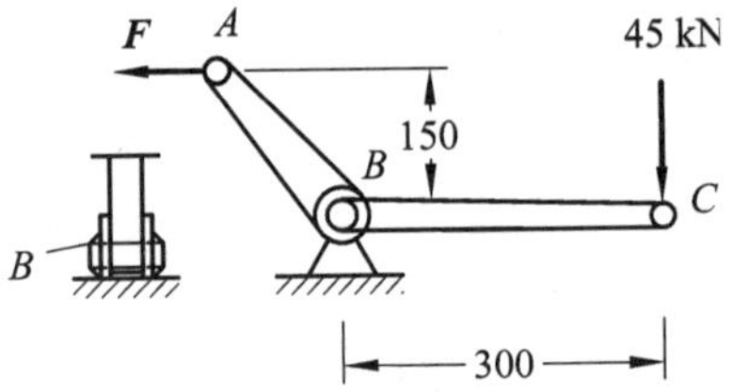

题 4.19 图

$$\begin{cases}\sum F_x=0\\ \sum F_y=0\\ \sum M_B=0\end{cases}\Rightarrow\begin{cases}F_{Bx}-F=0\\ F_{By}-45=0\\ F\times 0.15-45\times 0.3=0\end{cases}\Rightarrow\begin{cases}F_{Bx}=90\text{ kN}\\ F_{By}=45\text{ kN}\\ F=90\text{ kN}\end{cases}$$

则，B 处所受剪力为

$$F_S=\sqrt{F_{Bx}^2+F_{By}^2}=100.6\text{ kN}$$

（2）确定销钉直径

由销钉的剪切强度条件 $\tau_{\max}=\dfrac{F_S}{A}\leqslant[\tau]$

$$\frac{F_S}{2\times\dfrac{\pi}{4}d^2}=\frac{100.6\times10^3}{2\times\dfrac{\pi}{4}d^2}\leqslant[\tau]=100\text{ MPa}$$

解得，$d\geqslant 25.3\text{ mm}$。

4.20　如图所示焊接结构，$F=300$ kN，盖板厚度 $t=5$ mm，$h_f=5$ mm，焊缝的许用切应力 $[\tau]=110$ MPa，确定焊缝长度（上下共 4 条焊缝）。

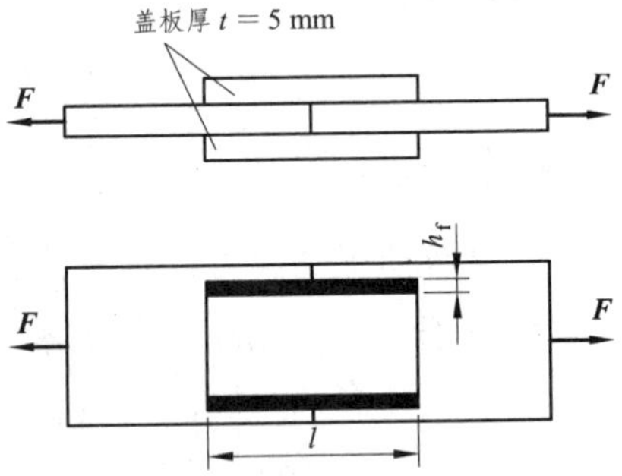

题 4.20 图

解：

（1）每条焊缝的剪力

$$F_S=\frac{F}{4}=75\text{ kN}$$

（2）计算剪切面面积（焊缝面积）

$$A_h=h_f l_f\cos45^\circ=h_f\left(\frac{l}{2}-h_f\right)\cos45^\circ$$

（3）计算焊缝长度

$$\tau=\frac{F_S}{A_h}=\frac{F/4}{h_f\left(\dfrac{l}{2}-h_f\right)\cos45^\circ}=\frac{75\times10^3}{0.005\times\left(\dfrac{l}{2}-0.005\right)\cos45^\circ}\leqslant[\tau]=110\text{ MPa}$$

解得，$l\geqslant 395.7\text{ mm}$，取 $l=400\text{ mm}$。

第 5 章　扭　转

5.1　知识要点

1. 本章研究对象和研究内容

（1）研究对象——构件常为等截面圆轴；圆轴两端受两个大小相等、方向相反，且作用平面垂直于构件轴线的力偶作用；该类变形构件的任意两个横截面绕轴线产生相对转动，即发生扭转变形。

（2）研究内容——理解基本概念，重点掌握圆轴扭转时横截面上的内力计算、强度和刚度计算及超静定问题的求解。

2. 横截面上的内力——扭矩

（1）内力的计算方法：扭转变形杆件的内力采用截面法进行计算，截面法的介绍详见第 3 章。

（2）扭矩：扭转变形时，杆件横截面上的内力称为扭矩，以 T 表示，其作用平面垂直于杆件轴线。

（3）扭矩的正负号规定：右手螺旋法则，扭矩的矢量方向以横截面受拉方向为正，受压方向为负。

（4）扭矩图：表示各横截面上的扭矩沿杆件轴线方向变化规律的图线。

3. 圆轴扭转的强度问题

（1）横截面上的切应力。

① 分布规律：切应力在整个横截面上呈线性分布，且垂直于半径方向，圆心处切应力为零，圆周处切应力为最大值。

② 计算公式：$\tau = \dfrac{T\rho}{I_p}$。

③ 切应力公式只适用于满足胡克定律的等直圆杆或截面尺寸沿轴线变化缓慢的小锥度锥形杆。

（2）强度计算。

强度条件是最大工作应力 $\tau_{\max}$ 不超过材料的许用切应力 $[\tau]$，即

$$\tau_{\max} \leqslant [\tau]$$

对于等直杆，最大切应力就发生于最大扭矩所在截面的外边缘上。强度条件即为

$$\tau_{\max}=\frac{T_{\max}}{W_t}\leqslant[\tau]$$

4. 圆轴扭转的刚度问题

（1）扭转角的计算：等直圆轴的扭转变形，是用两个横截面绕轴线的相对扭转角来度量的，亦即扭转角。

① 当构件为等直圆轴、扭矩为常数时，相距为 l 的两个横截面之间的相对扭转角为

$$\varphi=\frac{Tl}{GI_p}$$

② 当构件的横截面尺寸（变化缓慢）或扭矩沿轴线变化，相距为 l 的两个横截面之间的相对扭转角为

$$\varphi=\int_l \mathrm{d}\varphi=\int_0^l \frac{T}{GI_p}\mathrm{d}x$$

③ 当构件为阶梯形轴时，相距为 l 的两个横截面之间的相对扭转角为

$$\varphi=\sum_{i=1}^{n}\frac{T_i l_i}{GI_{pi}}$$

（2）刚度计算。

刚度条件为轴上单位长度扭转角的最大值 $\varphi'_{\max}$ 不得超过规定的允许值 $[\varphi']$，即

$$\varphi'_{\max}=\frac{T_{\max}}{GI_p}\leqslant[\varphi']\quad \text{rad/m}$$

或

$$\varphi'_{\max}=\frac{T_{\max}}{GI_p}\times\frac{180}{\pi}\leqslant[\varphi']\quad {}^{\circ}/\text{m}$$

5.2 解题步骤

本章内容涉及的求解问题主要有 4 种：扭转圆轴的扭矩计算、强度计算、刚度计算和超静定问题的计算。

1. 扭矩的计算

（1）建立坐标系。

（2）根据载荷作用特点，分段取截面，利用平衡方程计算各段的内力（扭矩）。

（3）做出杆件的扭矩图。

2. 强度计算

（1）建立坐标系，根据截面法计算杆件的扭矩，从而确定危险截面。

（2）根据横截面上应力的公式 $\tau=\dfrac{T\rho}{I_p}$ 或 $\tau=\dfrac{T}{W_t}$，得到杆件的 τ_{max}。

（3）根据扭转圆轴的强度条件 $\tau_{max}\leqslant[\tau]$，可进行强度校核、截面设计和许用载荷的计算。

3. 刚度计算

（1）建立坐标系，根据截面法计算杆件的扭矩。

（2）根据扭转圆轴的刚度条件 $\varphi'_{max}=\dfrac{T_{max}}{GI_p}\leqslant[\varphi']\ (rad/m)$ 或 $\varphi'_{max}=\dfrac{T_{max}}{GI_p}\times\dfrac{180}{\pi}\leqslant[\varphi']\ [°/m]$，可进行刚度校核、截面设计和许用载荷的计算。

4. 扭转超静定问题计算

解题步骤和拉压超静定问题的计算思路相同，此处不再赘述，参见第 3 章介绍。

5.3　习题详解

5.1　画出图示各轴的扭矩图。

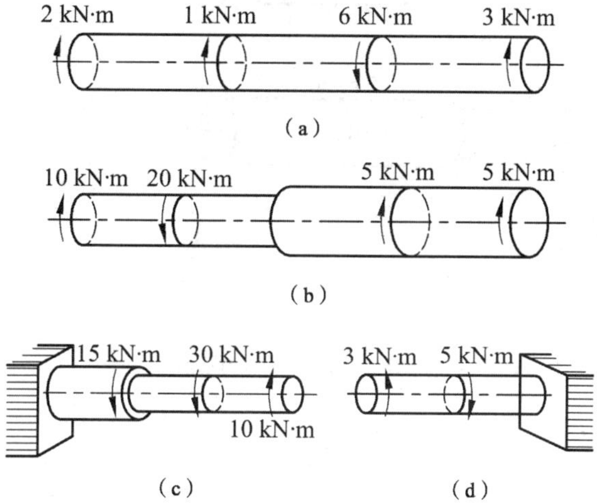

题 5.1 图

解：该题计算轴的内力——扭矩，应采用截面法进行计算。即在指定的截面位置处用一个假想的截面把杆件截开，取出其中的一部分，在截开的截面上假设内力，最后利用平衡方程进行求解。

（a）

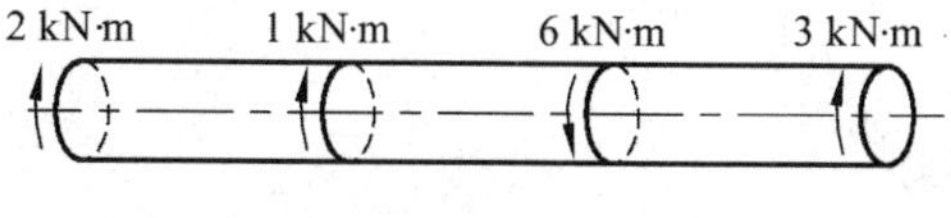

1-1 截面：

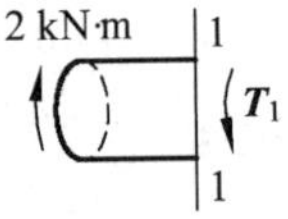

$$\sum M_x = 0 \Rightarrow T_1 - 2 = 0 \Rightarrow T_1 = 2\ \mathrm{kN \cdot m}$$

2-2 截面：

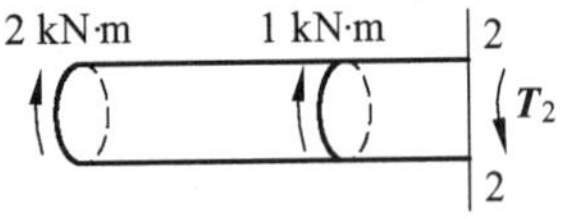

$$\sum M_x = 0 \Rightarrow T_2 - 1 - 2 = 0 \Rightarrow T_2 = 3\ \mathrm{kN \cdot m}$$

3-3 截面：

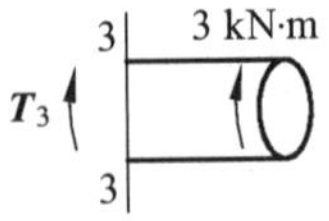

$$\sum M_x = 0 \Rightarrow -3 - T_3 = 0 \Rightarrow T_3 = -3\ \mathrm{kN \cdot m}$$

扭矩图：

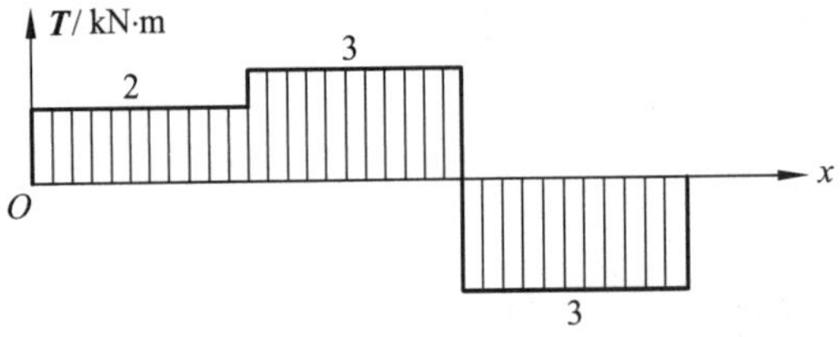

（b）

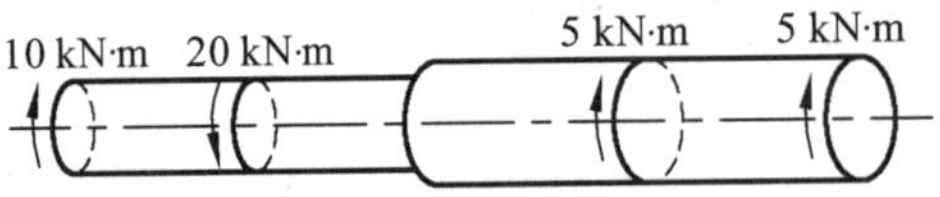

1-1 截面：

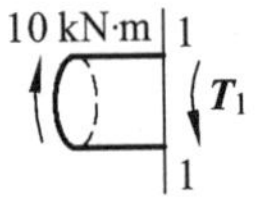

$$\sum M_x = 0 \Rightarrow T_1 - 10 = 0 \Rightarrow T_1 = 10\ \mathrm{kN \cdot m}$$

2-2 截面：

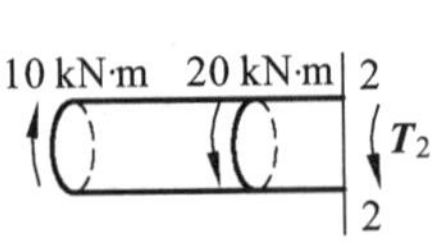

$$\sum M_x = 0 \Rightarrow T_2 + 20 - 10 = 0 \Rightarrow T_2 = -10\ \mathrm{kN \cdot m}$$

3-3 截面：

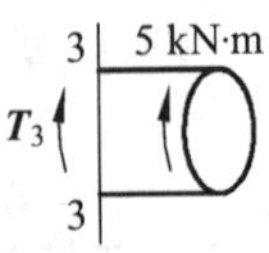

$$\sum M_x = 0 \Rightarrow -5 - T_3 = 0 \Rightarrow T_3 = -5\ \text{kN}\cdot\text{m}$$

扭矩图：

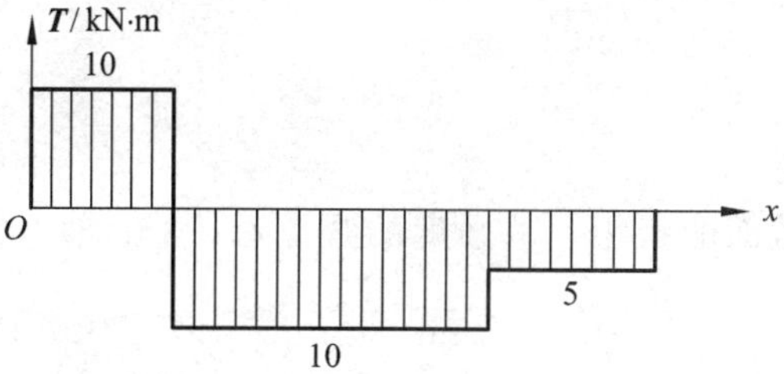

（c）

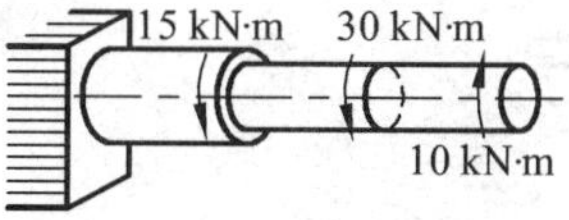

1-1 截面：

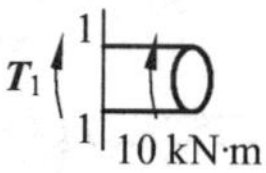

$$\sum M_x = 0 \Rightarrow -T_1 - 10 = 0 \Rightarrow T_1 = -10\ \text{kN}\cdot\text{m}$$

2-2 截面：

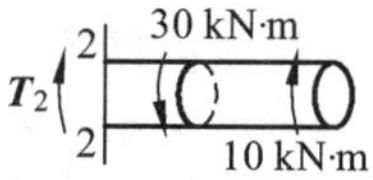

$$\sum M_x = 0 \Rightarrow -T_2 + 30 - 10 = 0 \Rightarrow T_2 = 20\ \text{kN}\cdot\text{m}$$

3-3 截面：

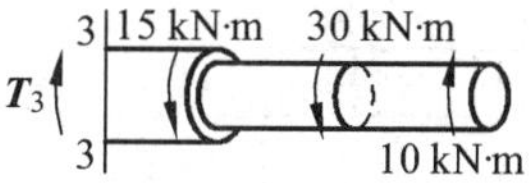

$$\sum M_x = 0 \Rightarrow -10 + 30 + 15 - T_3 = 0 \Rightarrow T_3 = 35\ \text{kN}\cdot\text{m}$$

扭矩图：

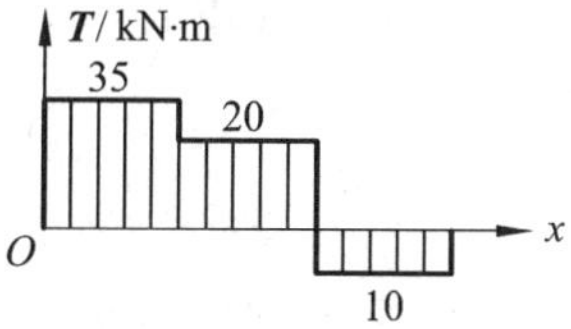

（d）

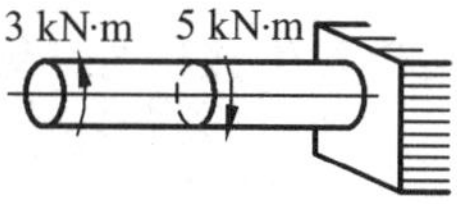

1-1 截面：

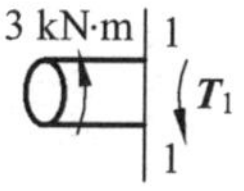

$$\sum M_x = 0 \Rightarrow T_1 - 3 = 0 \Rightarrow T_1 = 3\ \text{kN}\cdot\text{m}$$

2-2 截面：

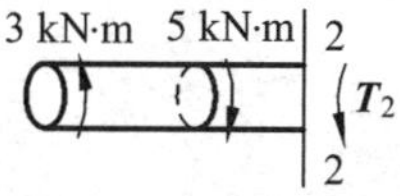

$$\sum M_x = 0 \Rightarrow T_2 + 5 - 3 = 0 \Rightarrow T_2 = -2\ \text{kN}\cdot\text{m}$$

扭矩图：

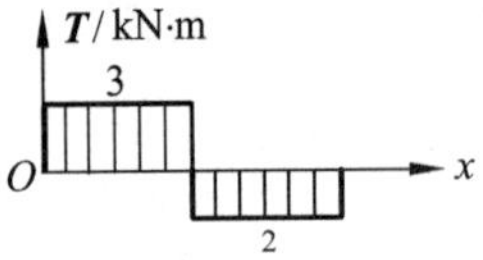

5.2　求图示圆轴 1-1 和 2-2 截面的扭矩。从强度的观点看，3 个轮子怎样布置才比较合理？

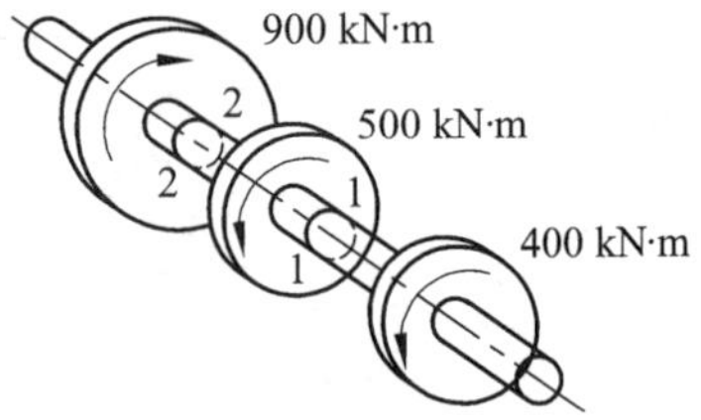

题 5.2 图

解：

（1）1-1 截面

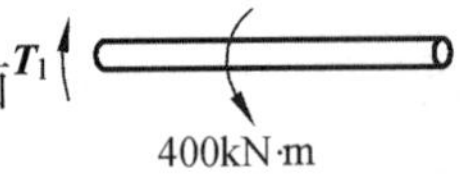

$$\sum M_x = 0 \Rightarrow 400 - T_1 = 0 \Rightarrow T_1 = 400\ \text{kN}\cdot\text{m}$$

（2）2-2 截面

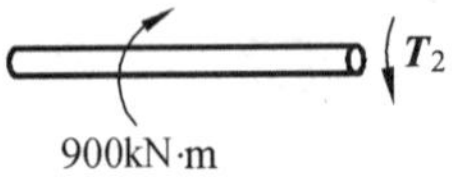

$$\sum M_x = 0 \Rightarrow T_2 - 900 = 0 \Rightarrow T_2 = 900\ \text{kN}\cdot\text{m}$$

（3）由于圆轴等截面，最大扭矩的截面即为最大切应力的截面。

按题意得内力图：

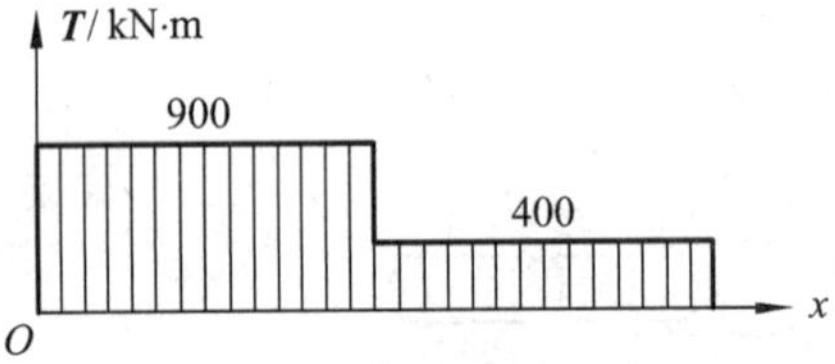

$$T_{\max} = 900\ \text{kN}\cdot\text{m}$$

若将主动轮放置在两从动轮之间得扭矩图：

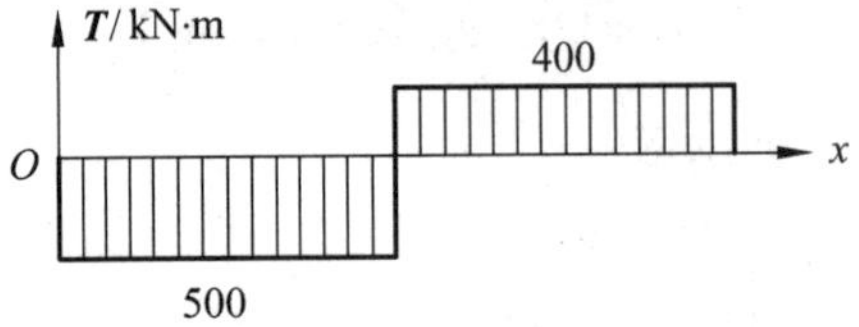

$$T_{\max} = 500\ \text{kN}\cdot\text{m}$$

由此可知，第二种布置更合理。

5.3　如图所示，已知传动轴的直径 $d = 100$ mm，材料的剪切模量 $G = 80$ GPa，$a = 0.5$ m。（1）画扭矩图；（2）求 $\tau_{\max}$ 值，并指出发生在何处。求 C，D 两截面间的扭转角 φ_{CD}，及 A、D 两截面间的扭转角 φ_{AD}。

解：

（1）计算扭矩并绘制扭矩图

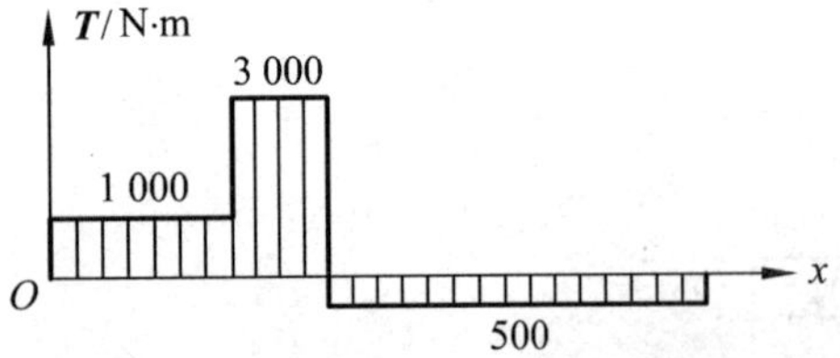

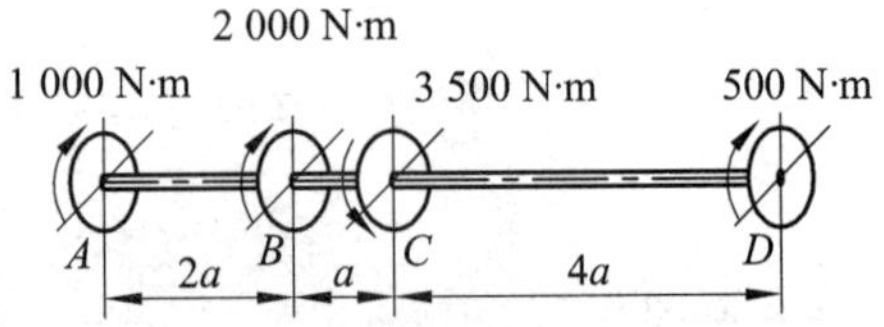

题 5.3 图

$$T_{\max} = 3000\ \mathrm{N \cdot m}$$

（2）计算 $\tau_{\max}$

由于传动轴等截面，$\tau_{\max}$ 发生在 $T_{\max}$ 的位置，即 BC 段。

$$\tau_{\max} = \frac{T_{\max}}{W_t} = \frac{3\,000}{\frac{\pi}{16} \times 0.1^3} = 15.3\ \mathrm{MPa}$$

（3）计算扭转角

$$\varphi_{CD} = \frac{T_{CD} l_{CD}}{G I_p} = \frac{500 \times 4 \times 0.5}{80 \times 10^9 \times \frac{\pi}{32} \times 0.1^4} = 0.001\,273\ \mathrm{rad} = 1.273 \times 10^{-3}\ \mathrm{rad}$$

$$\varphi_{AD} = \frac{T_{AD} l_{AD}}{G I_p} = \frac{T_{AB} l_{AB}}{G I_p} + \frac{T_{BC} l_{BC}}{G I_p} + \frac{T_{CD} l_{CD}}{G I_p}$$

$$= \frac{1\,000 \times 2 \times 0.5}{80 \times 10^9 \times \frac{\pi}{32} \times 0.1^4} + \frac{3000 \times 0.5}{80 \times 10^9 \times \frac{\pi}{32} \times 0.1^4} + \frac{-500 \times 4 \times 0.5}{80 \times 10^9 \times \frac{\pi}{32} \times 0.1^4}$$

$$= 0.001\,91\ \mathrm{rad} = 1.91 \times 10^{-3}\ \mathrm{rad}$$

5.4　如图所示，已知变截面钢轴上的外力偶矩 $M_{eB} = 1.8\ \mathrm{kN \cdot m}$，$M_{eC} = 1.2\ \mathrm{kN \cdot m}$，试求最大切应力和最大相对扭转角。已知 $G = 80\ \mathrm{GPa}$。

解：

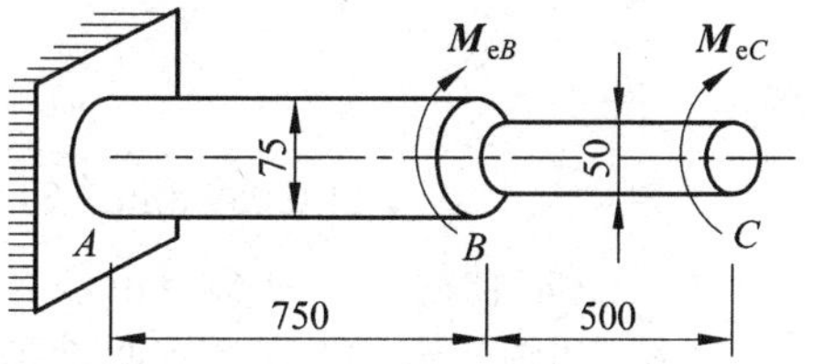

题 5.4 图

（1）计算内力得到内力图

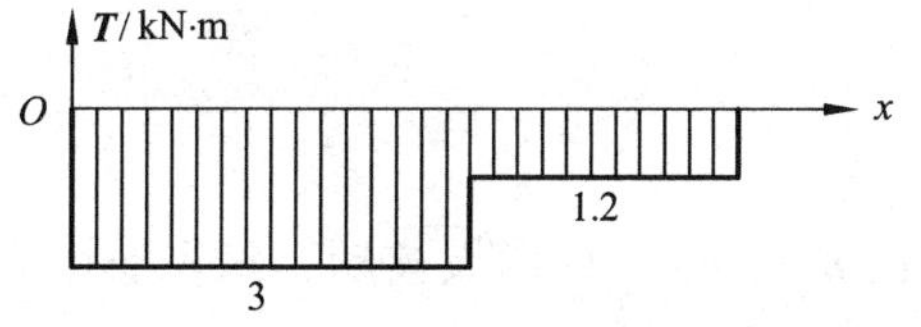

（2）计算 $\tau_{\max}$

$$\tau_{AB} = \frac{T_{AB}}{W_t} = \frac{3 \times 10^3}{\frac{\pi}{16} \times 0.075^3} = 36.2\ \mathrm{MPa}$$

$$\tau_{BC} = \frac{T_{BC}}{W_t} = \frac{1.2 \times 10^3}{\frac{\pi}{16} \times 0.05^3} = 48.9\ \mathrm{MPa}$$

由此得到：$\tau_{\max} = 48.9\ \mathrm{MPa}$

（3）计算 $\varphi_{\max}$

最大相对扭转角发生在 A 端。

$$\varphi_{\max} = \varphi_{AB} + \varphi_{BC} = \frac{T_{AB} l_{AB}}{G I_p} + \frac{T_{BC} l_{BC}}{G I_p}$$

$$= \frac{3 \times 10^3 \times 0.75}{80 \times 10^9 \times \frac{\pi}{32} \times 0.075^4} + \frac{1.2 \times 10^3 \times 0.5}{80 \times 10^9 \times \frac{\pi}{32} \times 0.05^4}$$

$$= 2.128 \times 10^{-2}\ \mathrm{rad} = 1.22^\circ$$

5.5　一实心钢轴的转速 $n = 240$ r/min，传递功率 $P_k = 44.1$kW。已知$[\tau] = 40$ MPa，$[\varphi'] = 1°/\text{m}$，$G = 80$ GPa，试确定轴的直径。

解：

（1）计算外加力偶

$$M_e = 9\ 549\frac{P_k}{n} = 9\ 549 \times \frac{44.1}{240} = 1\ 754.6\ \text{N}\cdot\text{m}$$

（2）计算扭矩

$$T = M_e = 1\ 754.6\ \text{N}\cdot\text{m}$$

（3）强度计算

$$\tau_{max} = \frac{T}{W_t} = \frac{1\ 754.6}{\frac{\pi}{16}d^3} \leqslant [\tau] = 40\ \text{MPa}$$

解得

$$d \geqslant 0.060\ 7\ \text{m} = 60.7\ \text{mm}$$

（4）刚度计算

$$\varphi'_{max} = \frac{T}{GI_p} \times \frac{180}{\pi} = \frac{1\ 754.6}{80 \times 10^9 \times \frac{\pi}{32} \times d^4} \times \frac{180}{\pi} \leqslant [\varphi'] = 1°/\text{m}$$

解得

$$d \geqslant 0.059\ 8\ \text{m} = 59.8\ \text{mm}$$

综上，取轴的直径为 61 mm。

5.6　如图所示，手摇绞车驱动轴 AB 的直径 $d = 3$ cm，由两人摇动，每人加在手柄上的力 $F = 250$N，若轴的许用切应力$[\tau] = 40$ MPa。试校核 AB 轴的强度。

解：

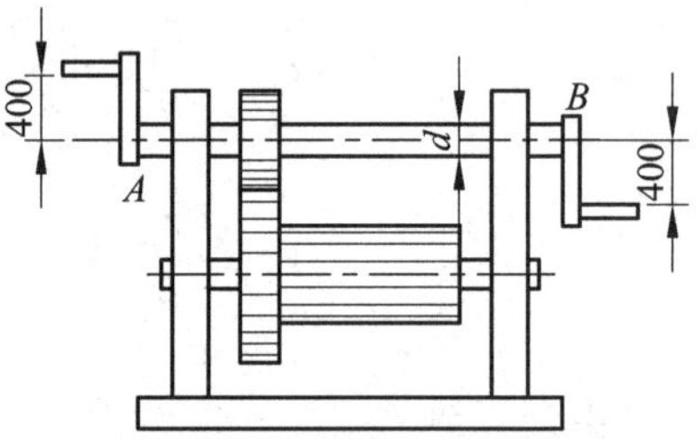

题 5.6 图

（1）计算外加力偶

$$M_e = F \times 0.4 = 250 \times 0.4 = 100\ \text{N}\cdot\text{m}$$

（2）计算扭矩

$$T = M_e = 100\ \text{N}\cdot\text{m}$$

（3）强度校核

$$\tau_{max} = \frac{T}{W_t} = \frac{100}{\frac{\pi}{16} \times 0.03^3} = 18.86\ \text{MPa}$$

$$< [\tau] = 40\ \text{MPa}$$

故，AB 轴的强度满足。

5.7　直径为 150 mm 的木制圆轴受扭如图所示。木材顺纹方向的许用切应力$[\tau]_a = 2$ MPa，横纹方向的许用切应力$[\tau]_b = 8$ MPa。求轴的许用载荷 M_e 的大小。

解：根据切应力互等原理，圆轴横截面（横纹方向）和纵截面（直径截面，顺纹方向）上对应点处的切应力大小相等，而木材顺纹抗剪能力远小于横纹抗剪能力。故木轴超载使用时将沿纵向开裂。因此，应按顺纹的强度条件来决定许用载荷的大小。

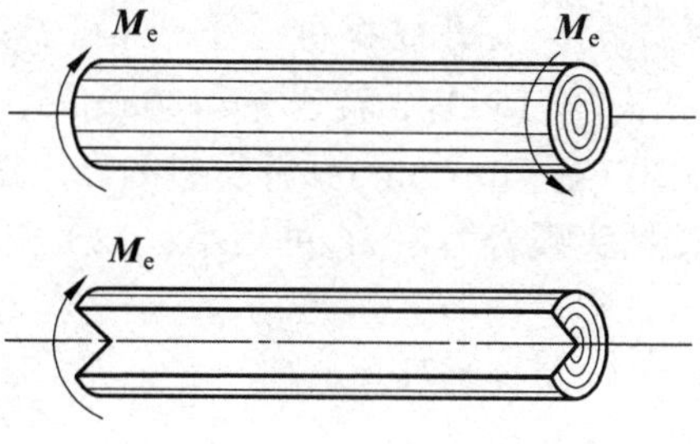

题 5.7 图

$$\tau_{A\max}=\frac{T}{W_t}\leqslant[\tau]_a\Rightarrow M_e=T\leqslant[\tau]_a\cdot W_t=[\tau]_a\times\frac{\pi}{16}d^3$$

解得

$$M_e\leqslant 2\times10^6\times\frac{\pi}{16}\times0.15^3=1.33\times10^3\,\text{N}\cdot\text{m}=1.33\,\text{kN}\cdot\text{m}$$

5.8 如图所示，手摇绞车由两人同时操作，若每人加在手柄上的作用力 $F=200$ N，已知轴的许用切应力$[\tau]=40$ MPa。试根据强度条件设计 AB 轴的直径，并确定最大起重量 W。图中尺寸单位：mm。

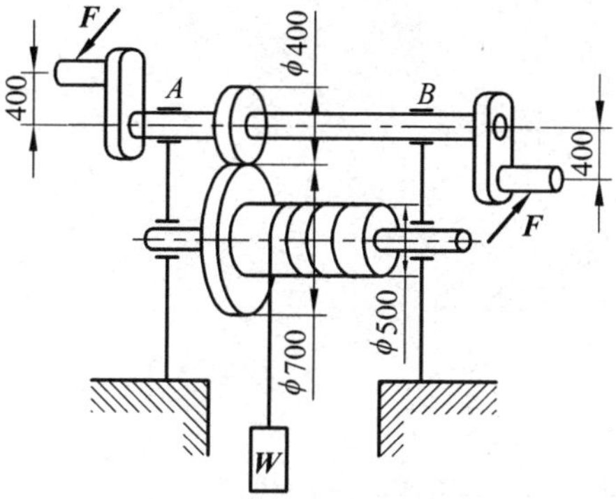

题 5.8 图

解：

（1）AB 轴直径计算

$$\tau_{AB\max}=\frac{T_{AB}}{W_{tAB}}=\frac{200\times0.4}{\frac{\pi}{16}\times d^3}\leqslant[\tau]=40\text{ MPa}\Rightarrow d\geqslant0.022\text{ m}=22\text{ mm}$$

（2）最大起重量 W 计算

设转动时齿轮间的切向力为 F_t，则由平衡条件有

$$F_t\times\frac{0.4}{2}=F\times0.4\times2\;\Rightarrow\;F_t=200\times4=800\text{ N}$$

再由平衡条件得

$$F_t\times\frac{0.7}{2}=W\times\frac{0.5}{2}$$

得到

$$W=800\times\frac{7}{5}=1\,120\text{ N}=1.12\text{ kN}$$

5.9　图示钻探机钻杆的外径 $D = 60$ mm，内径 $d = 50$ mm，钻入深度 $l = 80$ m。A 端输入功率 $P = 15$ kW，转速 $n = 180$ r/min，设土壤对钻杆的阻力沿杆长均布，单位长度的阻力矩 $m = 6.20$（N · m）/m。钻杆材料的许用切应力$[\tau] = 40$ MPa，剪切模量 $G = 80$ GPa。试求：（1）B 端钻头破岩力矩 M_B 的大小；（2）校核钻杆的强度并计算 A，B 两端的相对转角 φ_{AB}。

解：

（1）计算外加力偶

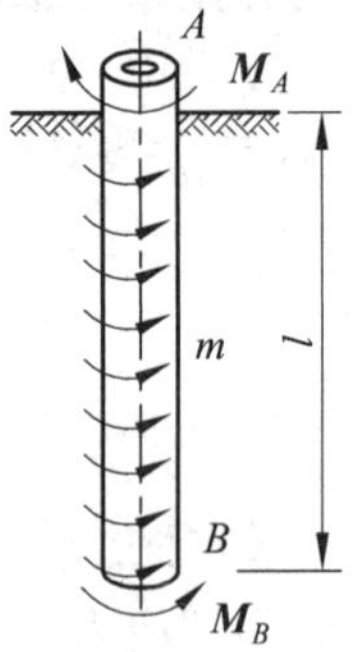

题 5.9 图

$$M_A = 9\ 549\frac{P}{n} = 9\ 549 \times \frac{15}{180} = 796\ \mathrm{N \cdot m}$$

由钻杆的平衡条件得

$$M_A - m \cdot l - M_B = 0$$

即

$$M_B = 300\ \mathrm{N \cdot m}$$

（2）计算钻杆的扭矩方程为

$$T = m(l - x) - M_A$$

由此可知，危险截面在 A 端，有

$$T_{\max} = M_A = 796\ \mathrm{N \cdot m}$$

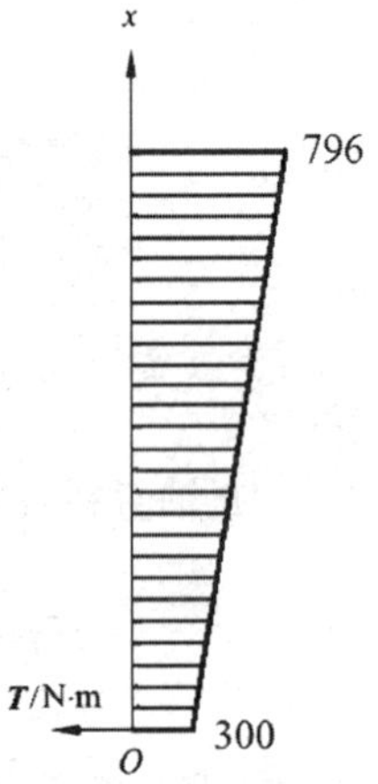

危险点的应力为

$$\tau_{\max} = \frac{T_{\max}}{W_t} = \frac{M_A}{\frac{\pi}{16}D^3(1-\alpha^4)}$$

$$= \frac{796}{\frac{\pi}{16} \times 0.06^3 \times \left[1 - \left(\frac{0.05}{0.06}\right)^4\right]}$$

$$= 36.25\ \mathrm{MPa} < [\tau] = 40\ \mathrm{MPa}$$

故，钻杆的强度满足。

（3）计算相对扭转角

根据　　$$\varphi_{\max} = \int_0^l \frac{T}{GI_p}\mathrm{d}x = \int_0^l \frac{m(l-x) - M_A}{G \times \frac{\pi}{32}D^4(1-\alpha^4)}\mathrm{d}x$$

求解得到 $\varphi_{\max} = 0.832\ \mathrm{rad} = 47.7°$

5.10　实心圆轴直径为 D_1，空心圆轴外径为 D，内径为 d。假设两轴的材料和截面面积均相同。试比较两轴的强度和刚度。

解：两轴截面面积相同，可得到 D_1，D，d 之间的关系为

$$A = \frac{\pi}{4}D_1^2 = \frac{\pi}{4}(D^2 - d^2) \Rightarrow D_1^2 = D^2 - d^2$$

由强度条件，轴能承受的最大扭矩为 $T_{max}=[\tau]W_t$。材料相同，则 T_{max} 与 W_t 成正比。空心轴与实心轴所能承受的最大扭矩之比为

$$\frac{T_{空max}}{T_{实max}}=\frac{W_{t空}}{W_{t实}}=\frac{\dfrac{\pi(D^4-d^4)}{16D}}{\pi D_1^3/16}=\frac{D^4-d^4}{DD_1^3}=\frac{D^2+d^2}{D\sqrt{D^2-d^2}}$$

由刚度条件，确定轴能承受的最大扭矩为 $T_{max}=[\varphi']GI_p$。在许用单位扭转角相同的条件下，T_{max} 与 I_p 成正比

$$\frac{T_{空max}}{T_{实max}}=\frac{I_{p空}}{I_{p实}}=\frac{\pi(D^4-d^4)/32}{\pi D_1^4/32}=\frac{D^4-d^4}{D_1^4}=\frac{D^2+d^2}{D^2-d^2}$$

5.11　已知汽车主传动轴外径 $D=89$ mm，壁厚 $\delta=2.5$ mm，材料为 20 钢，许用切应力 $[\tau]=70$ MPa，传递的最大扭矩 $T=1\,930$ N·m。试校核此轴的强度。

解：

（1）按空心圆轴进行强度校核

$$\tau_{max}=\frac{T}{W_t}=\frac{T}{\dfrac{\pi}{16}D^3(1-\alpha^4)}=\frac{1\,930}{\dfrac{\pi}{16}\times 0.089^3\left(1-\left(\dfrac{0.089/2-0.002\,5}{0.089/2}\right)^4\right)}$$

$$=67.5\text{ MPa}<[\tau]=70\text{ MPa}$$

故，此轴强度满足。

（2）按薄壁圆筒进行强度校核

$$\tau_{max}=\frac{T}{2\pi R_0^2\delta}=\frac{1\,930}{2\pi\left(\dfrac{0.089-0.002\,5}{2}\right)^2\times 0.002\,5}=65.7\text{ MPa}<[\tau]=70\text{ MPa}$$

故，此轴强度满足。

5.12　汽车的驾驶盘如图所示，驾驶盘的直径 $D_1=520$ mm，驾驶员每只手作用于盘上的最大切向力 $F=200$ N，转向轴材料的许用切应力 $[\tau]=50$ MPa。试设计实心转向轴的直径 d_1。若改为 $\alpha=d/D=0.8$ 的空心轴，则空心轴的内径和外径各为多大？并比较两者的重量。

解：

（1）计算外加力偶

$$M_e=F\times D_1=200\times 0.52=104\text{ N}\cdot\text{m}$$

（2）计算扭矩

$$T=M_e=104\text{ N}\cdot\text{m}$$

（3）计算实心轴直径 d_1

$$\tau_{max}=\frac{T}{W_t}=\frac{104}{\dfrac{\pi}{16}d_1^3}\leqslant[\tau]=50\text{ MPa}$$

$$\Rightarrow d_1\geqslant 0.022\text{ m}=22\text{ mm}$$

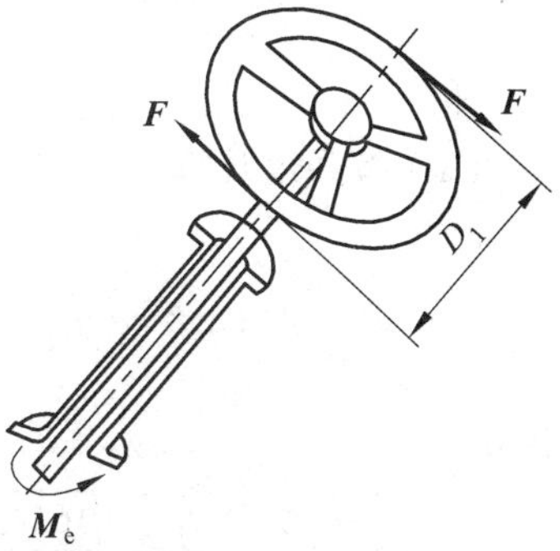

题 5.12 图

（4）计算空心轴外径 D

$$\tau_{\max}=\frac{T}{W_t}=\frac{104}{\frac{\pi}{16}D^3(1-\alpha^4)}\leqslant[\tau]=50\text{ MPa}\Rightarrow D\geqslant 0.026\ 2\text{m}=26.2\text{ mm}$$

所以，取 $D=26.2$ mm，$d=20.96$ mm

（5）重量之比

$$\frac{P_{实}}{P_{空}}=\frac{\pi d_1^2/4}{\pi D^2(1-\alpha^2)/4}=\frac{22^2}{26.2^2(1-0.8^2)}=1.96$$

5.13　直径 $d=25$ mm 的钢杆受轴向拉力 $F=60$ kN 作用时，在标距 $l_0=200$ mm 内的伸长 $\varDelta=0.113$ mm；当它受一对力偶矩 $M_e=0.2$ kN · m 的力偶作用时，在标距两端的相对转角 $\varphi=0.732°$。求此钢材的弹性常数 E，G 和 μ。

解：

由 $\Delta l=\dfrac{F_N l}{EA}$，可得 $E=\dfrac{F_N l}{A\Delta l}=\dfrac{60\times10^3\times200\times10^{-3}}{\frac{\pi}{4}\times25^2\times10^{-6}\times0.113\times10^{-3}}=216$ GPa

由 $\varphi=\dfrac{Tl}{GI_p}$，可得 $G=\dfrac{Tl}{\varphi I_p}=\dfrac{0.2\times10^3\times200\times10^{-3}}{0.732\times\frac{\pi}{180}\times\frac{\pi}{32}\times25^4\times10^{-12}}=81.6$ GPa

由 $G=\dfrac{E}{2(1+\mu)}$，可得 $\mu=\dfrac{E}{2G}-1=\dfrac{216}{2\times81.6}-1=0.32$

5.14　图示桥式起重机传动轴传递的力偶矩 $M_e=1.08$ kN · m，材料的许用切应力 $[\tau]=40$ MPa，$G=80$ GPa，$[\varphi']=0.5°/\text{m}$。试设计轴的直径。

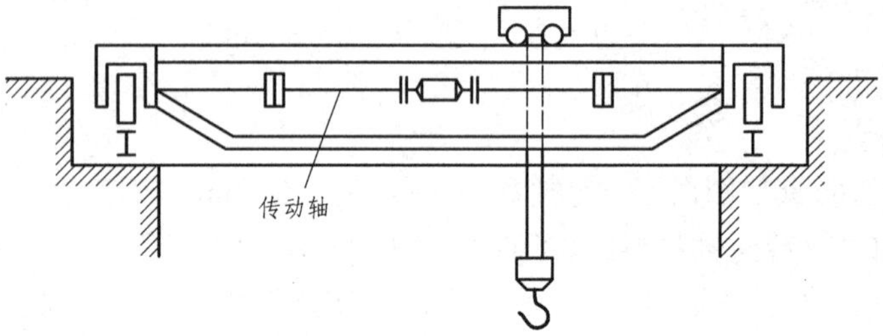

题 5.14 图

解：

（1）按强度计算

$$\tau_{\max}=\frac{T}{W_t}=\frac{M_e}{\frac{\pi}{16}d^3}\leqslant[\tau]$$

解得

$$d\geqslant\sqrt[3]{\frac{16M_e}{\pi[\tau]}}=\sqrt[3]{\frac{16\times1.08\times10^3}{\pi\times40\times10^6}}=0.051\ 6\text{ m}=51.6\text{ mm}$$

（2）按刚度计算

$$\varphi' = \frac{T}{GI_p} \times \frac{180}{\pi} = \frac{M_e}{G \times \frac{\pi}{32} d^4} \times \frac{180}{\pi} \leqslant [\varphi']$$

解得

$$d \geqslant \sqrt[4]{\frac{32M_e \times 180}{G\pi^2[\varphi']}} = \sqrt[4]{\frac{32 \times 1.08 \times 10^3 \times 180}{80 \times 10^9 \times \pi^2 \times 0.5}} = 0.063 \text{ m} = 63 \text{ mm}$$

综上（1）、（2），取轴的直径 $d = 63$ mm。

5.15　图示电机轴，转速 $n = 924$ r/min，传递功率 $P = 150$ kW，材料的许用切应力$[\tau] = 30$ MPa。轴各段直径为 $d_1 = 65$ mm，$d_2 = 90$ mm，$d_3 = 135$ mm（安装转子处），$d_4 = 75$ mm，$d_5 = 70$ mm（安装胶带轮处）。试对电机轴进行强度校核。

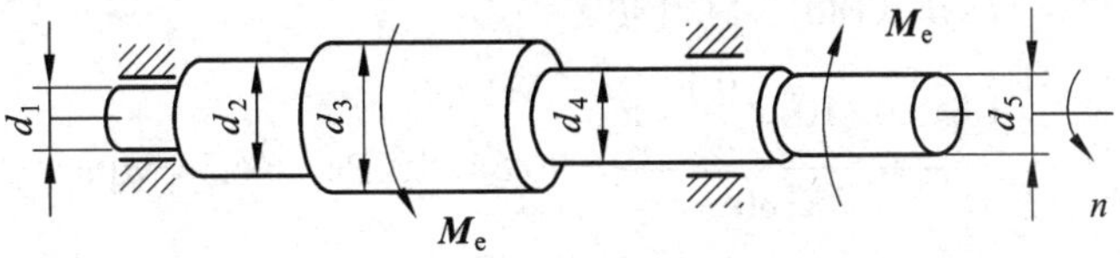

题 5.15 图

解：

$$M_e = 9\ 549\frac{P}{n} = 9\ 549 \times \frac{150}{924} = 1\ 550.2 \text{ N}\cdot\text{m}$$

即，截面上内力的大小（扭矩）为 1 550.2 N·m。由于内力相同时，截面尺寸越小的位置，应力越大。可得

$$\tau_{max} = \frac{T}{W_{t\min}} = \frac{M_e}{\frac{\pi}{16}d_1^3} = \frac{1\ 550.2}{\frac{\pi}{16} \times 0.065^3} = 28.7 \text{ MPa} < [\tau] = 30 \text{ MPa}$$

故，电机轴强度满足要求。

5.16　某传动轴，转速 $n = 250$ r/min，传递功率 $P = 60$ kW，材料的剪切弹性模量 $G = 80$ GPa，许用切应力$[\tau] = 40$ MPa，许用单位长度扭转角$[\varphi'] = 0.8°/\text{m}$。试按强度条件及刚度条件的要求设计轴的直径。

解：

$$M_e = 9\ 549\frac{P}{n} = 9\ 549 \times \frac{60}{250} = 2\ 291.76 \text{ N}\cdot\text{m}$$

（1）强度计算

$$\tau_{max} = \frac{T}{W_t} = \frac{2\ 291.76}{\frac{\pi}{16} \times d^3} \leqslant [\tau] = 40 \text{ MPa} = 40 \times 10^6 \text{ Pa} \Rightarrow d \geqslant 0.066\ 3 \text{ m} = 66.3 \text{ mm}$$

（2）刚度计算

$$\varphi'_{max} = \frac{T}{GI_p} \times \frac{180}{\pi} = \frac{2\ 291.76}{80 \times 10^9 \times \frac{\pi}{32}d^4} \times \frac{180}{\pi} \leqslant [\varphi'] = 0.8°/\text{m} \Rightarrow d \geqslant 0.067\ 6 \text{ m} = 67.6 \text{ mm}$$

综上（1）、（2），取轴的直径为 $d = 68$ mm。

5.17　空心钢轴的外径 $D = 100$ mm，内径 $d = 50$ mm。已知间距 $l = 2.7$ m 之间两截面的相对扭转角 $\varphi = 1.8°$，材料的剪切模量 $G = 80$ GPa。试计算：（1）轴内最大切应力；（2）当轴以 $n = 80$ r/min 的速度旋转时，轴传递的功率 P（单位为 kW）。

解：

（1）轴内最大切应力

根据公式 $\tau_{\max} = \dfrac{T}{W_t}$ 和 $\varphi = \dfrac{Tl}{GI_p} \times \dfrac{180}{\pi}$，得到

$$\tau_{\max} = \frac{\varphi G I_P \cdot \pi}{l \times W_t \times 180} = \frac{\varphi G \cdot \dfrac{D}{2} \cdot \pi}{l \times 180}$$

$$= \frac{1.8 \times 80 \times 10^9 \times \dfrac{0.1}{2} \times \pi}{2.7 \times 180} = 46.54 \times 10^6 \text{ Pa} = 46.54 \text{ MPa}$$

（2）轴传递的功率 P

根据公式 $\tau_{\max} = \dfrac{T}{W_t} = \dfrac{M_e}{W_t}$ 和 $M_e = 9\,549 \dfrac{P}{n}$，得到

$$P = \frac{\tau_{\max} W_t \cdot n}{9\,549} = \frac{46.54 \times 10^6 \times \dfrac{\pi \times 0.1^3}{16} \times \left[1 - \left(\dfrac{0.05}{0.1}\right)^4\right] \times 80}{9\,549} = 71.77 \text{ kW}$$

5.18　某空心轴外径 $D = 100$ mm，内外径之比 $\alpha = d/D = 0.5$，轴的转速 $n = 300$ r/min，轴所传递功率 $P = 150$ kW，材料的剪切模量 $G = 80$ GPa，许用切应力 $[\tau] = 40$ MPa，单位长度许可扭转角 $[\varphi'] = 0.5°/\text{m}$，试校核轴的强度和刚度。

解：

（1）强度校核

$$M_e = 9\,549 \frac{P}{n} = 9\,549 \times \frac{150}{300} = 4\,774.5 \text{N} \cdot \text{m}$$

$$\tau_{\max} = \frac{T}{W_t} = \frac{M_e}{W_t} = \frac{4774.5}{\dfrac{\pi}{16} \times 0.1^3 \times (1 - 0.5^4)} = 25.94 \text{ MPa} < [\tau] = 40 \text{ MPa}$$

故，强度满足。

（2）刚度校核

$$\varphi'_{\max} = \frac{T}{GI_p} \times \frac{180}{\pi} = \frac{4\,774.5}{80 \times 10^9 \times \dfrac{\pi}{32} \times 0.1^4 \times (1 - 0.5^4)} \times \frac{180}{\pi}$$

$$= 0.37° / \text{m} < [\varphi'] = 0.5° / \text{m}$$

故，刚度满足。

5.19　空心圆截面轴受 $M_e = 3\ \text{kN} \cdot \text{m}$ 的扭矩作用，其外径为 D，内径为 $0.75D$，材料剪切弹性模量 $G = 80\ \text{GPa}$，剪切许用应力 $[\tau] = 60\ \text{MPa}$，单位长度许用扭转角 $[\varphi'] = 0.2°/\text{m}$，试确定外径 D。

解：

（1）强度计算

根据 $\tau_{max} = \dfrac{T}{W_t} = \dfrac{M_e}{W_t} = \dfrac{M_e}{\dfrac{\pi}{16}D^3(1-\alpha^4)} \leqslant [\tau]$

解得：$D \geqslant \sqrt[3]{\dfrac{16M_e}{\pi\times(1-\alpha^4)\times[\tau]}} = \sqrt[3]{\dfrac{16\times3\times10^3}{\pi\times(1-0.75^4)\times60\times10^6}} = 0.072\ \text{m} = 72\ \text{mm}$

（2）刚度计算

根据 $\varphi'_{max} = \dfrac{T}{GI_p}\times\dfrac{180}{\pi} = \dfrac{M_e}{G\times\dfrac{\pi}{32}D^4(1-\alpha^4)}\times\dfrac{180}{\pi} \leqslant [\varphi']$

解得：$D \geqslant \sqrt[4]{\dfrac{32M_e\times180}{G\times\pi^2\left(1-\alpha^4\right)\times[\varphi']}} = \sqrt[4]{\dfrac{32\times3\times10^3\times180}{80\times10^9\times\pi^2(1-0.75^4)\times0.2}} = 112\ \text{mm}$

综上（1）、（2），取外径 $D = 112\ \text{mm}$。

5.20　如图所示，直径均为 d 的两铜制圆轴，用一外径为 D 的钢套筒将它们对接成一整体。设钢和铜的许用切应力分别为 $[\tau_s]$ 和 $[\tau_c]$，且 $[\tau_s] = 2[\tau_c]$。在转矩 M_e 作用下使钢套筒与铜轴具有相同的刚度。试求 d 与 D 之比值。

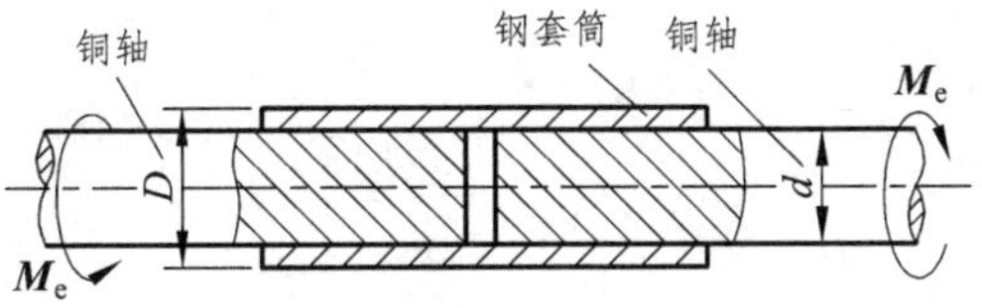

题 5.20 图

解：

设钢套筒与铜轴分别各承担扭矩为 T_s，T_c，且由平衡条件有

$$T_s + T_c = M_e$$

根据题意，钢套筒与铜轴的许用切应力 $[\tau_s] = 2[\tau_c]$，即可得到

$$\frac{T_s R_s}{I_{ps}} = 2\cdot\frac{T_c R_c}{I_{pc}}, \qquad \frac{T_s\dfrac{D}{2}}{\dfrac{\pi}{32}(D^4 - d^4)} = 2\cdot\frac{T_c\dfrac{d}{2}}{\dfrac{\pi}{32}d^4}$$

设内外径之比 $d/D = \alpha$，化简后得

$$\frac{T_s}{1-\alpha^4} = \frac{2T_c}{\alpha^3} \tag{1}$$

因为整体承受扭转，在钢套筒和铜轴相接的位置有 $\varphi_s = \varphi_c$，即

$$\frac{T_s l}{G_s I_{ps}} = \frac{T_c l}{G_c I_{pc}} \tag{2}$$

又由于在转矩 M_e 作用下使钢套筒与铜轴具有相同的刚度，$G_s I_{ps} = G_c I_{pc}$，将其代入（2）式即有 $T_s = T_c$，再代入（1）式，即可得到

$$2(1-\alpha^4) = \alpha^3$$

求解上式即可得到，$\alpha = 0.895$。

5.21 如图所示的空心轴，外径 $D = 60$ mm，内径 $d = 50$ mm，受均布力偶 $m = 0.2$ kN·m/m 的作用。轴的许用切应力 $[\tau] = 40$ MPa，$G = 80$ GPa，$[\varphi'] = 0.3°/\text{m}$。轴的长度 $l = 4$ m。试校核轴的强度与刚度。

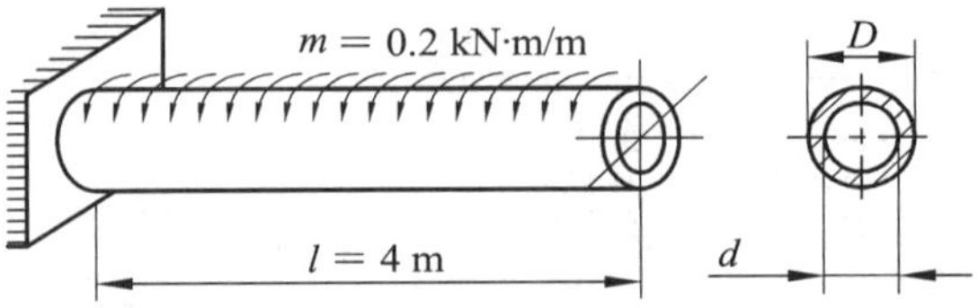

题 5.21 图

解：

（1）强度校核

$$T_{max} = ml = 0.2 \times 4 = 0.8 \text{ kN} \cdot \text{m}$$

$$\tau_{max} = \frac{T_{max}}{W_t} = \frac{0.8 \times 10^3}{\frac{\pi}{16} \times 0.06^3 \times \left[1-\left(\frac{0.05}{0.06}\right)^4\right]} = 36.43 \text{ MPa} < [\tau] = 40 \text{ MPa}$$

故，强度满足。

（2）刚度校核

$$\varphi'_{max} = \frac{T_{max}}{GI_p} \times \frac{180}{\pi} = \frac{0.8 \times 10^3}{80 \times 10^9 \times \frac{\pi}{32} \times 0.06^4 \times \left[1-\left(\frac{0.05}{0.06}\right)^4\right]} \times \frac{180}{\pi}$$

$$= 0.87°/\text{m} < [\varphi'] = 1.3°/\text{m}$$

故，刚度满足。

5.22 如图所示，两根长度相同的钢管松套在一起。外管的内、外径 $d_1 = 90$ mm，$D_1 = 100$ mm；内管的内、外径 $d_2 = 80$ mm，$D_2 = 90$ mm。当内管在两端受转矩 $M_e = 2$ kN·m 作用时将两管的两端焊在一起，然后去掉转矩。试求组合管内的最大切应力，并画出组合管横截面上的应力分布图。

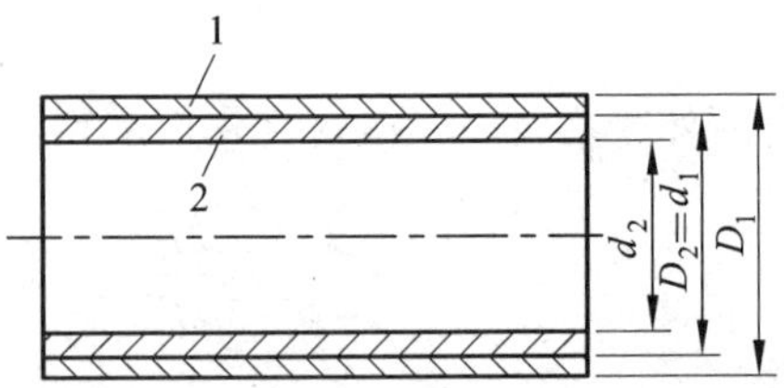

题 5.22 图

解：

（1）未焊前，内管在 M_e 作用下的扭角 φ

$$\varphi = \frac{Tl}{GI_{p2}} = \frac{M_e l}{GI_{p2}}$$

（2）两管焊接在一起后去掉转矩 M_e，内外管分别产生扭角，外管 φ_1 和内管 φ_2，且有

$$\varphi_1 + \varphi_2 = \varphi$$

内外管分别承担扭矩，外管 T_1，内管 T_2，则

$$\frac{T_1 l}{GI_{p1}} + \frac{T_2 l}{GI_{p2}} = \varphi = \frac{M_e l}{GI_{p2}}$$

根据平衡条件知，$T_1 = T_2$

即可得到，$T_1 = T_2 = \dfrac{M_e I_{p1}}{I_{p1} + I_{p2}}$

其中，$I_{p1} = \dfrac{\pi}{32} \times 0.1^4 \left[1 - \left(\dfrac{0.09}{0.1}\right)^4\right]$，$I_{p2} = \dfrac{\pi}{32} \times 0.09^4 \left[1 - \left(\dfrac{0.08}{0.09}\right)^4\right]$

由此可得到，$\tau_{\max 1} = \dfrac{T_1}{W_{t1}} = \dfrac{M_e I_{p1} \cdot \dfrac{D_1}{2}}{(I_{p1} + I_{p2}) \cdot I_{p1}} = 17.25\ \text{MPa}$

$$\tau_{\max 2} = \frac{T_2}{W_{t2}} = \frac{M_e I_{p1} \cdot \dfrac{D_2}{2}}{(I_{p1} + I_{p2}) \cdot I_{p2}} = 21.7\ \text{MPa}$$

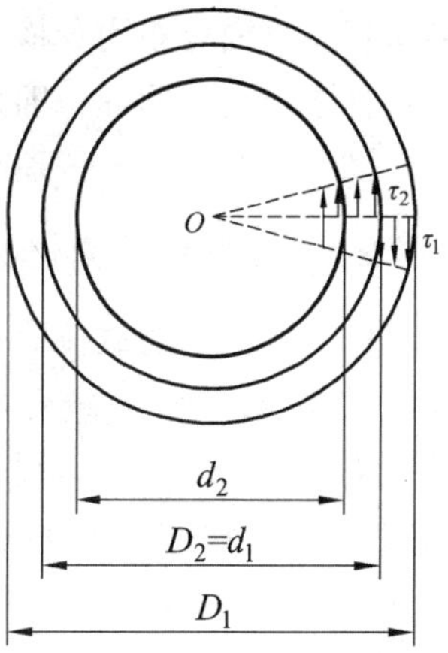

（3）应力分布图如右图，故，可知组合管内 $\tau_{\max} = 21.7\ \text{MPa}$，发生在内管表层。

第 6 章　梁的弯曲内力

6.1　知识要点

1. 本章研究对象和研究内容

（1）研究对象——构件常为等截面杆件；所受载荷作用于杆件的纵向对称面内，载荷类型包括有横向分布力、横向集中力、集中力偶；该类变形构件的横截面绕中性轴发生转动，且对称于纵向对称面，即发生平面弯曲。

（2）研究内容——理解基本概念，重点掌握梁内力的计算，绘制 F_S、M、F_N 图。

2. 梁上载荷的简化、约束的简化、梁的基本类型

作用在梁上的载荷简化为 3 种：横向集中力，其作用长度与梁的长度相比很小；集中力偶；横向分布力——线力。工程中约束梁的支承可以简化为 3 种约束类型：固定铰支座、可动铰支座和固定端。工程中常见的 3 种梁：简支梁——梁的一端为固定铰支座，另一端为可动铰支座；外伸梁——同样为简支，但梁的一端或两端伸出支座之外；悬臂梁——梁的一端为固定端，另一端为自由端。

3. 平面弯曲的概念

（1）平面弯曲的力学模型。

① 平面弯曲——如果作用在梁上的已知载荷和支座反力均在同一纵向对称面内，并且垂直于梁的轴线，则变形后梁的轴线也在该纵向对称面内且弯曲成一条平面曲线，这种弯曲变形称为平面弯曲，即外载荷、变形前后梁的轴线均在同一纵向对称面内。

② 构件特点——等截面直杆。

③ 外力特点——外力的矢量方向（力偶的矢量方向遵循右手定则）均垂直于杆轴线。

④ 变形特点——弯曲变形后，杆件轴线变成在外力作用面内的光滑、平坦的平面曲线。

（2）纯弯曲。杆件所受外力系为（或相当于）力偶时，所产生的弯曲变形称为纯弯曲，这时杆内内力剪力为零，弯矩为常数。

4. 平面弯曲时，横截面上的内力——剪力和弯矩

（1）弯矩。构件受弯时，作用面垂直于其横截面的内力偶矩，用 M 表示。

（2）剪力。构件受弯时，作用线平行于横截面的内力，用 F_S 表示。

（3）弯曲内力的正负号规定。将 F_S 和 M 分别画出 [图 6.1（a）和图 6.1（b）]。内力符号设定如下：

凡企图使保留的微段顺时针转动者为正剪力，反之为负。

凡企图使保留的微段上部受压，下部受拉，呈凹形者为正弯矩，反之为负。

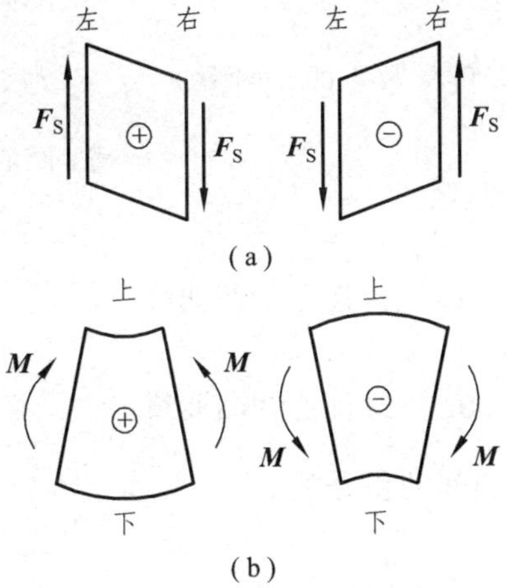

图 6.1

（4）剪力方程和弯矩方程。构件各横截面上的剪力、弯矩表示为截面的坐标位置 x 的函数，即表示剪力、弯矩随截面位置而变化的函数关系。

$$F_S = F_S(x),\ M = M(x)$$

（5）剪力图和弯矩图。表示各横截面上剪力、弯矩沿杆件轴线变化规律的图线，即将剪力方程和弯矩方程用图线表示。

5. 载荷、剪力和弯矩间的关系

（1）载荷集度与剪力、弯矩间的微分关系。

① 几何意义。

$$\frac{dF_S(x)}{dx} = q(x)$$ 表示 F_S 图上某处的斜率等于该处载荷集度 q 之值

$$\frac{dM(x)}{dx} = F_S(x)$$ 表示 M 图上某处的斜率等于该处剪力 F_S 之值

$$\frac{d^2M(x)}{dx^2} = q(x)$$ 表示 M 图上某处的斜率的变化率等于该处载荷集度 q 之值

② 线型判断。

$q = 0$（无分布载荷）

$$\frac{dF_S(x)}{dx} = q$$ $q =$ 常数，q 图为一水平

$$\frac{dM(x)}{dx} = F_S(x) = \text{正常数}$$ M 为变数，M 图为一上斜线

$$\frac{dM(x)}{dx} = F_S(x) = \text{负常数}$$ M 为变数，M 图为一下斜线

$q =$ 常数（均布载荷）

$$\frac{dF_S(x)}{dx}=q=\text{正常数（即}q\text{向上）}$$　　F_S为变数，F_S图为一上斜线，M图必为二次曲线

$$\frac{dF_S(x)}{dx}=q=\text{负常数（即}q\text{向下）}$$　　F_S为变数，F_S图为一下斜线，M图必为二次曲线

$q>0$和$q<0$

$$\frac{d^2M(x)}{dx^2}=q>0$$　　M图必为凹曲线

$$\frac{d^2M(x)}{dx^2}=q<0$$　　M图必为凸曲线。

（2）载荷集度与剪力、弯矩间的积分关系

$$F_{S2}-F_{S1}=\int_{x1}^{x2}q(x)dx$$

$$M_2-M_1=\int_{x1}^{x2}F_S(x)dx$$

（3）集中力作用处，剪力图、弯矩图的特征

$$F_{S2}-F_{S1}=F$$

$$M_2=M_1$$

注意：$M_1=M_2$的数值相等，但由于$F_{S1}\neq F_{S2}$，故M图的切线斜率在集中力作用处的两侧不相等，有一突然变化。

（4）集中力偶处，剪力图和弯矩图的特征

$$F_{S1}=F_{S2}$$

$$M_2-M_1=M$$

注意：集中力偶的作用处，F_S图不但数值相等，而且斜率也不变，只有M图有突变。

6.2　解题步骤

1. 计算原则

（1）分段原则：集中载荷的作用点；分布载荷的起点和终点；即任意两个相邻外力作用点之间进行分段。

（2）静力平衡原则：求剪力方程和弯矩方程。

（3）任意截面的剪力：$\sum$[一侧横向力的代数值]

任意截面的弯矩：$\sum$[一侧外力对截面形心之矩的代数值]

（4）集中力作用处，F_S 图突变，突变值的大小等于该集中力的大小。

（5）集中力偶作用处，M 图发生突变，其突变值等于该集中力偶的大小。对剪力图而言，集中力偶作用的截面并无改变。

2. 作剪力图和弯矩图的步骤

（1）建立坐标系（一般以梁的左端点为原点）。

（2）确定支座反力。

（3）列出每一段的剪力方程和弯矩方程。

（4）根据剪力方程和弯矩方程画出剪力图和弯矩图。

6.3 习题详解

6.1 求图示各梁指定截面（1-1、2-2、3-3）上的剪力和弯矩。

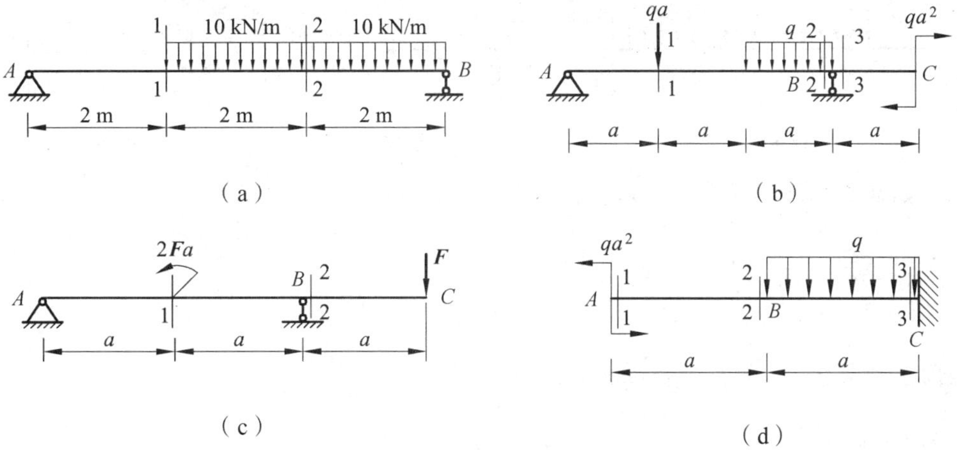

题 6.1 图

解：

（1）如题 6.1 图（a）所示。

解得支座反力如图 a1

$$F_{Ay} = \frac{40}{3}\ \text{kN}$$

$$F_{By} = \frac{80}{3}\ \text{kN}$$

欲求 1-1 截面的内力，可沿截面将梁截开，取左半部分为研究对象，受力图如图 a1 所示，截面上内力按剪力和弯矩正负符号的规定设为正，利用平衡条件有

$$\sum F_y = 0,\ F_{Ay} - F_{S1} = 0 \quad ①$$

$$\sum M_O = 0,\ -2F_{Ay} + M_1 = 0 \quad ②$$

由①、②式得

$$F_{S1}=\frac{40}{3}\text{kN},\ M_1=\frac{80}{3}\ \text{kN}\cdot\text{m}$$

求 2-2 截面的内力时，可沿 2-2 截面截开，取右半部分为研究对象，受力图如题图 a2 所示，截面上内力按剪力和弯矩正负符号的规定设为正，利用平衡条件有

$$\sum F_y=0,\qquad F_{By}+F_{S2}-10\times 2=0 \tag{③}$$

$$\sum M_O=0,\qquad 2F_{By}-M_2-\frac{1}{2}\times 10\times 4=0 \tag{④}$$

由③、④式得

$$F_{S2}=-\frac{20}{3}\ \text{kN},\quad M_2=\frac{100}{3}\ \text{kN}\cdot\text{m}$$

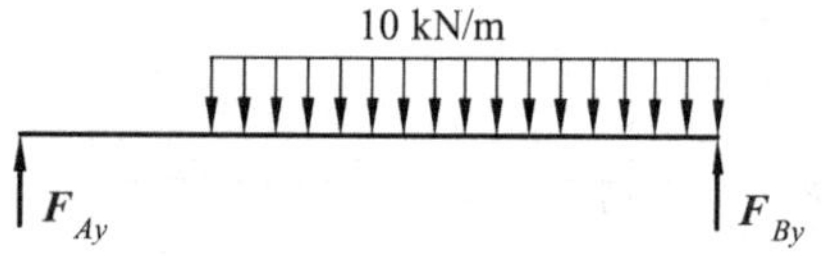

图 a1

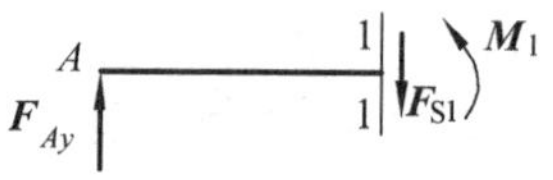

图 a2

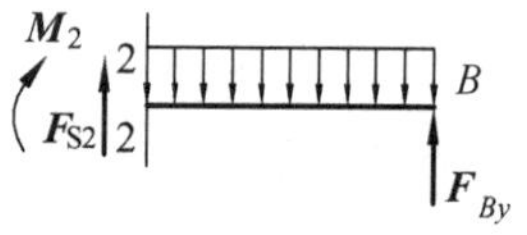

图 a3

（2）如题 6.1 图（b）所示。解法同（1），可以解得

$$F_{Ay}=\frac{1}{2}qa,\quad F_{By}=\frac{3}{2}qa$$

截面 1-1 内力 $F_{S1}=-\frac{1}{2}qa$，$M_1=\frac{1}{2}qa^2$

截面 2-2 内力 $F_{S2}=-\frac{3}{2}qa$，$M_2=-qa^2$

截面 3-3 内力 $F_{S3}=0$，$M_3=-qa^2$

（3）如题 6.1 图（c）所示。解法同（1），可以解得

$$F_{Ay}=\frac{F}{2},\quad F_{By}=\frac{F}{2}$$

截面 1-1 内力 $F_{S1}=\frac{F}{2}$，$M_1=\frac{Fa}{2}$

截面 2-2 内力 $F_{S2}=F$，$M_2=-Fa$

（4）如题 6.1 图（d）所示。解法同（1），可以解得：

截面 1-1 内力 $F_{S1}=0$，$M_1=-qa^2$

截面 2-2 内力 $F_{S2}=0$，$M_2=-qa^2$

截面 3-3 内力 $F_{S3}=-qa$，$M_3=-\frac{3}{2}qa^2$

6.2 写出下列各梁的剪力方程和弯矩方程，然后作剪力图和弯矩图。

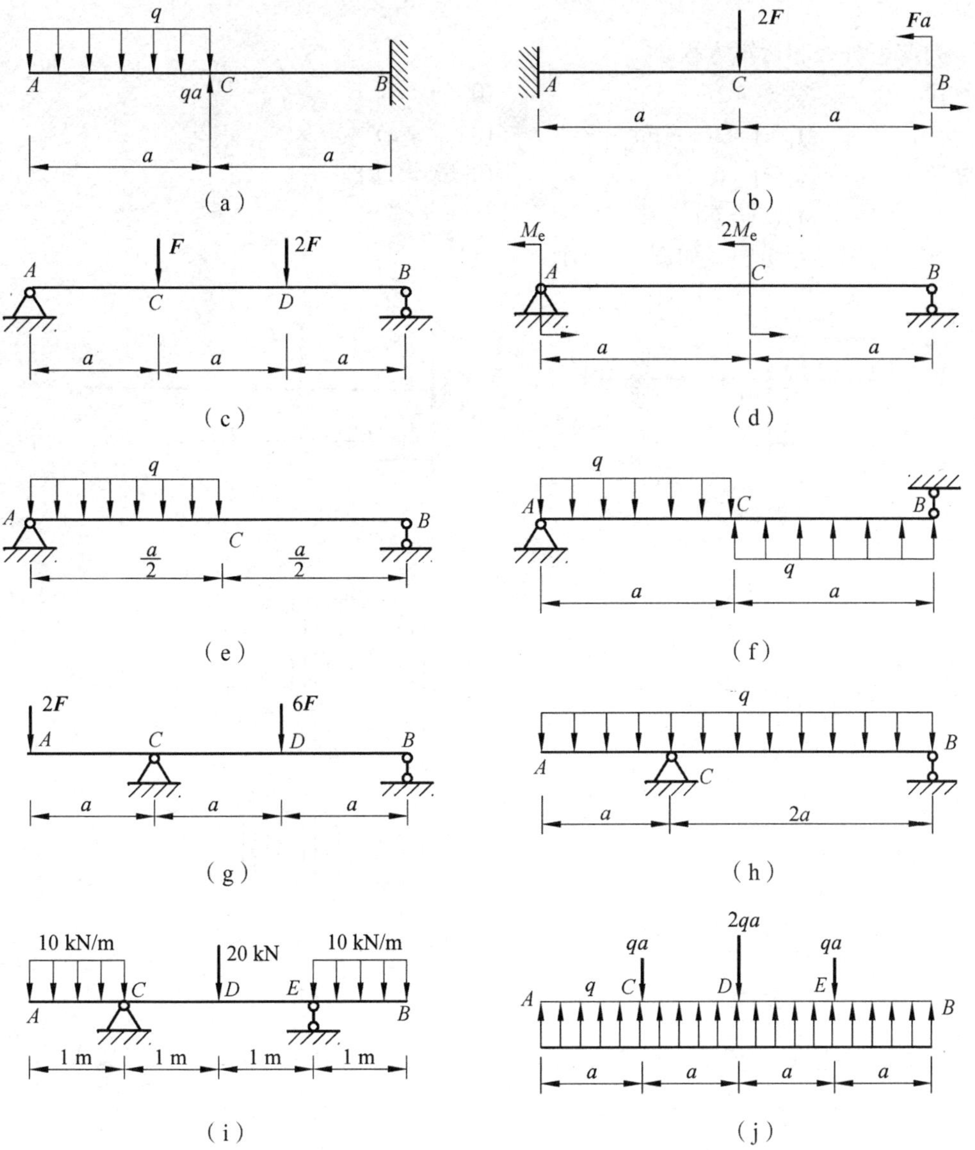

题 6.2 图

解：（1）如题 6.2 图（a）所示。建立如图 a1 所示坐标系。

① 列剪力方程和弯矩方程。应用题 6.1 解法提供的列剪力方程和弯矩方程的方法。

AC 段 $F_{S1}(x) = -qx \quad (0 \leqslant x < a)$

$$M_1(x) = -\frac{1}{2}qx^2 \quad (0 \leqslant x \leqslant a)$$

CB 段 $F_{S2}(x) = 0 \quad (a < x < 2a)$

$$M_2(x) = -\frac{qa^2}{2} \quad (a \leqslant x < 2a)$$

② 作剪力图和弯矩图，如图 a2 所示。

（2）如题 6.2 图（b）所示，解法同（1），建立如图 b1 所示坐标系，支座反力 $M_A = Fa$，$F_{Ay} = 2F$。

① 列剪力方程和弯矩方程。

AC 段　　$F_{S1}(x) = 2F$　　$(0 < x < a)$

　　　　　$M_1(x) = 2Fx - Fa$　　$(0 < x \leqslant a)$

CB 段　　$F_{S2}(x) = 0$　　$(a < x \leqslant 2a)$

　　　　　$M_2(x) = Fa$　　$(a \leqslant x < 2a)$

② 作剪力图和弯矩图，如图 b2 所示。

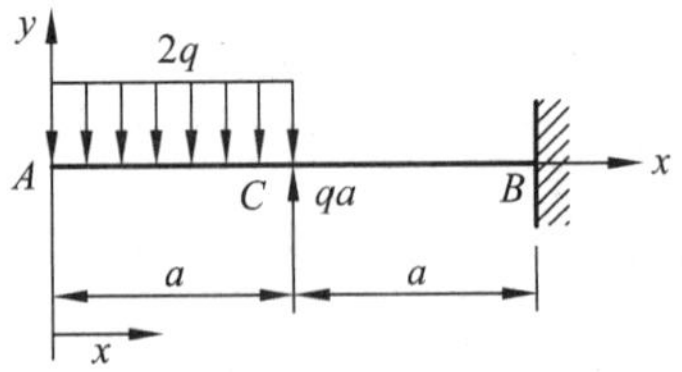

图 a1

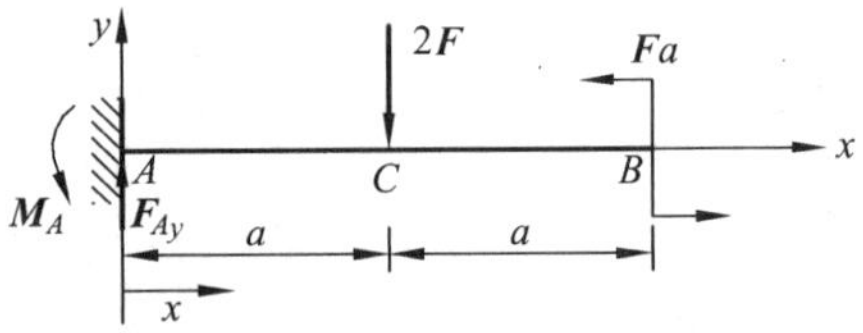

图 b1

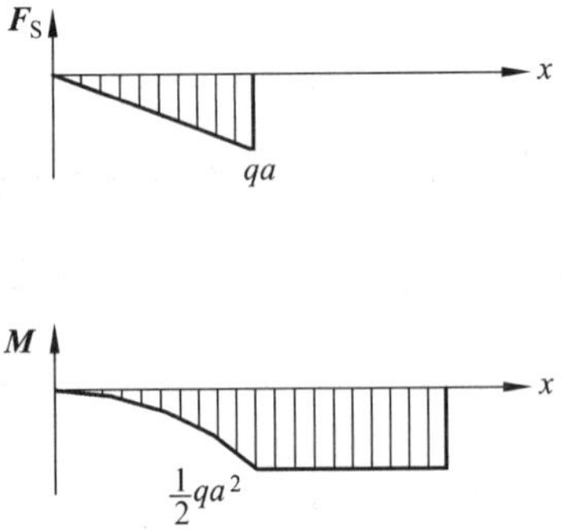

图 a2

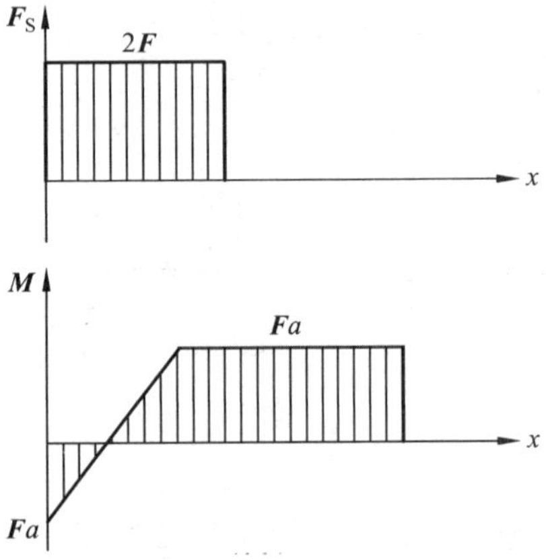

图 b2

（3）如题 6.2 图（c）所示，解法同（1）。建立如图 c1 所示坐标系，求支座反力 $F_{Ay} = \frac{4}{3}F$，$F_{By} = \frac{5}{3}F$。

① 列剪力方程和弯矩方程。

AC 段　　$F_{S1}(x) = \frac{4}{3}F$　　$(0 < x < a)$

　　　　　$M_1(x) = \frac{4}{3}Fx$　　$(0 \leqslant x \leqslant a)$

CD 段　　$F_{S2}(x) = \frac{1}{3}F$　　$(a < x < 2a)$

　　　　　$M_2(x) = \frac{F}{3}x + Fa$　　$(a \leqslant x \leqslant 2a)$

DB 段　　$F_{S3}(x) = -\frac{5}{3}F$　　$(2a < x < 3a)$

$$M_3(x) = -\frac{5}{3}Fx + 5Fa \qquad (2a \leqslant x \leqslant 3a)$$

② 作剪力图和弯矩图，如图 c2 所示。

（4）如题 6.2 图（d）所示，解法同（1）。建立如图 d1 所示坐标系，求支座反力 $F_{Ay} = \frac{3M_e}{2a}$，$F_{By} = -\frac{3M_e}{2a}$。

① 列剪力方程和弯矩方程。

AC 段 $$F_{S1}(x) = \frac{3M_e}{2a} \qquad (0 < x \leqslant a)$$

$$M_1(x) = \frac{3M_e}{2a}x - M_e \qquad (0 < x < a)$$

CB 段 $$F_{S2}(x) = \frac{3M_e}{2a} \qquad (a \leqslant x < 2a)$$

$$M_2(x) = -3M_e + \frac{3M_e}{2a}x \qquad (a < x \leqslant 2a)$$

② 作剪力图和弯矩图，如图 d2 所示。

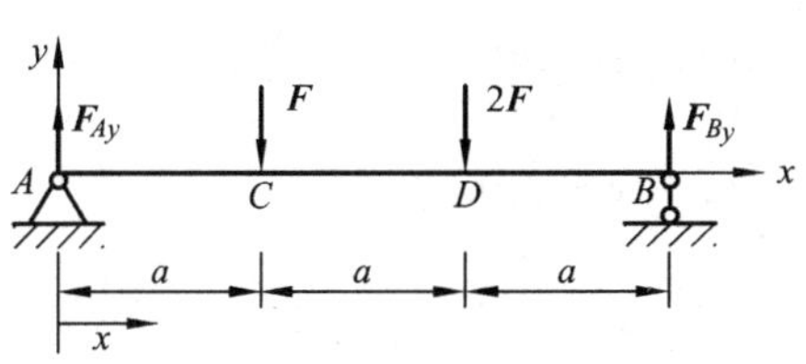

图 c1

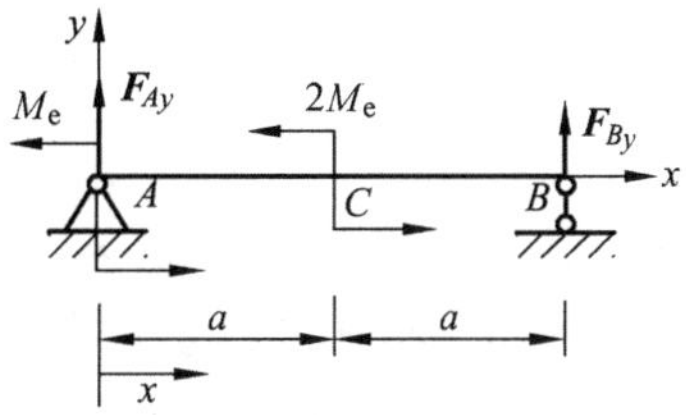

图 d1

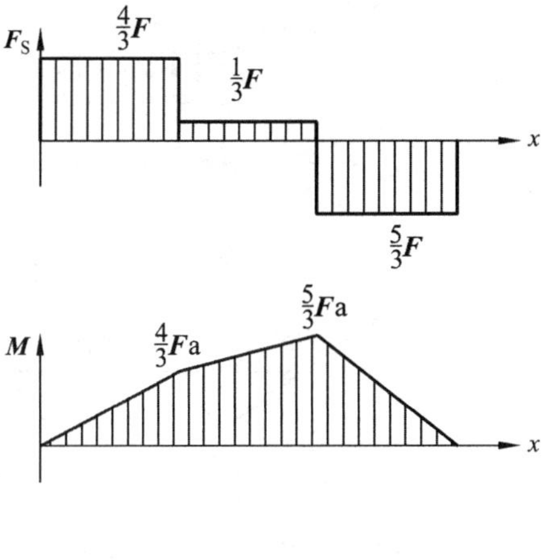

图 c2

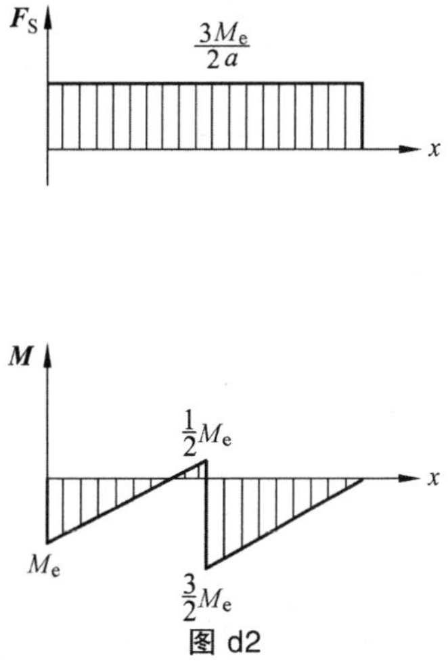

图 d2

（5）如题 6.2 图（e）所示，解法同（1）。建立如图 e1 所示坐标系，求支座反力 $F_{Ay} = \frac{3}{8}qa$，$F_{By} = \frac{qa}{8}$。

① 列剪力方程和弯矩方程。

AC 段
$$F_{S1}(x)=\frac{3qa}{8}-qx \qquad \left(0<x\leqslant\frac{a}{2}\right)$$
$$M_1(x)=\frac{3qa}{8}x-\frac{qx^2}{2} \qquad \left(0\leqslant x\leqslant\frac{a}{2}\right)$$
CB 段
$$F_{S2}(x)=-\frac{qa}{8} \qquad \left(\frac{a}{2}\leqslant x<a\right)$$
$$M_2(x)=\frac{qa^2}{8}-\frac{qa}{8}x \qquad \left(\frac{a}{2}\leqslant x\leqslant a\right)$$

② 作剪力图和弯矩图，如图 e2 所示。

（6）如题 6.2 图（f）所示，解法同（1），建立如图 f1 所示坐标系，求支座反力 $F_{Ay}=\frac{qa}{2}$，$F_{By}=-\frac{qa}{2}$。

① 列剪力方程和弯矩方程。

AC 段
$$F_{S1}(x)=\frac{qa}{2}-qx \qquad (0<x\leqslant a)$$
$$M_1(x)=\frac{qa}{2}x-\frac{q}{2}x^2 \qquad (0\leqslant x\leqslant a)$$
CB 段
$$F_{S2}(x)=\frac{-3qa}{2}+qx \qquad (a\leqslant x<2a)$$
$$M_2(x)=qa^2+\frac{1}{2}qx^2-\frac{3}{2}qax \qquad (a\leqslant x\leqslant 2a)$$

② 作剪力图和弯矩图，如图 f2 所示。

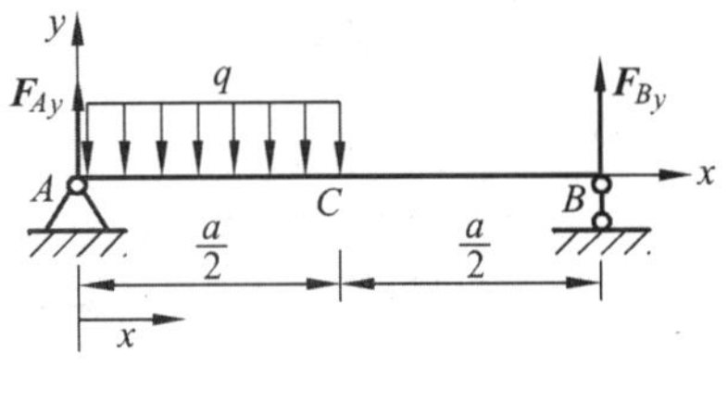

图 e1

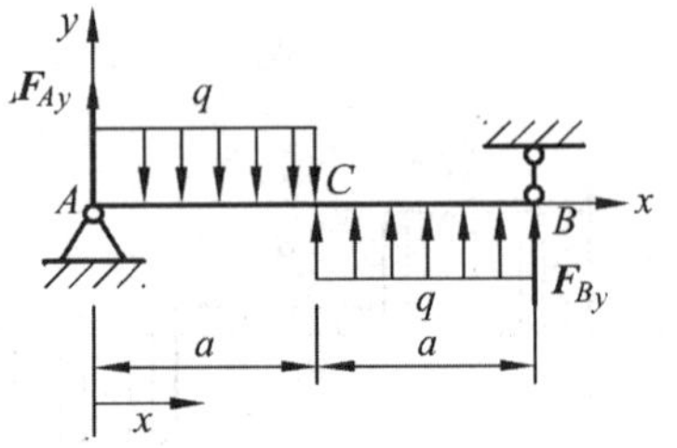

图 f1

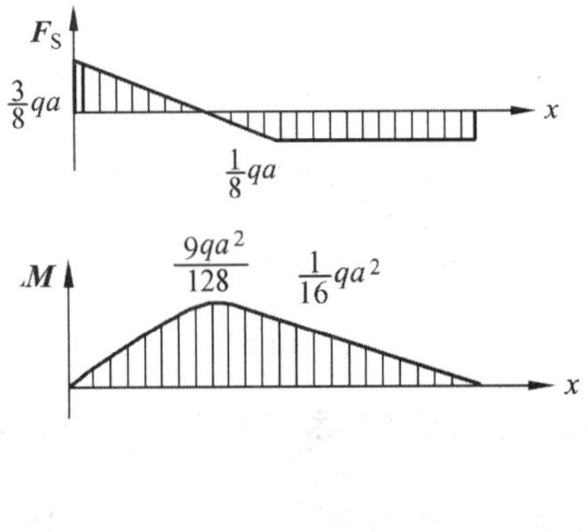

图 e2

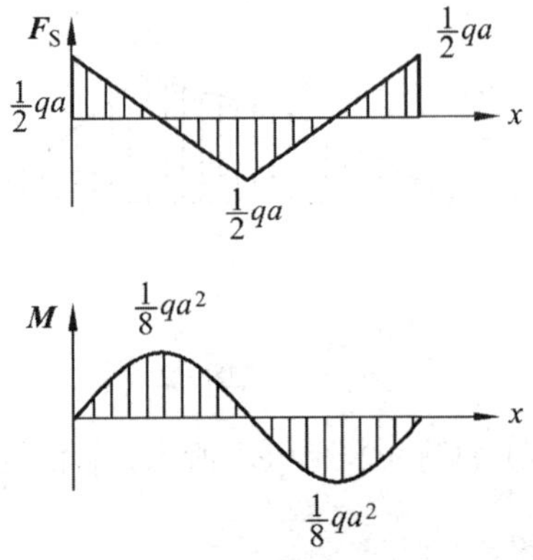

图 f2

（7）如题 6.2 图（g）所示，解法同（1），建立如图 g1 所示坐标系，求支座反力 $F_{By}=2F$，$F_{Cy}=6F$。

① 列剪力方程和弯矩方程。

AC 段	$F_{S1}(x)=-2F$	$(0<x<a)$
	$M_1(x)=-2Fx$	$(0\leqslant x\leqslant a)$
CD 段	$F_{S2}(x)=4F$	$(a<x<2a)$
	$M_2(x)=-6Fa+4Fx$	$(a\leqslant x\leqslant 2a)$
DB 段	$F_{S3}(x)=-2F$	$(2a<x<3a)$
	$M_2(x)=6Fa-2Fx$	$(2a\leqslant x\leqslant 3a)$

② 作剪力图和弯矩图，如图 g2 所示。

（8）如题 6.2 图（h）所示，解法同（1），建立如图（h1）所示坐标系，求支座反力 $F_{By}=\dfrac{3}{4}qa$，$F_{Cy}=\dfrac{9}{4}qa$。

① 列剪力方程和弯矩方程。

AC 段	$F_{S1}(x)=-qx$	$(0\leqslant x<a)$
	$M_1(x)=-\dfrac{1}{2}qx^2$	$(0\leqslant x\leqslant a)$
CB 段	$F_{S2}(x)=-qx+\dfrac{9}{4}qa$	$(a<x<3a)$
	$M_2(x)=-\dfrac{1}{2}qx^2+\dfrac{9}{4}qax-\dfrac{9}{4}qa^2$	$(a\leqslant x\leqslant 3a)$

② 作剪力图和弯矩图，如图 h2 所示。

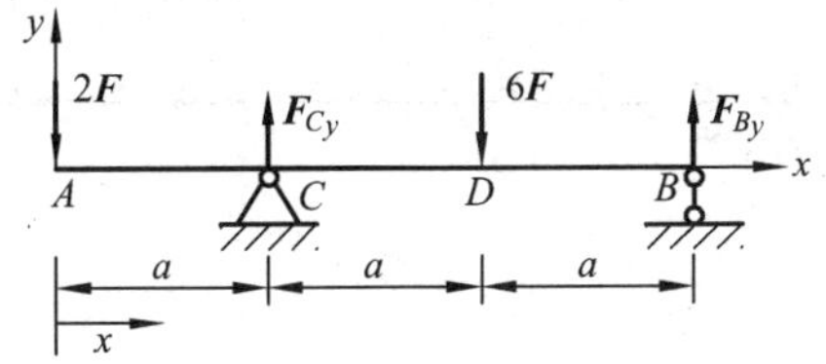

图 g1

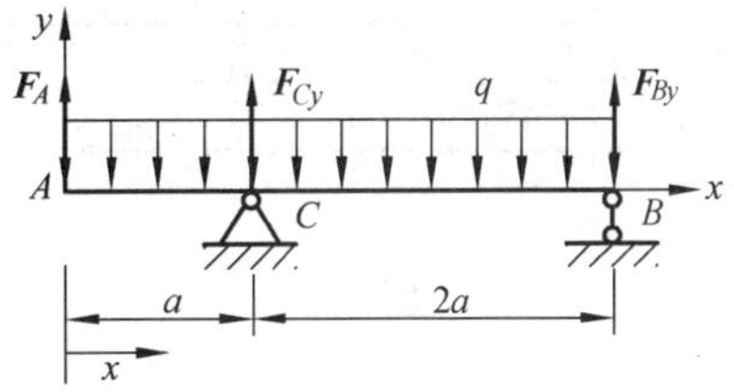

图 h1

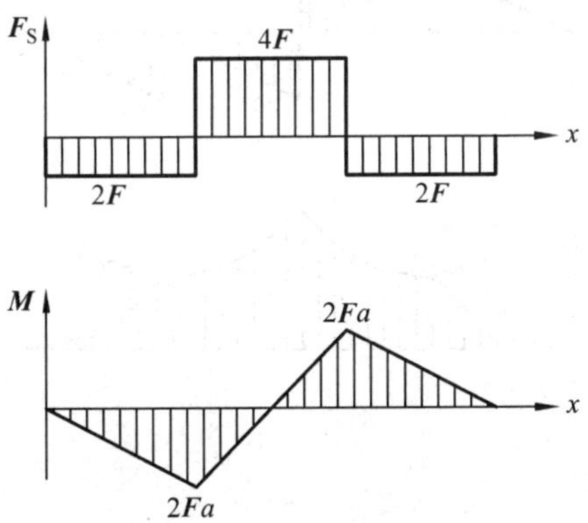

图 g2

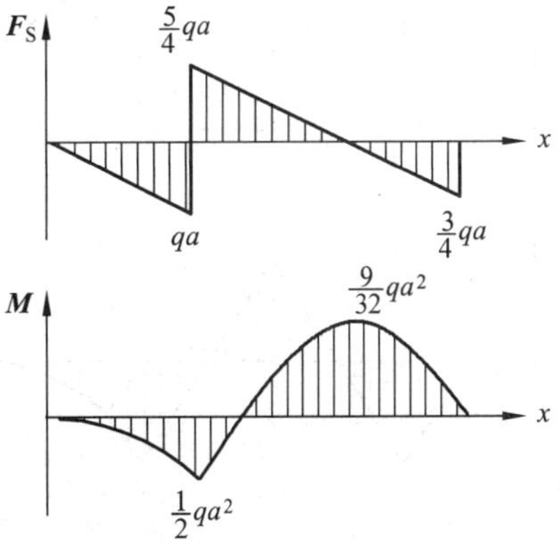

图 h2

（9）如题 6.2 图（i）所示，解法同（1），建立如图 i1 所示坐标系，求支座反力 $F_{Cy}=20\text{ kN}$，$F_{Ey}=20\text{ kN}$。

① 列剪力方程和弯矩方程。

AC 段	$F_{S1}(x)=-10x$	$(0\leqslant x<1)$
	$M_1(x)=-5x^2$	$(0\leqslant x\leqslant 1)$
CD 段	$F_{S2}(x)=10$	$(1<x<2)$
	$M_2(x)=10x-15$	$(1\leqslant x\leqslant 2)$
DE 段	$F_{S3}(x)=-10$	$(2<x<3)$
	$M_3(x)=-10x+25$	$(2\leqslant x\leqslant 3)$
EB 段	$F_{S4}(x)=-10x+40$	$(3<x\leqslant 4)$
	$M_2(x)=-5x^2+40x-80$	$(3\leqslant x\leqslant 4)$

② 作剪力图和弯矩图，如图 i2 所示。

（10）如题 6.2 图（j）所示，解法同（1），建立如图 j1 所示坐标系。

① 列剪力方程和弯矩方程。

AC 段	$F_{S1}(x)=qx$	$(0\leqslant x<a)$
	$M_1(x)=\dfrac{1}{2}qx^2$	$(0\leqslant x\leqslant a)$
CD 段	$F_{S2}(x)=qx-qa$	$(a<x<2a)$

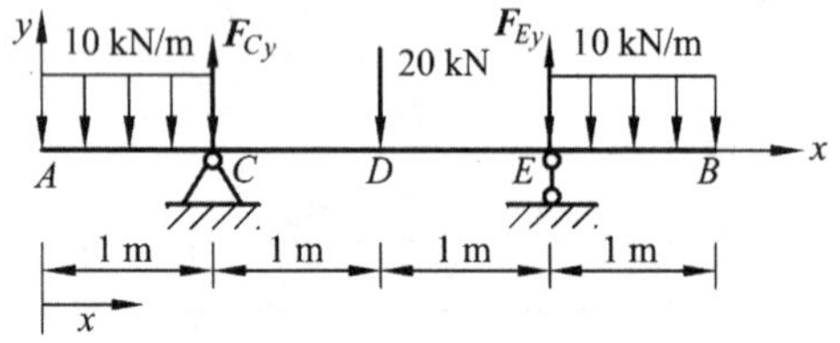

图 i1

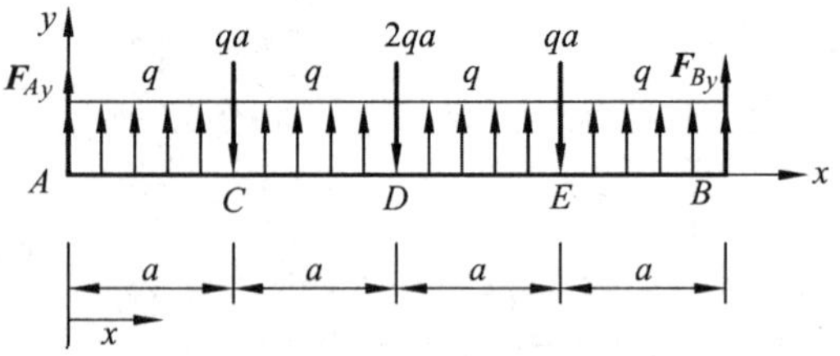

图 j1

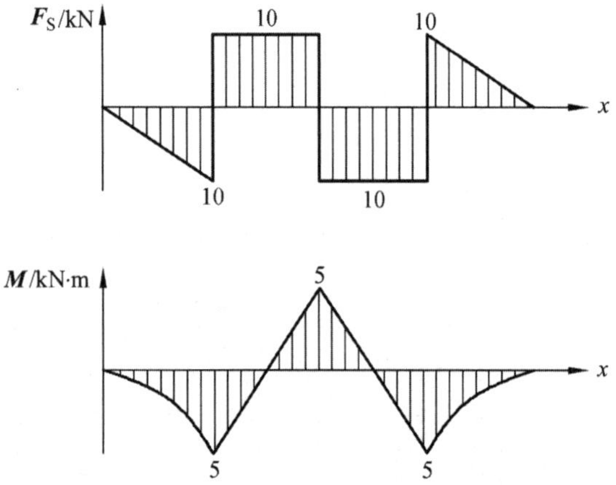

图 i2

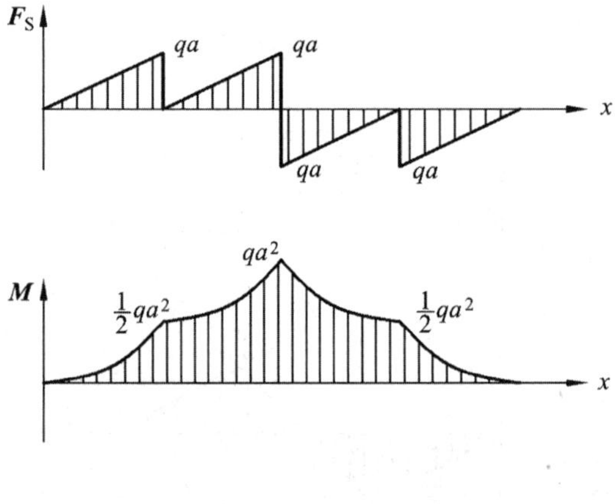

图 j2

$$M_2(x)=\frac{1}{2}qx^2-qax+qa^2 \qquad (a\leqslant x\leqslant 2a)$$

DE 段

$$F_{S3}(x)=qx-3qa \qquad (2a<x<3a)$$

$$M_3(x)=\frac{1}{2}qx^2-3qax+5qa^2 \qquad (2a\leqslant x\leqslant 3a)$$

EB 段

$$F_{S4}(x)=qx-4qa \qquad (3a<x\leqslant 4a)$$

$$M_4(x)=\frac{1}{2}qx^2-4qax+8qa^2 \qquad (3a\leqslant x\leqslant 4a)$$

6.3　利用弯矩、剪力、载荷集度间的微分关系作内力图。

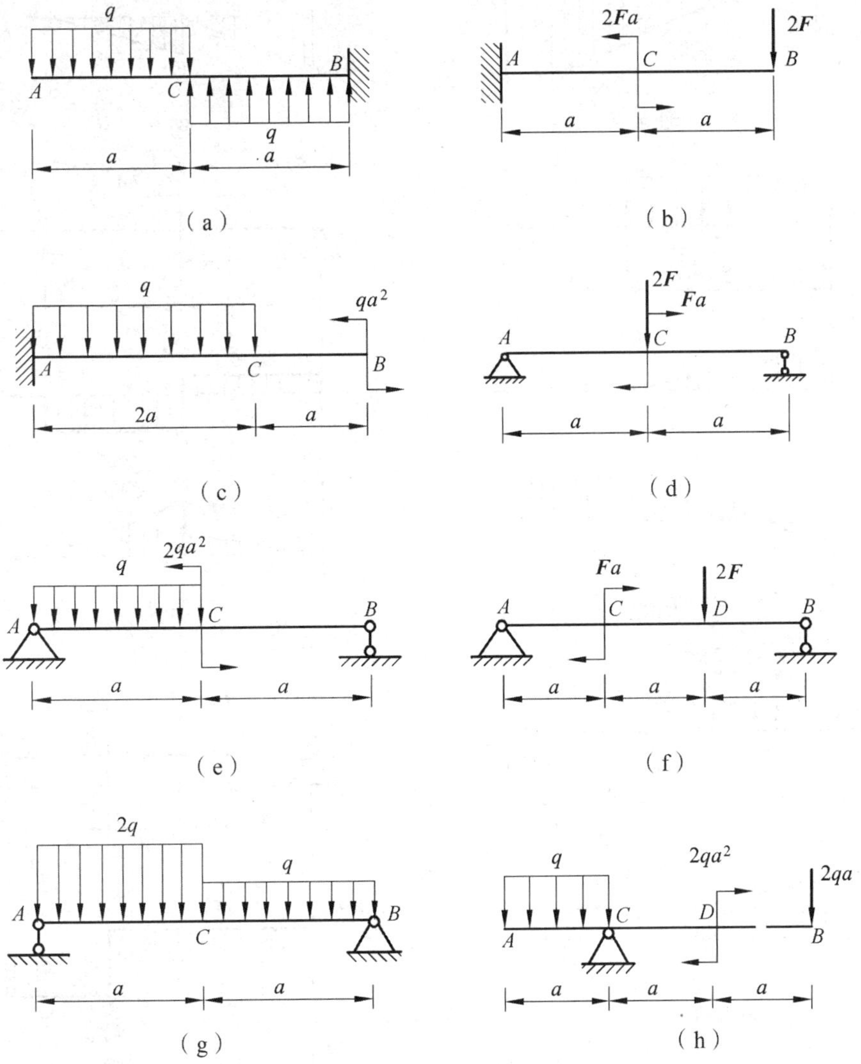

题 6.3 图

解：

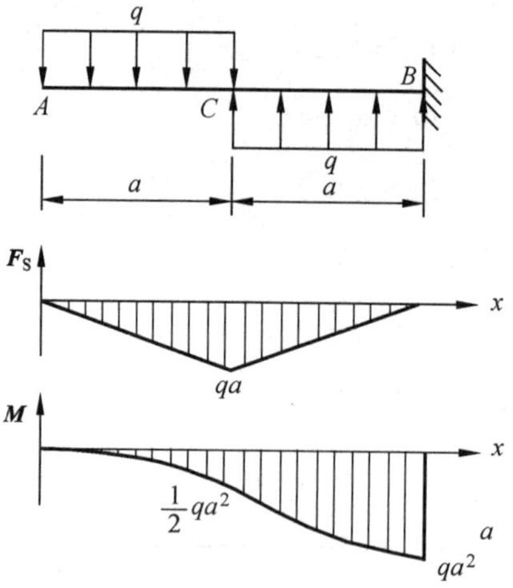

图 a

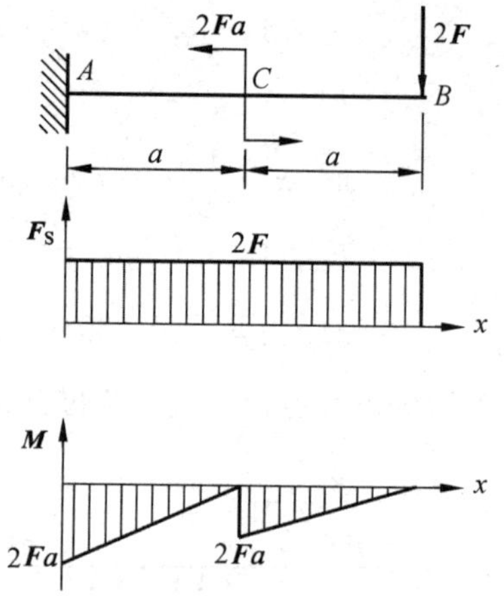

图 b

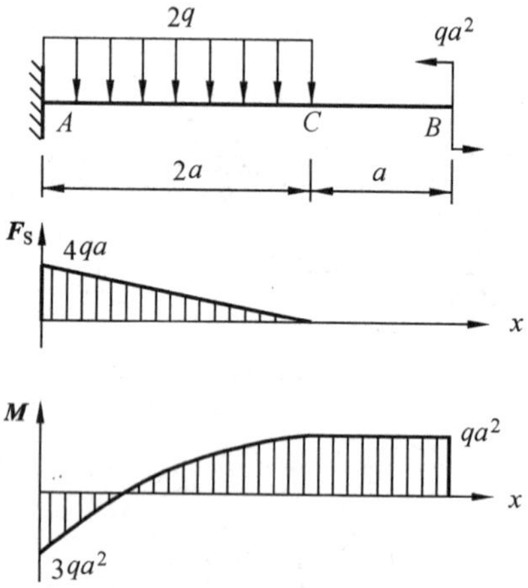

图 c

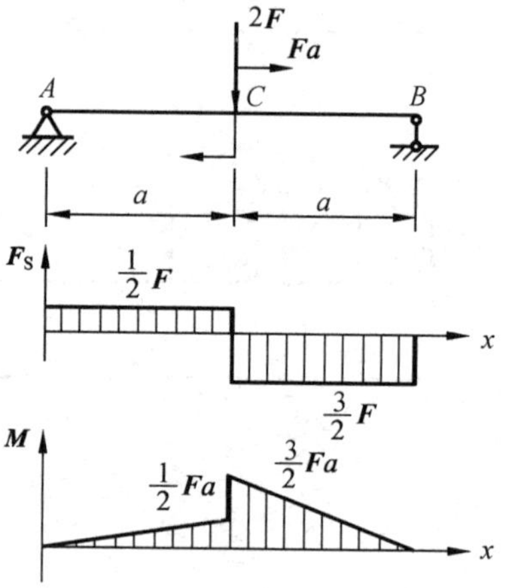

图 d

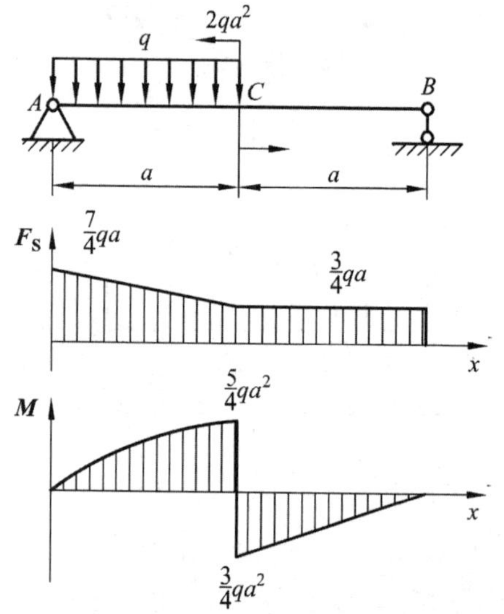

图 e

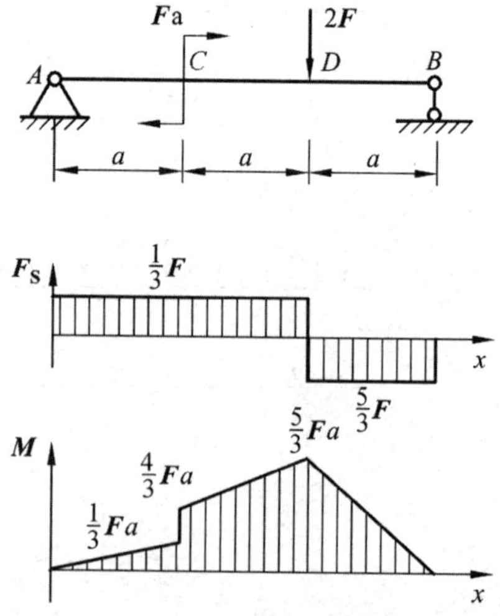

图 f

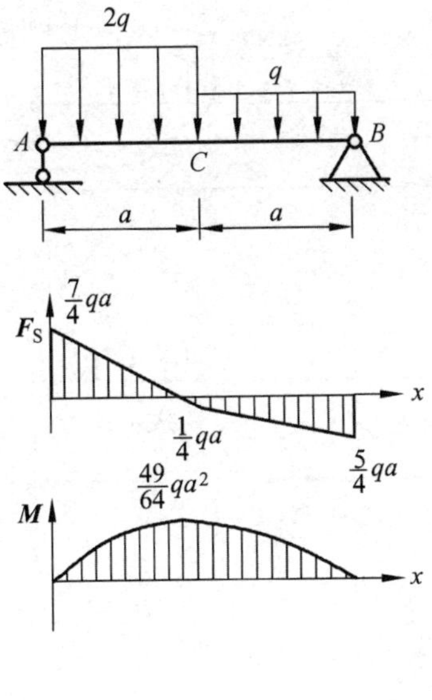

图 g

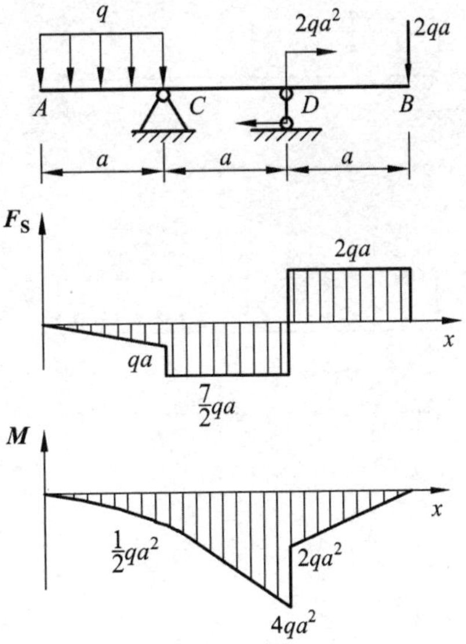

图 h

6.4　试作图示各梁的剪力图和弯矩图（方法不限）。

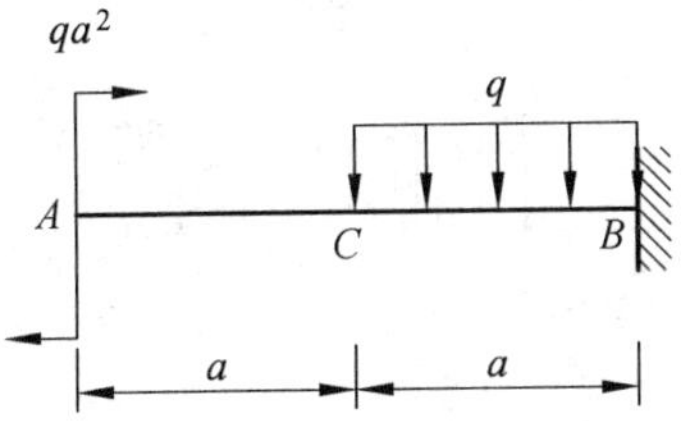

（a）

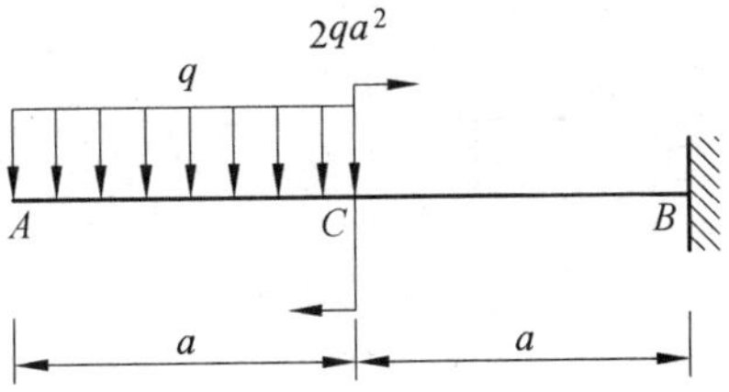

（b）

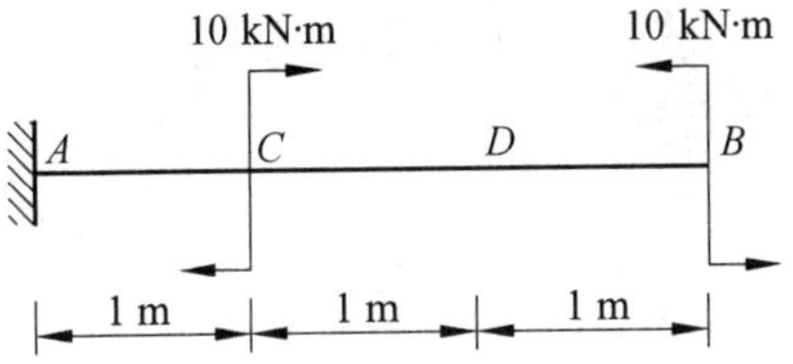

（c）

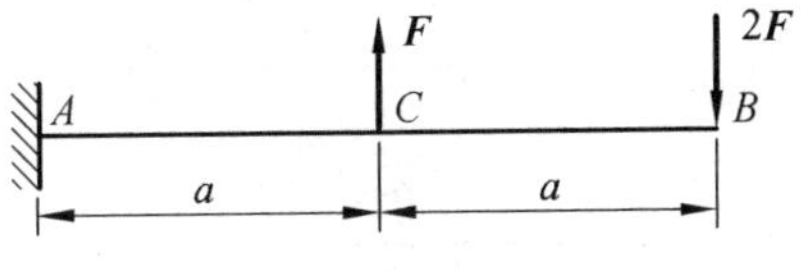

（d）

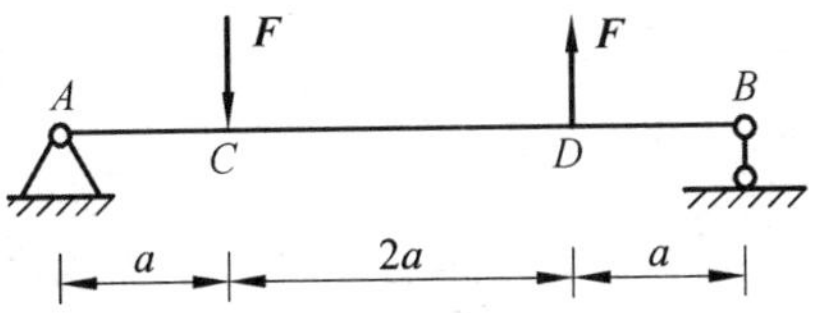

（e）

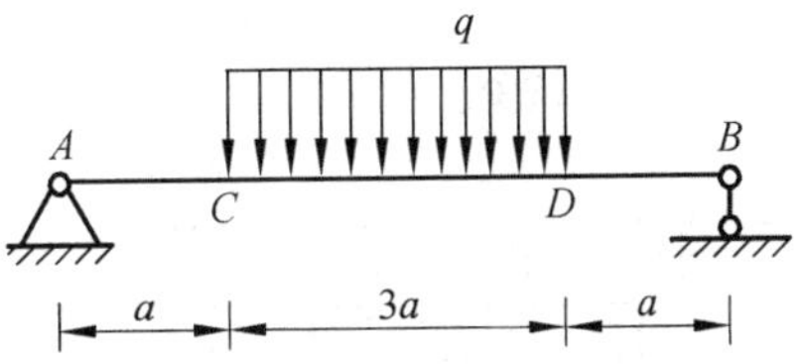

（f）

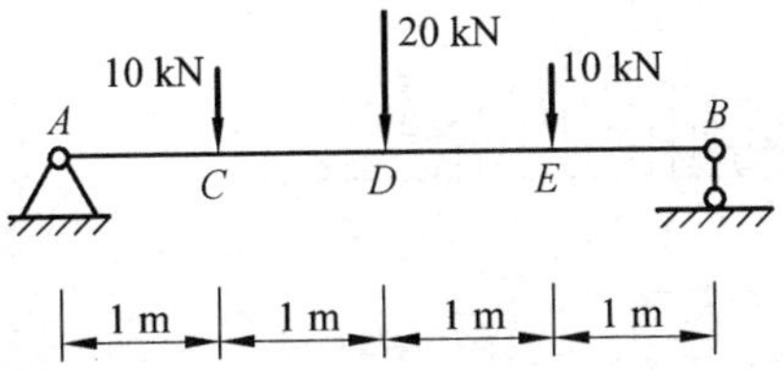

（g）

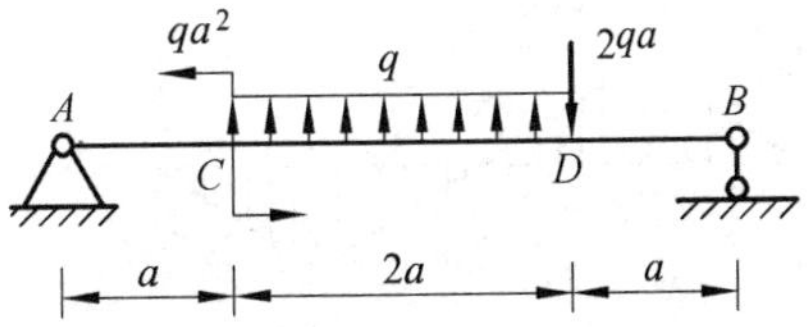

（h）

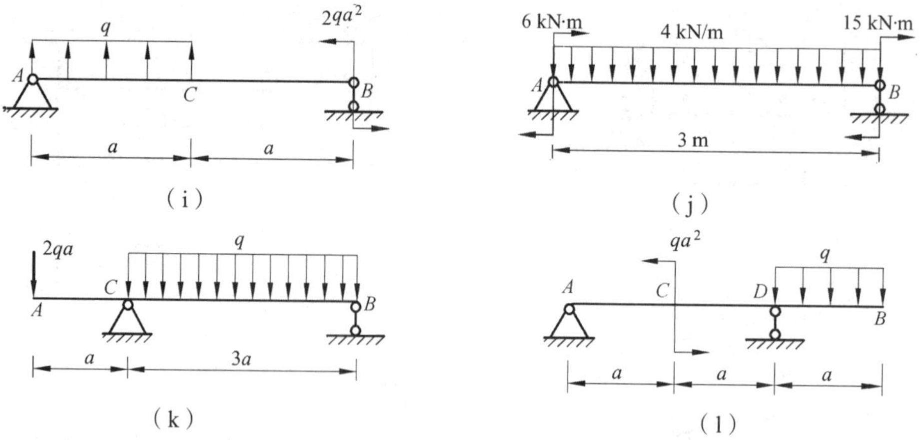

题 6.4 图

解：

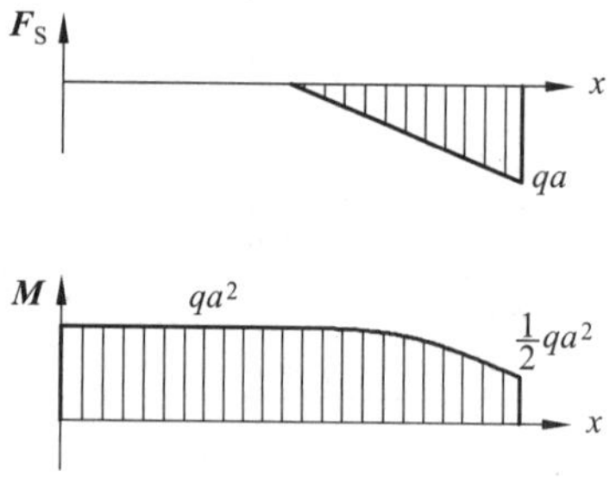

图 a

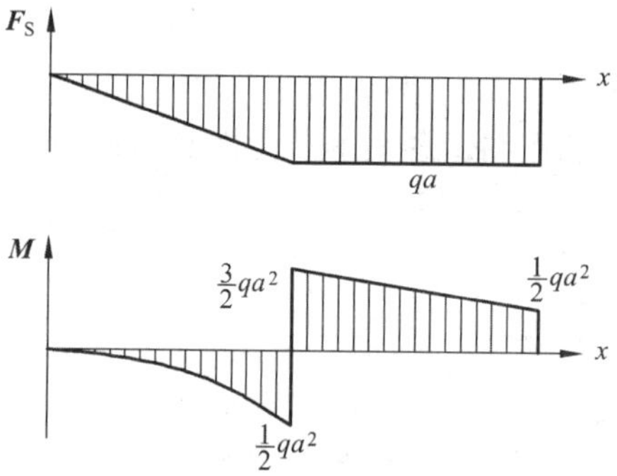

图 b

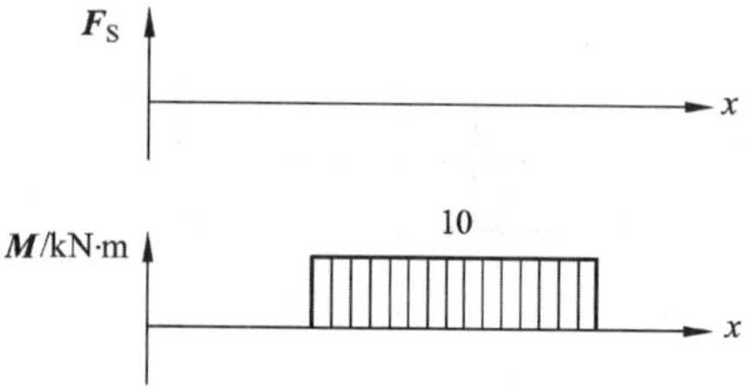

图 c

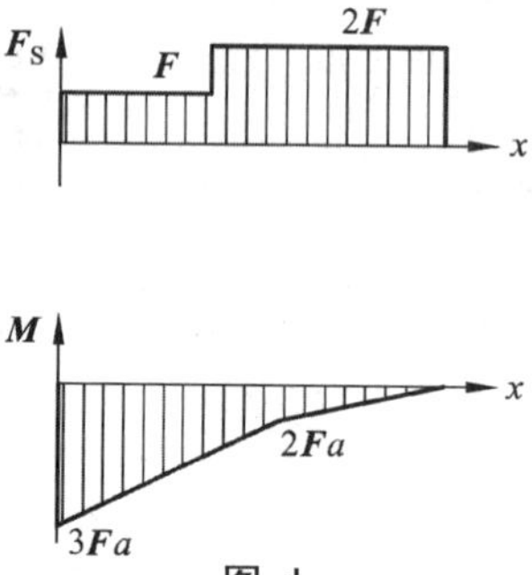

图 d

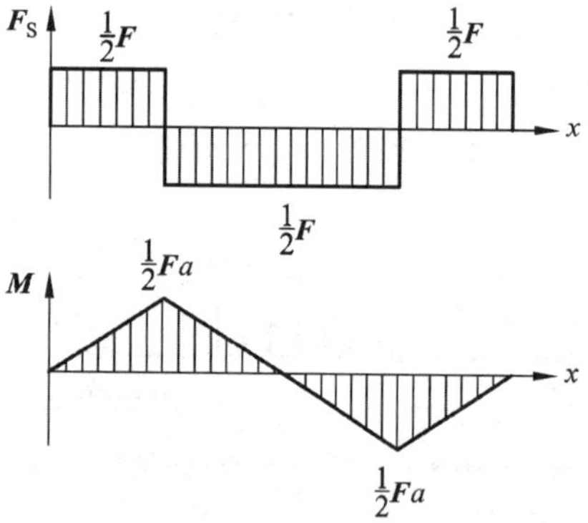

图 e

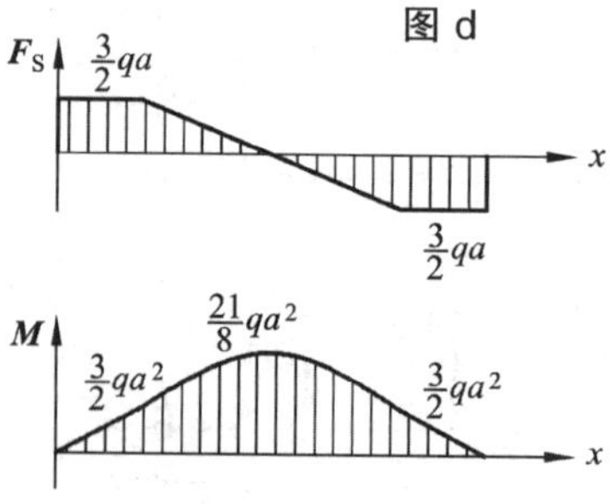

图 f

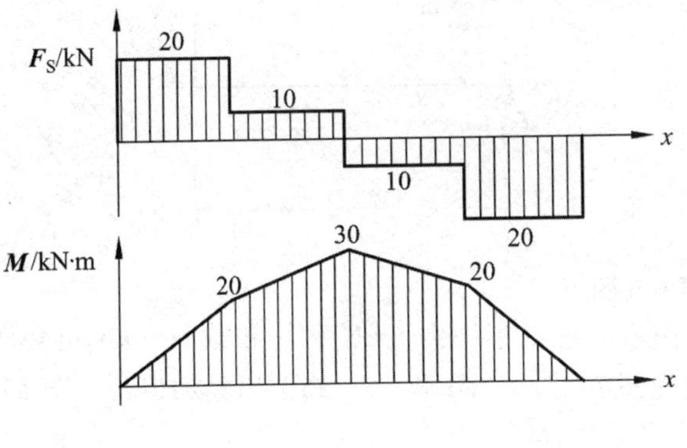

图 g

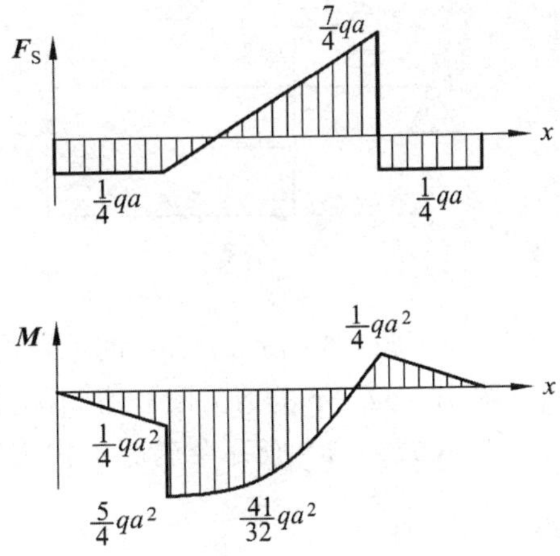

图 h

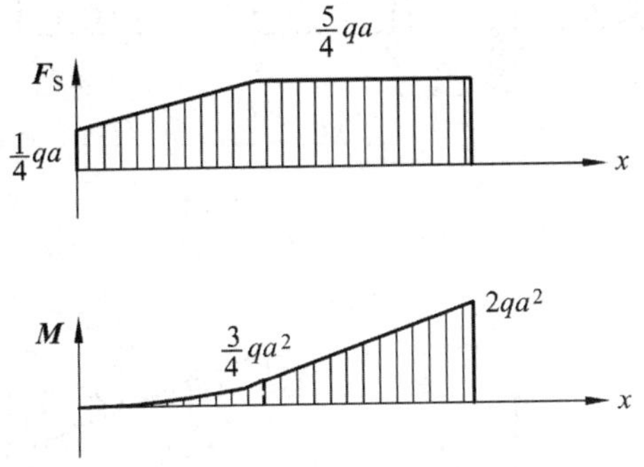

图 i

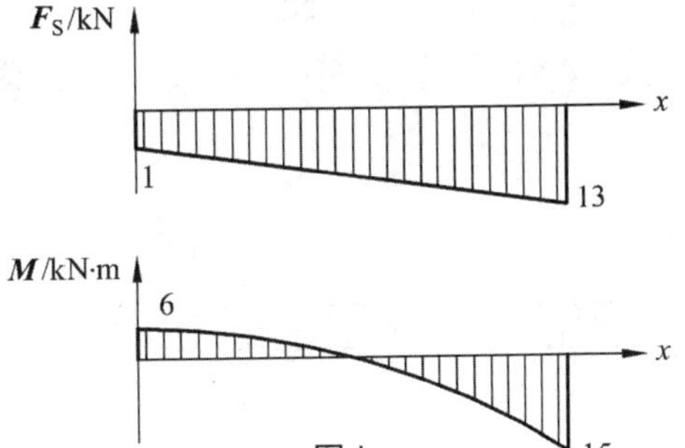

图 j

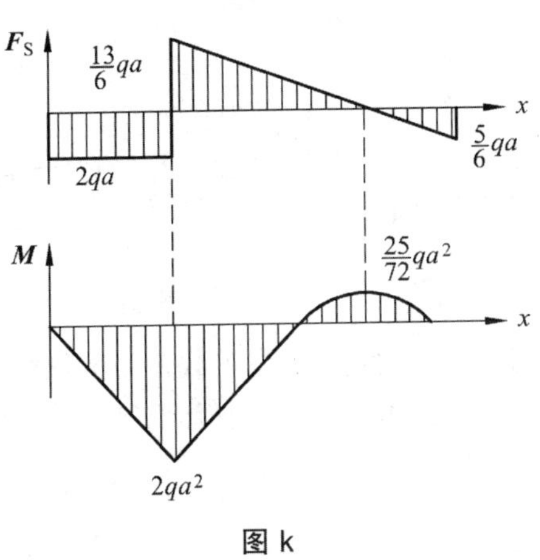

图 k

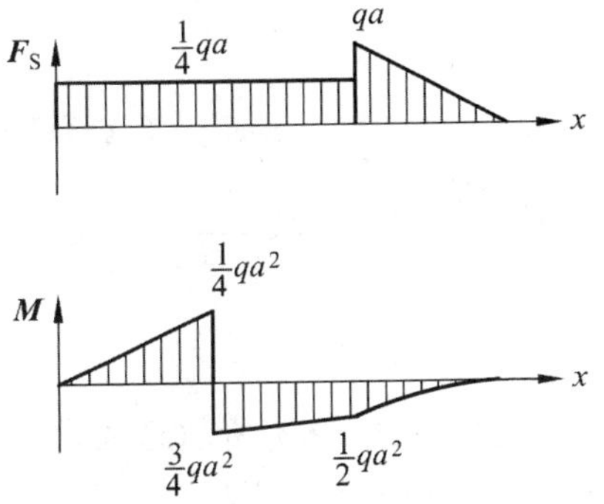

图 l

6.5　利用叠加法作图示各梁的内力图。

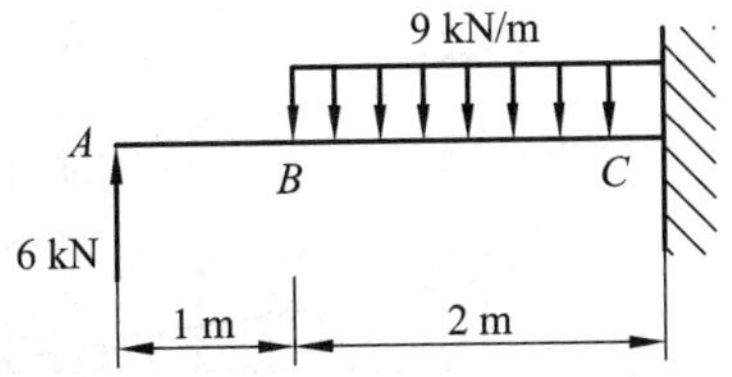

（a）

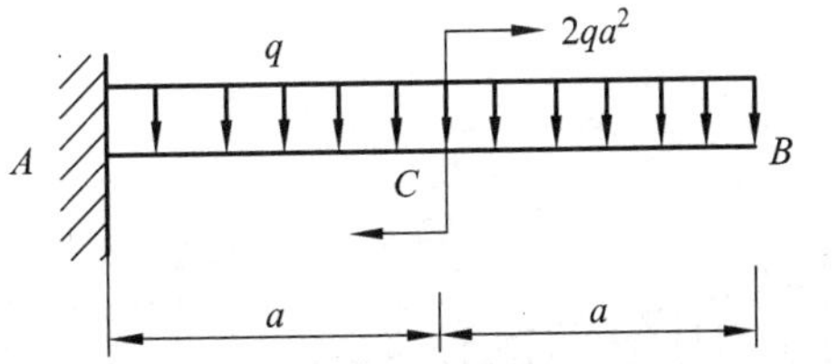

（b）

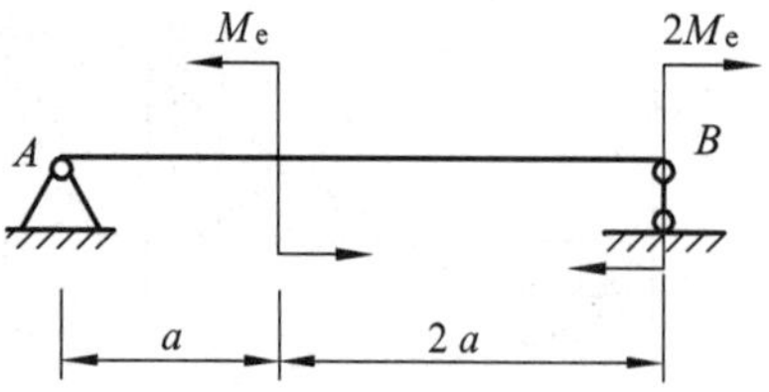

（c）

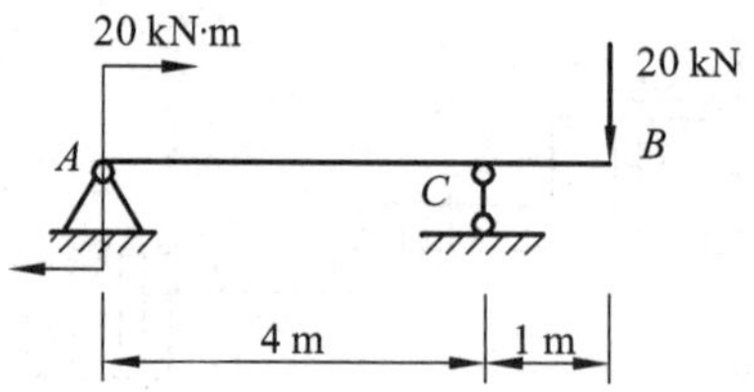

（d）

题 6.5 图

解：（1）题 6.5 图（a）所示的悬臂梁的内力图可由集中力 6 kN 和均布载荷 9 kN/m 单独作用（图 a1、a2）下的剪力图和弯矩图分别为图（图 a3、a4 和 a5、a6）相叠加得到，图 a7、a8 便是题 6.5 图（a）所示悬臂梁的内力图。

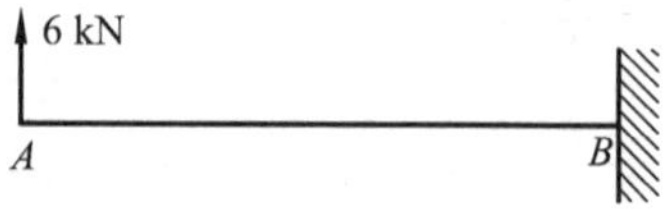

图 a1

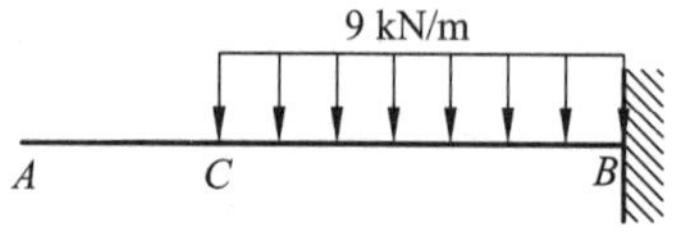

图 a2

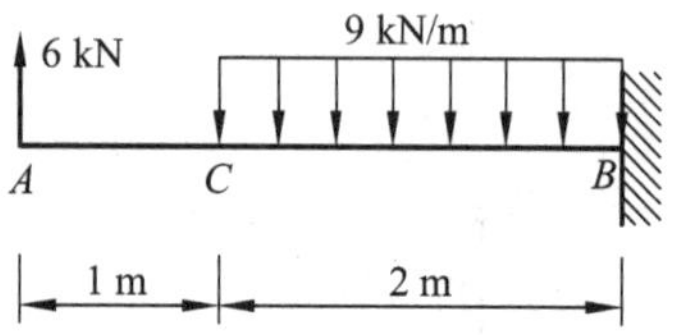

（a）

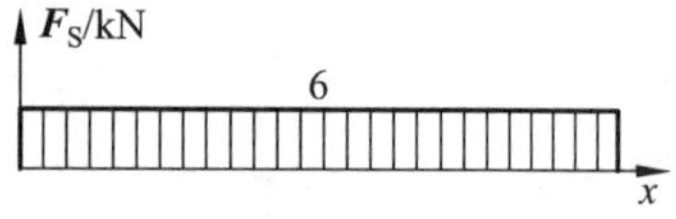

图 a3

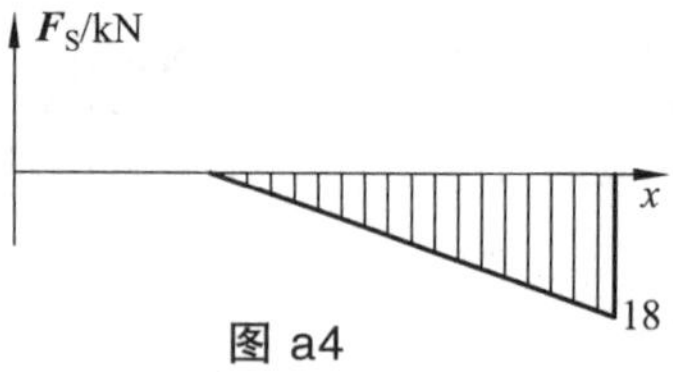

图 a4

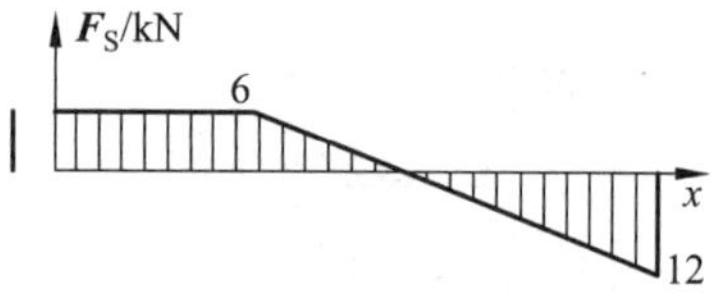

图 a7

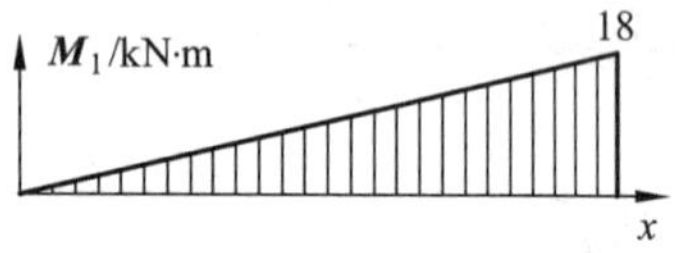

图 a5

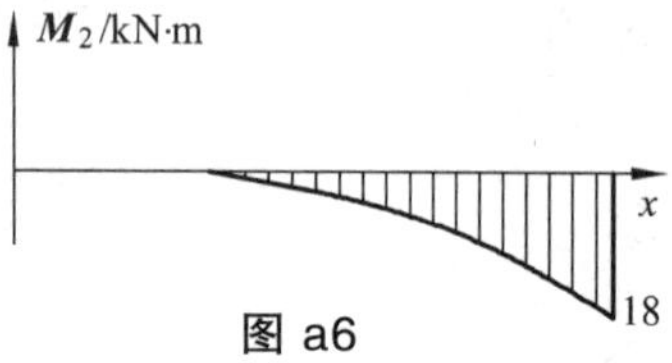

图 a6

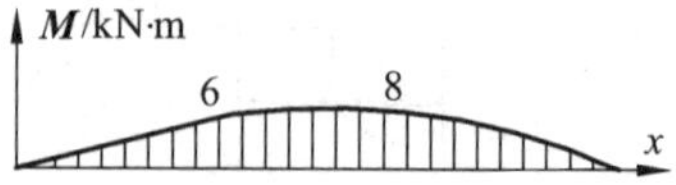

图 a8

（2）题 6.5 图（b）所示悬臂梁的内力图可由集中力偶 $2qa^2$ 和均布载荷 q 单独作用（图 b1、b2）下的剪力图和弯矩图分别为图（图 b3、b4 和 b5、b6）相叠加得到，图 b7、b8 便是图（b）所示悬臂梁的内力图。

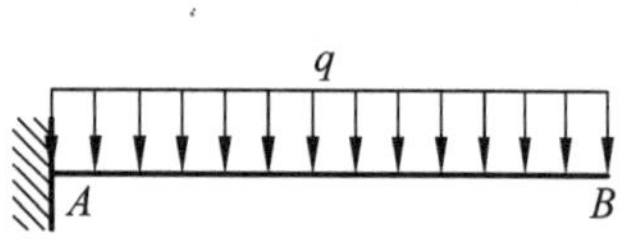

图 b1

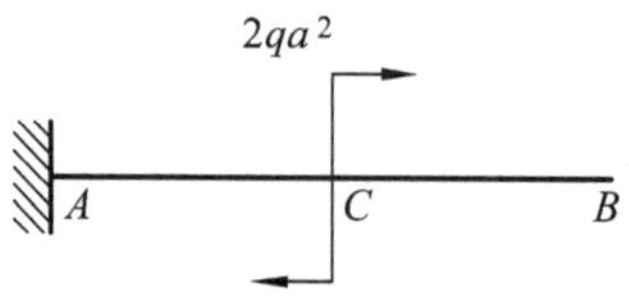

图 b2

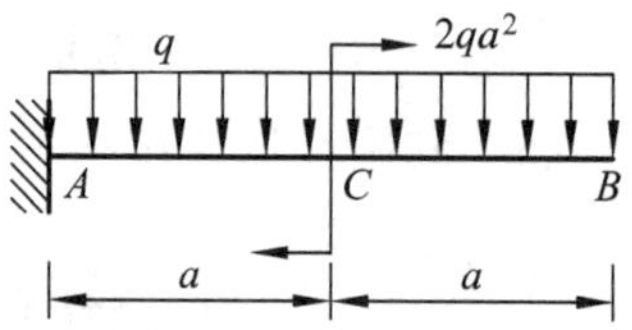

（b）

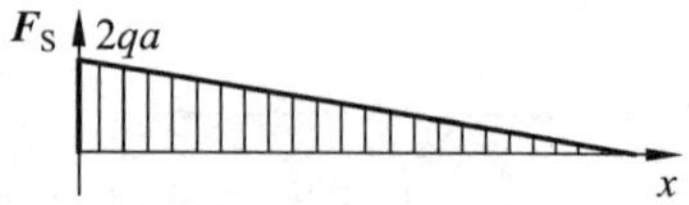

图 b3

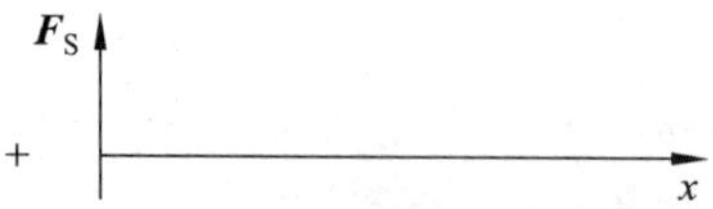

图 b4

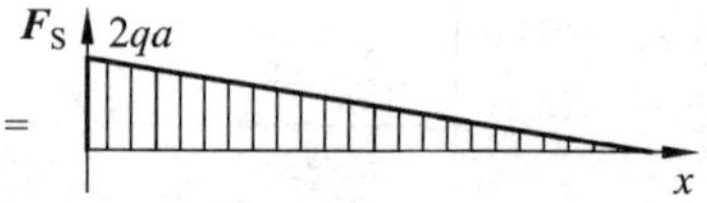

图 b7

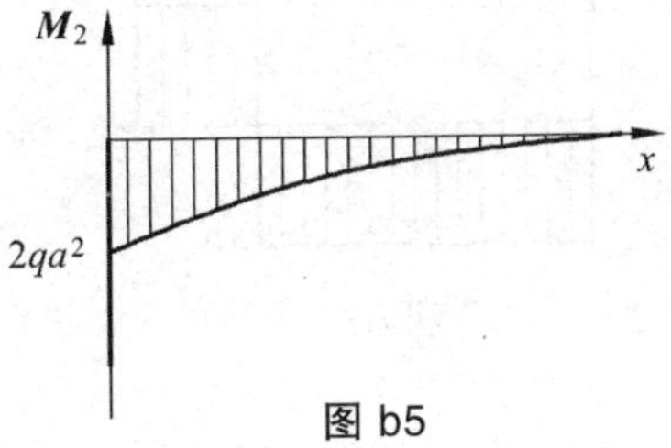

图 b5

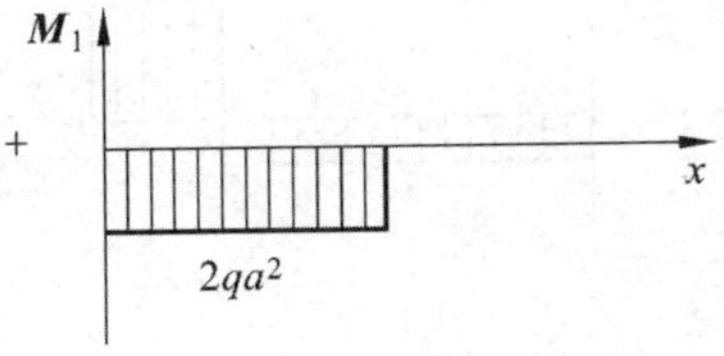

图 b6

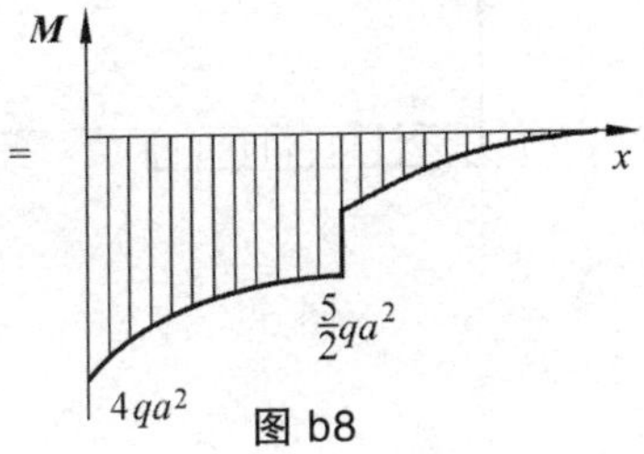

图 b8

（3）题 6.5 图（c）所示的简支梁的内力图可由集中力偶 M_e 和 $2M_e$ 单独作用（图 c1、c2）下的剪力图和弯矩图分别为图（图 c3、c4 和 c5、c6）相叠加得到，图 c7、c8 便是题 6.5 图（c）所示简支梁的内力图。

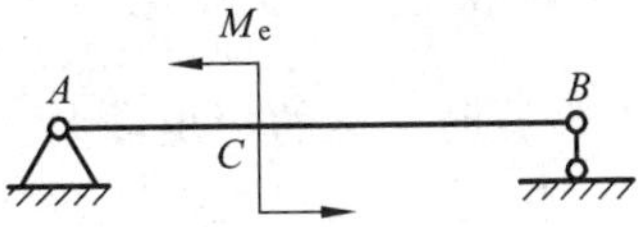

图 c1

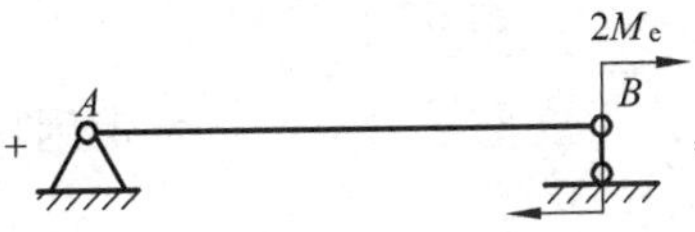

图 c2

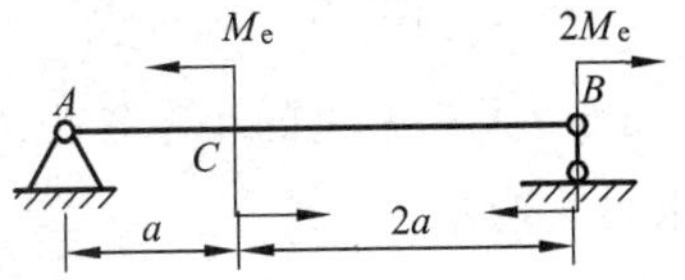

（c）

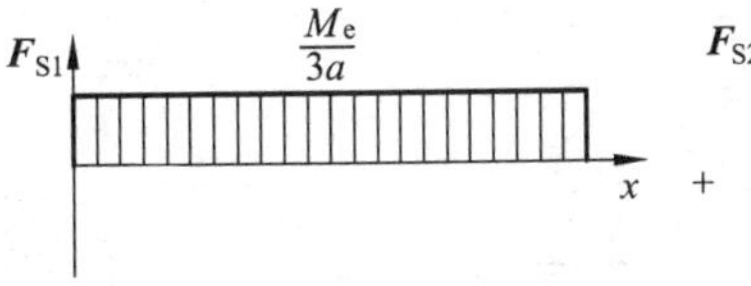

图 c3

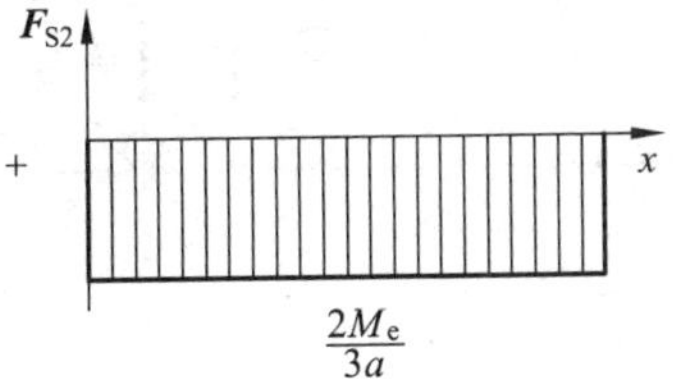

图 c4

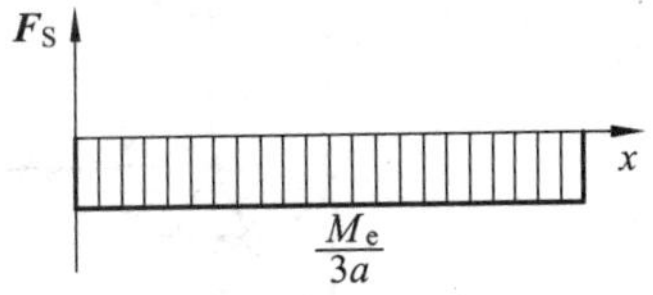

图 c7

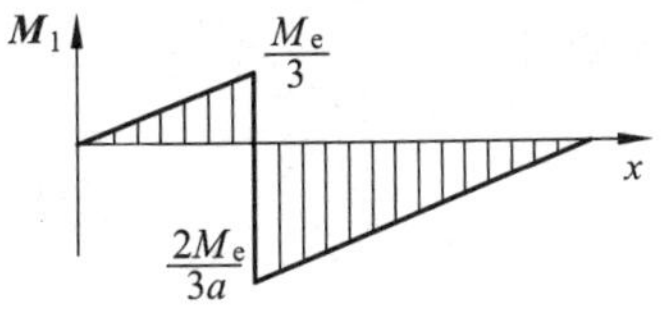

图 c5

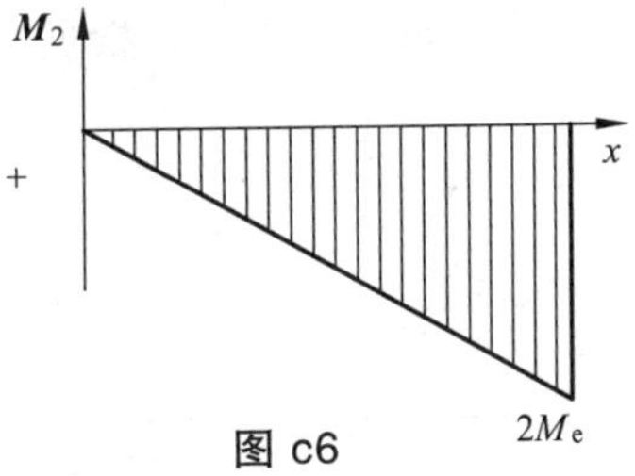

图 c6

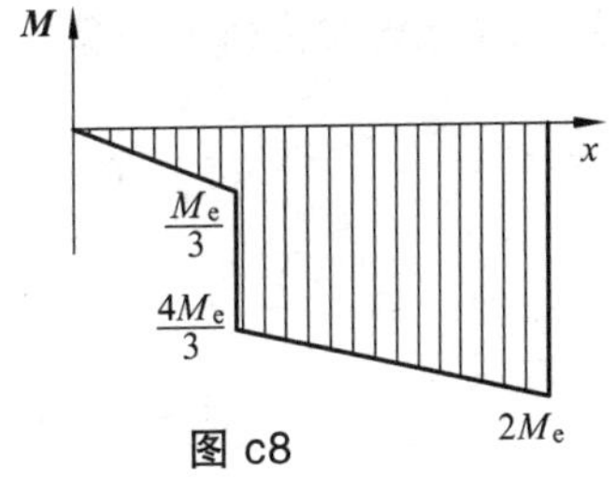

图 c8

（4）题 6.5 图（d）所示的外伸梁的内力图可由集中力偶 20 kN · m 和集中力 10 kN 单独作用（图 d1、d2）下的剪力图和弯矩图分别为图（图 d3、d4 和 d5、d6）相叠加得到，图 d7、d8 便是题 6.5 图（d）所示外伸梁的内力图。

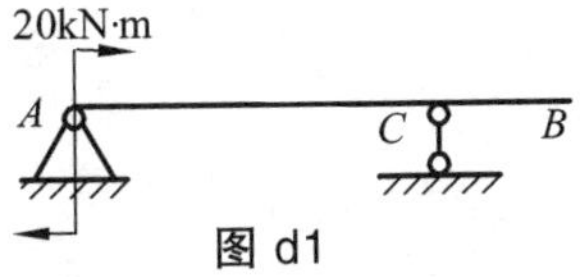

图 d1

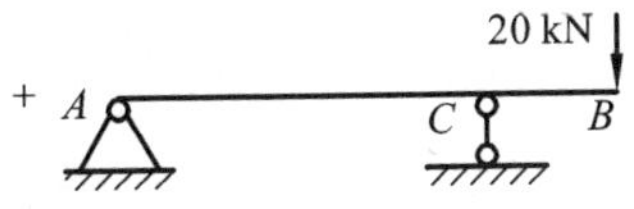

图 d2

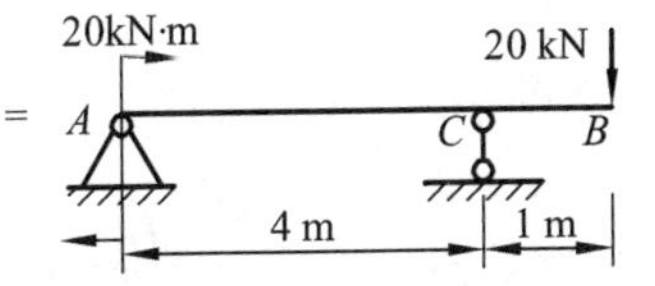

（d）

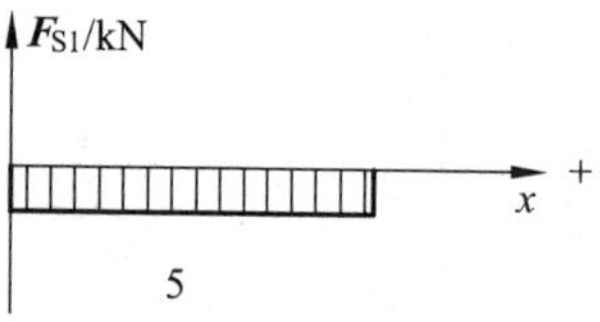

图 d3

+

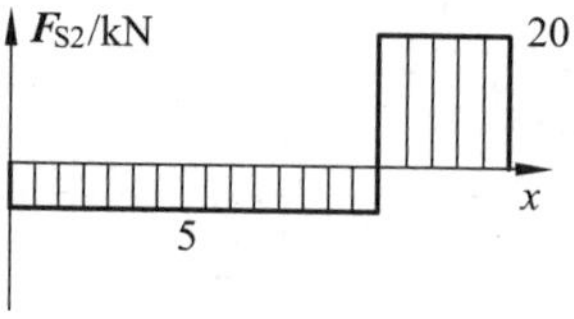

图 d4

=

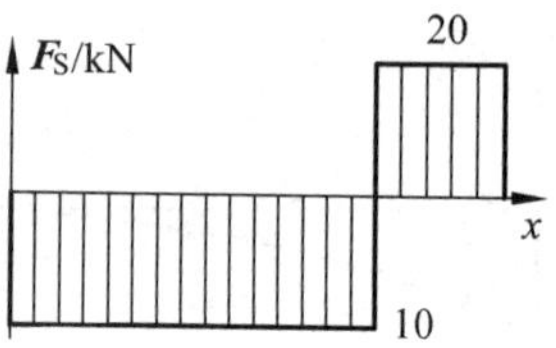

图 d7

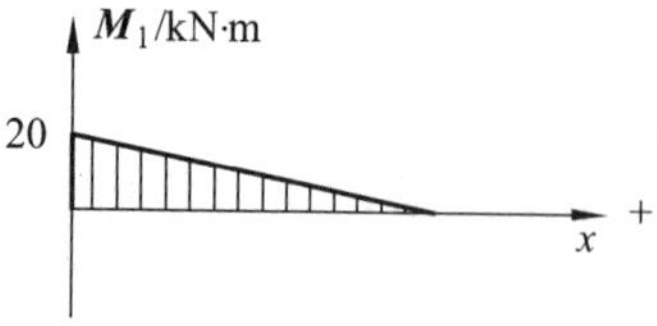

图 d5

+

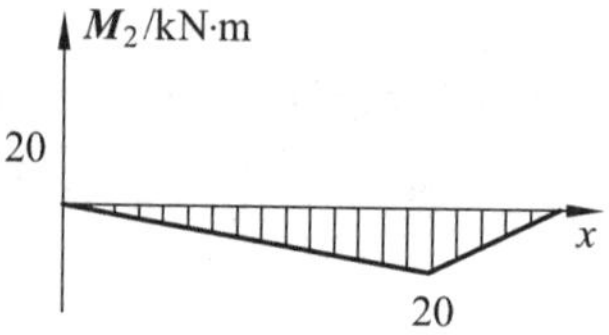

图 d6

=

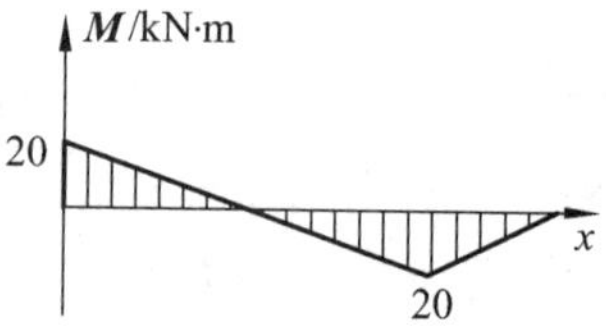

图 d8

6.6　天车梁上的小车轮距为 c，起重重量为 F，小车走到什么位置时，梁的弯矩最大？并求最大弯矩。

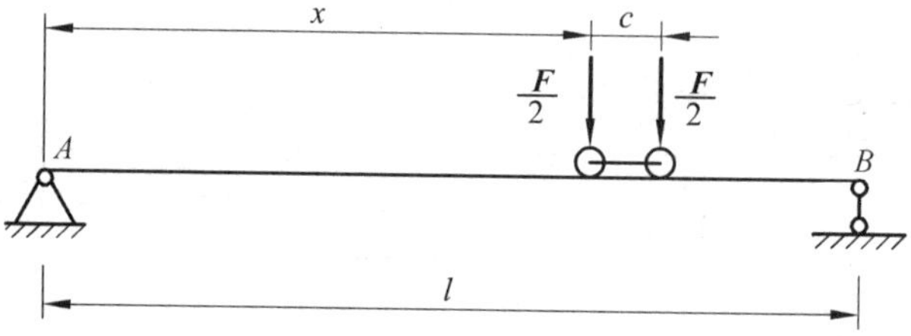

题 6.6 图

解：取天车梁为研究对象，作受力图，如图 a 所示，根据平衡条件有

$$\sum M_A = 0, \qquad F_{RB} \times l - \frac{F}{2}x - \frac{F}{2}(x+c) = 0 \qquad ①$$

$$\sum F_y = 0, \qquad F_{RB} + F_{RA} - F = 0 \qquad ②$$

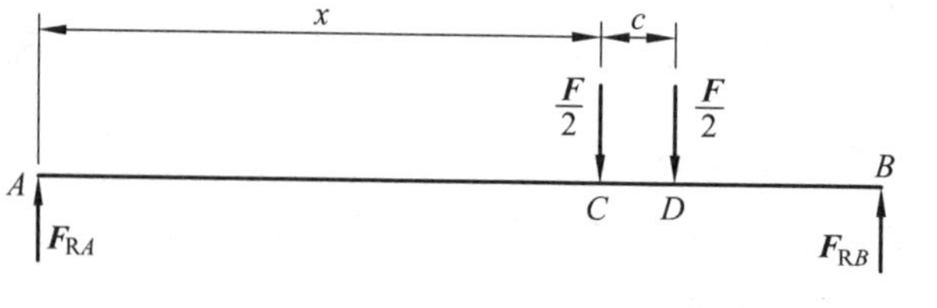

图 a

由①、②得

$$F_{RA} = \frac{F\left(l - x - \dfrac{c}{2}\right)}{l}, \quad F_{RB} = \frac{F\left(x + \dfrac{c}{2}\right)}{l}$$

AC 段弯矩方程

$$M(x)=\frac{F\left(l-x-\dfrac{c}{2}\right)}{l}x$$

$M(x)$取极值的条件是其一阶导数等于零，即

$$\frac{\mathrm{d}M(x)}{\mathrm{d}x}=0,\ -2x-\frac{c}{2}+l=0,\ x=\frac{2l-c}{4}$$

AC段最大弯矩在左轮着力点C处

$$M_{\max}^{C}=\frac{F}{4}(l-c)+\frac{Fc^2}{16l}$$

将以上左右两轮着力点处的$M_{\max}$相比较，可知天车梁在左轮着力点C处截面上弯矩最大。因为结构对称，若右轮着力点与右支座的距离等同于前一种情况下左轮距左支座的距离，即当$x=\dfrac{2l-3c}{4}$时，那么最大弯矩将产生在右轮着力点D处，其数值和前一种情况下的$M_{\max}$相同，有$M_{\max}^{D}=\dfrac{F}{4}(l-c)+\dfrac{Fc^2}{16l}$。

6.7　起吊一根单位长度的重量为q的等截面混凝土梁，起吊点离两端端部的距离x为多少时，才最不容易使梁折断？

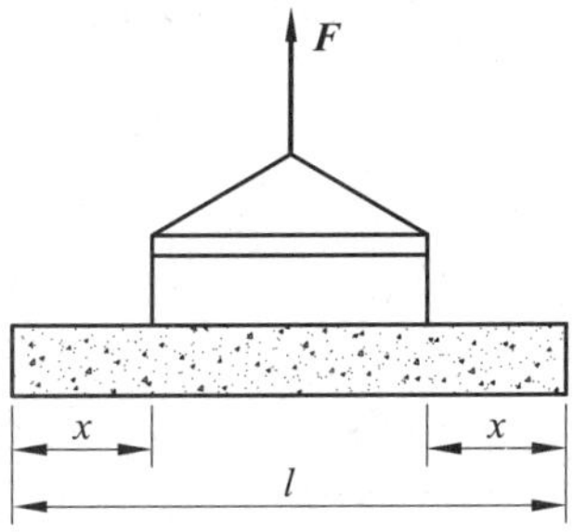

题 6.7 图

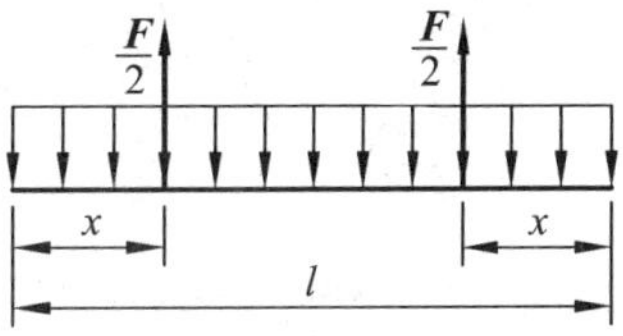

图 a

解：梁的结构和载荷都对称，若最不容易使梁折断，同时载荷最合理的情况是弯矩的最大值和最小值的绝对值应相等。混凝土梁单位长度的重量为q，将其简化，如图 a 所示。

弯矩的最小值的绝对值应为$\dfrac{1}{2}qx^2$，弯矩的最大值的绝对值应为$-\dfrac{1}{8}ql^2+\dfrac{1}{2}ql\left(\dfrac{l}{2}-x\right)$，由$\dfrac{1}{2}qx^2=-\dfrac{1}{8}ql^2+\dfrac{1}{2}ql\left(\dfrac{l}{2}-x\right)$得$x=\dfrac{\sqrt{2}-1}{2}l$。

6.8　如图所示的简支梁上作用有n个间距相等的集中力，总载荷的大小为F，每个载荷等于$\dfrac{F}{n}$，梁的跨度为l，载荷间距为$\dfrac{l}{n+1}$，试导出梁中最大弯矩的一般公式。

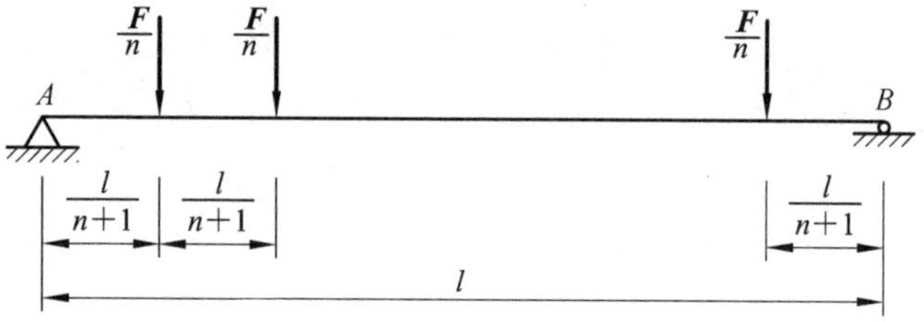

题 6.8 图

解：由于梁的结构和载荷都对称，当 n 为奇数时，最大弯矩发生在跨度中点处的界面上。当 n 为偶数时，最大弯矩发生在跨度中点的两侧，距离中点为 $\dfrac{l}{2(n+1)}$ 的截面上产生最大弯矩，跨度中点处的截面上也有最大弯矩。

当 n 为奇数时最大弯矩一侧有 $\dfrac{n-1}{2}$ 个 F 力，故

$$M_{\max}=\frac{F}{2}\cdot\frac{l}{2}-\frac{F}{n}\left(\frac{l}{2}-\frac{l}{n+1}\right)-\dots-\frac{F}{n}\left[\frac{l}{2}-\frac{l(n-1)}{2(n+1)}\right]=\left(\frac{n+1}{n}\right)\frac{Fl}{8}$$

当 n 为偶数时最大弯矩一侧有 $\dfrac{n}{2}$ 个 F 力，故

$$M_{\max}=\frac{F}{2}\cdot\frac{l}{2}-\frac{F}{n}\left(\frac{l}{2}-\frac{l}{n+1}\right)-\dots-\frac{F}{n}\left[\frac{l}{2}-\frac{ln}{2(n+1)}\right]=\left(\frac{n+2}{n+1}\right)\frac{Fl}{8}$$

6.9　简支梁上的分布载荷按 $q(x)=\dfrac{4qx}{l}\left(1-\dfrac{x}{l}\right)$ 规律变化，试作剪力图、弯矩图。

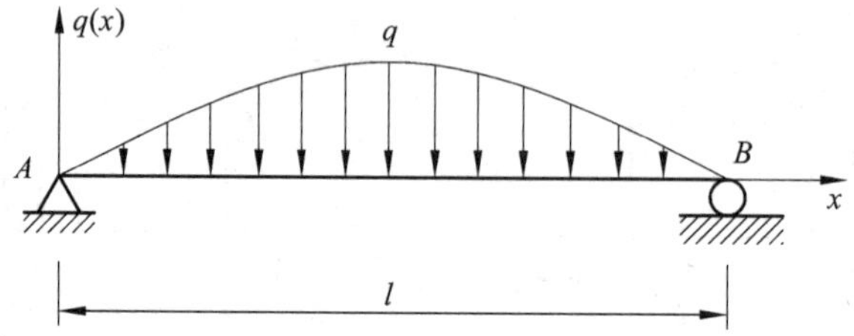

题 6.9 图

解：因为载荷和支座都对称，所以只要求出分布载荷对梁的合力，便可确定支座反力。梁上承受的合力

$$F=\int_0^l q(x)\mathrm{d}x=\int_0^l\frac{4qx}{l}\left(1-\frac{x}{l}\right)\mathrm{d}x=\frac{2}{3}ql$$

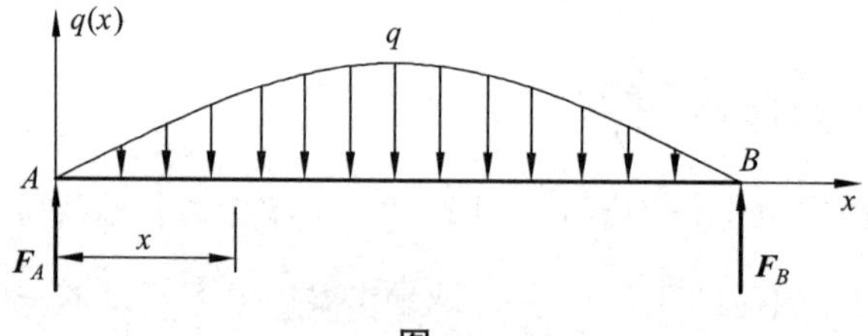

图 a

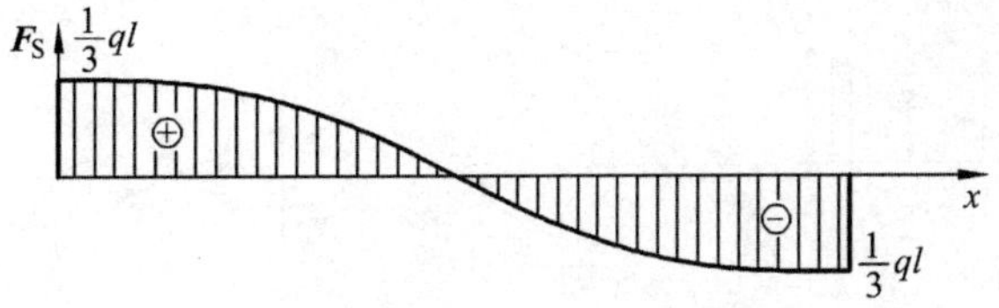

图 b

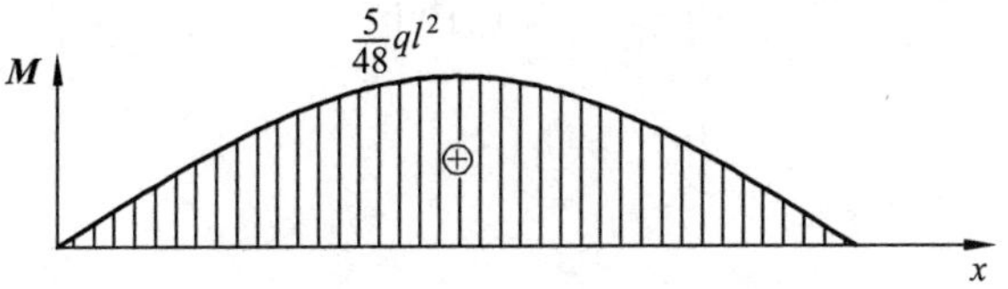

图 c

由于对称，支座反力 $F_A = F_B = \dfrac{1}{3}ql$，梁上任意截面上的剪力方程和弯矩方程为

$$F_S(x) = \int_0^x q(x)\mathrm{d}x = -\frac{4q}{l}\left(\frac{x^2}{2} - \frac{x^3}{3l}\right) + C$$

$$M\left(x\right) = \int_0^x F_S(x)\mathrm{d}x = -\frac{4q}{l}\left(\frac{x^3}{6} - \frac{x^4}{12l}\right) + Cx + D$$

利用边界条件，确定积分常数 C 和 D：

当 $x = 0$ 时，$F_S(x) = \dfrac{1}{3}ql$，$M(x) = 0$，所以 $C = \dfrac{1}{3}ql,\ D = 0$。

所以梁的剪力方程和弯矩方程为

$$F_S(x) = -\frac{4q}{l}\left(\frac{x^2}{2} - \frac{x^3}{3l}\right) + \frac{1}{3}ql$$

$$M(x) = -\frac{4q}{l}\left(\frac{x^3}{6} - \frac{x^4}{12l}\right) + \frac{1}{3}qlx$$

分别作剪力图和弯矩图如图 b、c 所示。

6.10　已知梁的剪力图，梁上没有力偶矩作用，试作弯矩图和载荷图。

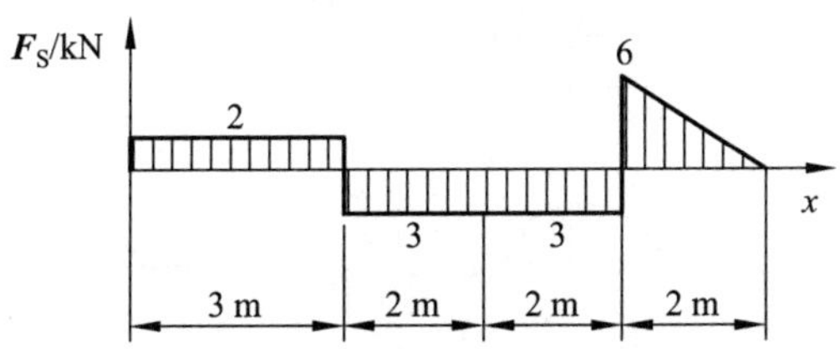

（a）

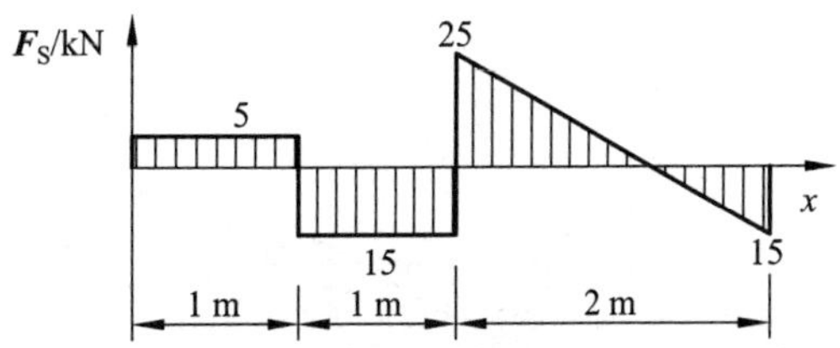

（b）

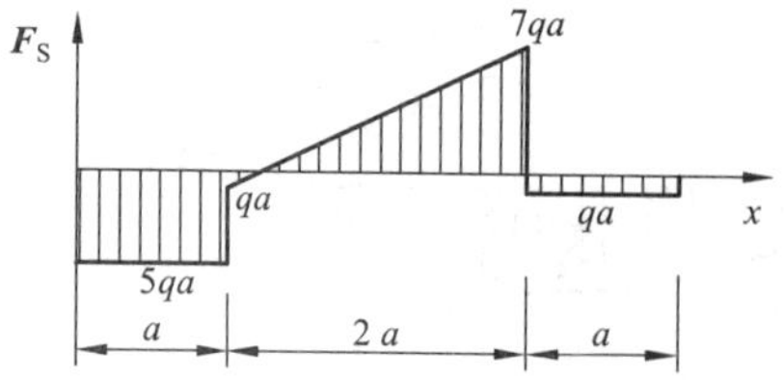

（c）

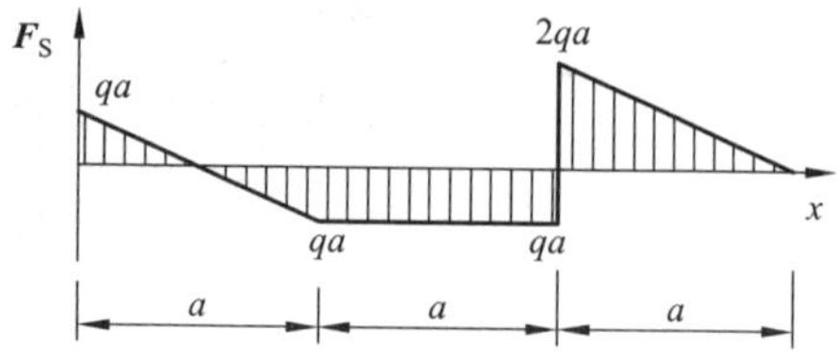

（d）

题 6.10 图

解：

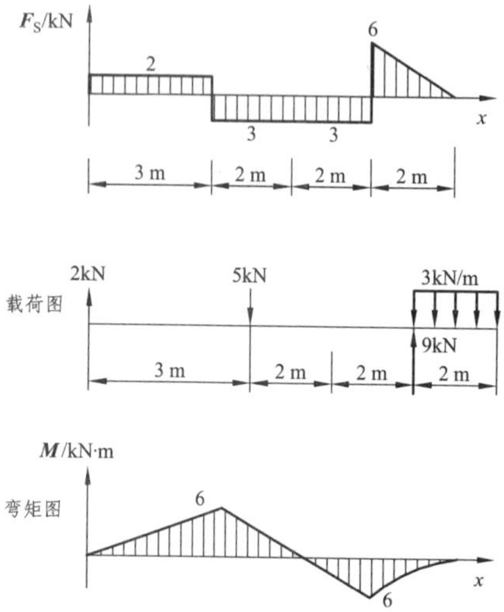

图 a

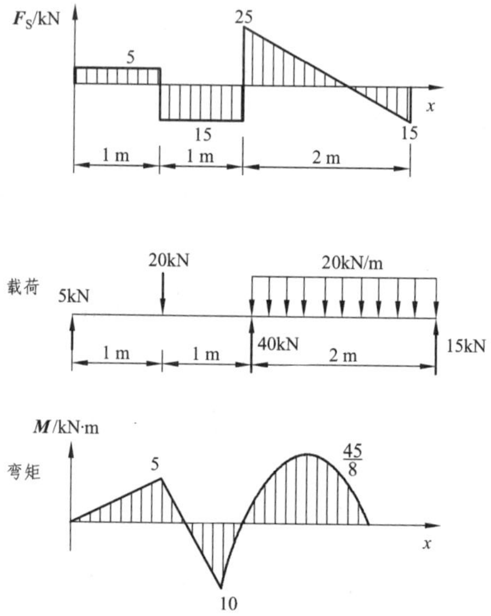

图 b

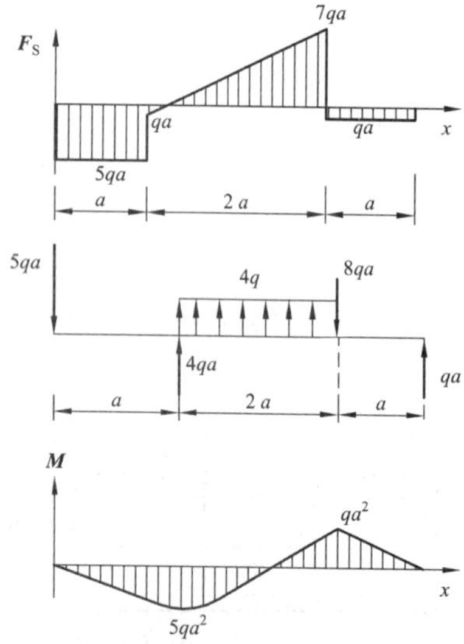

图 c

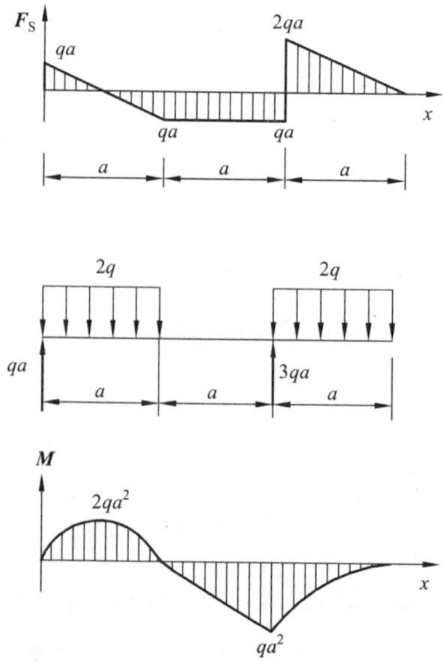

图 d

6.11 已知梁的弯矩图，试作梁的剪力图和载荷图。

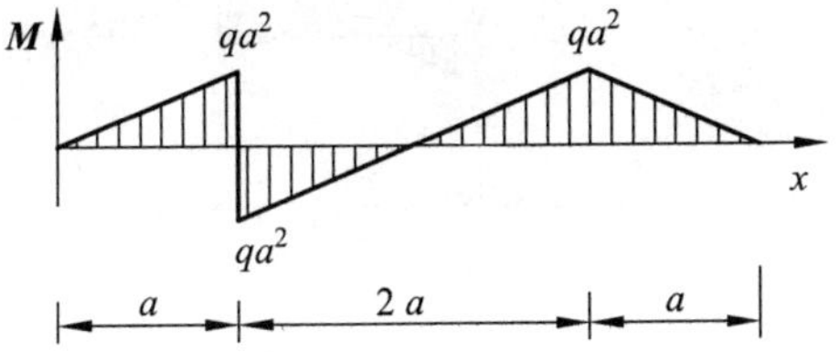

（a）

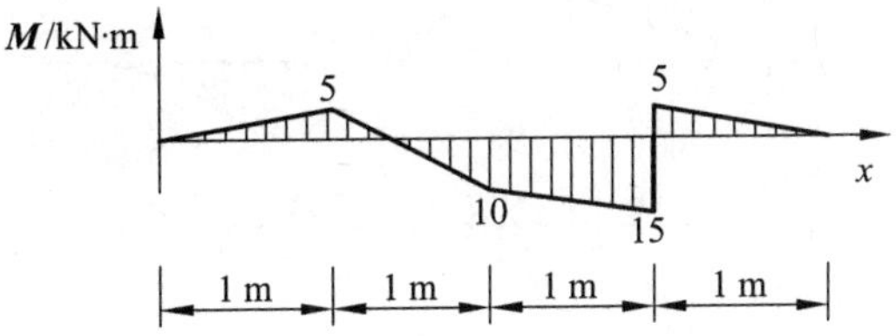

（b）

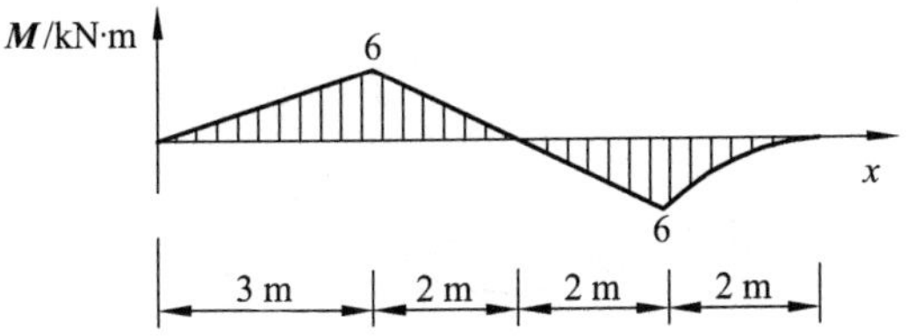

（图中最后一段为二次抛物线）

（c）

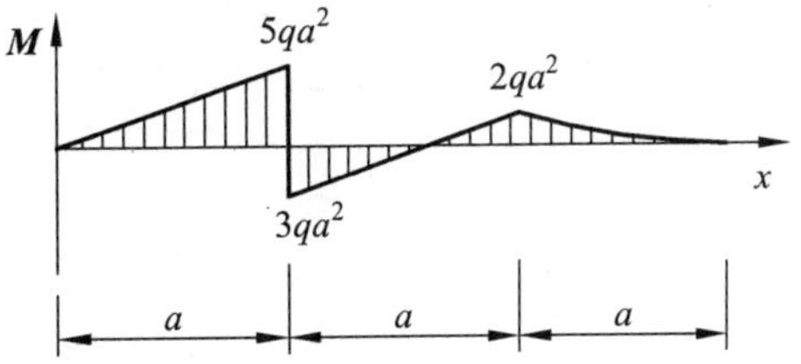

（图中最后一段为二次抛物线）

（d）

题 6.11 图

解：

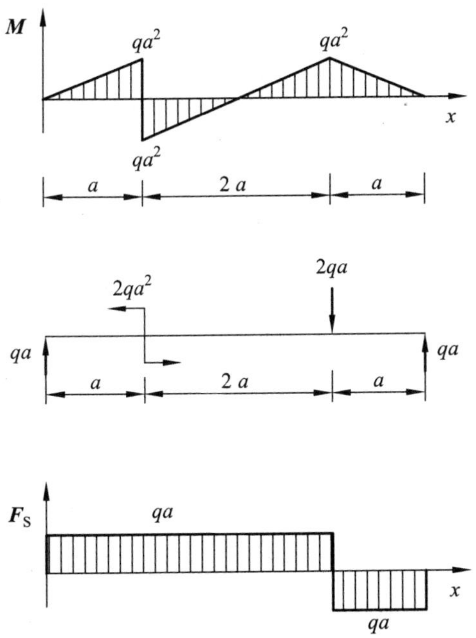

图 a

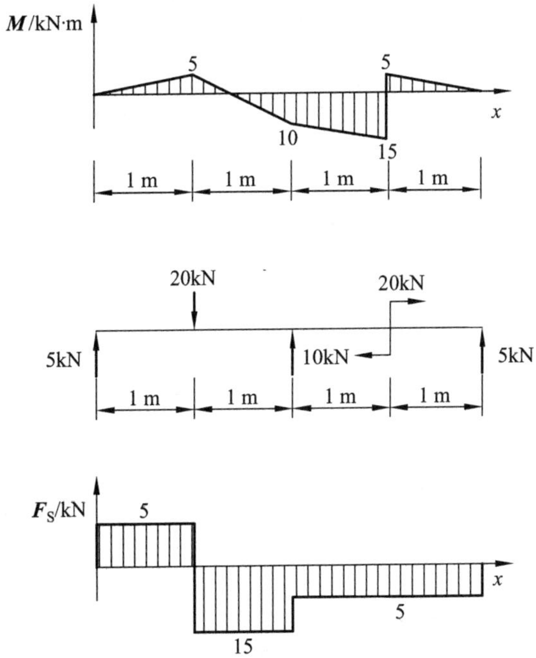

图 b

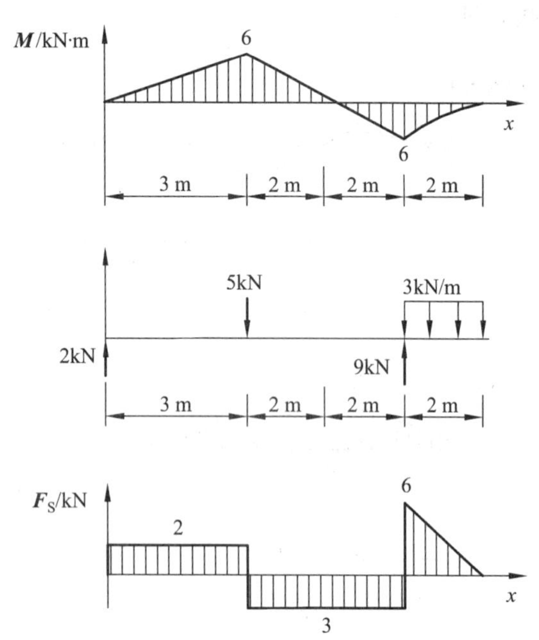
M/kN·m
6
6
x
3 m
2 m
2 m
2 m
5kN
3kN/m
2kN
9kN
3 m
2 m
2 m
2 m
F_S/kN
6
2
3
x

图 c

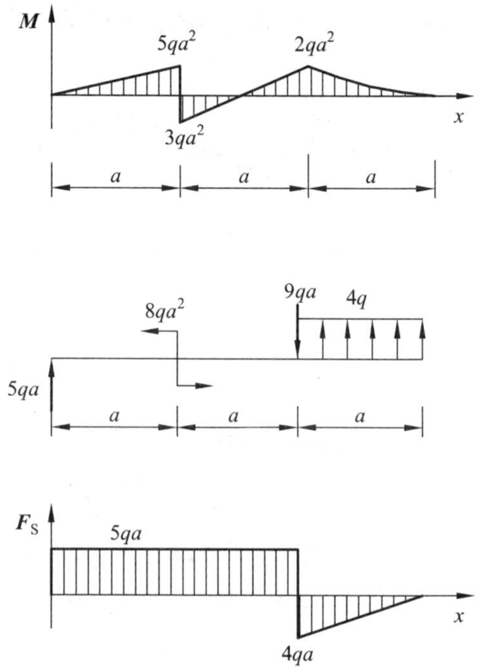
M
$5qa^2$
$2qa^2$
$3qa^2$
x
a
a
a
$8qa^2$
$9qa$
$4q$
$5qa$
a
a
a
F_S
$5qa$
$4qa$
x

图 d

第 7 章　梁的弯曲应力

7.1　知识要点

1. 本章研究对象和研究内容

（1）研究对象——平面弯曲的直梁。

（2）研究内容——理解基本概念，重点掌握直梁弯曲时的强度计算以及合理设计。

2. 弯曲正应力公式的建立

（1）试验与假设。

梁弯曲假设：① 变形后，横截面仍保持平面，并与梁轴正交，只是绕截面内某一轴线发生转动，此假设称为平面假设。② 各纵向纤维之间无挤压或拉伸作用，此假设称为单向受力假设。

（2）中性层和中性轴。

① 中性层——弯曲变形时，梁内有一层纵向纤维，既不伸长也不缩短，因而它们不受拉应力和压应力，该纤维层称为梁的中性层。

② 中性轴——中性层与横截面的交线（即横截面上正应力为零的各点之连线）。

③ 中性轴的位置——在弹性范围内，平面弯曲的梁，其中性轴通过截面的形心，且与载荷作用面垂直。

（3）梁轴线的曲率与弯矩间的关系

$$\frac{1}{\rho(x)}=\frac{M(x)}{EI_z}$$

（4）梁横截面上的正应力。

① 分布规律——任意一点正应力的大小与该点至中性轴的垂直距离成正比，中性轴的一侧为拉应力，另一侧为压应力。

② 计算公式

$$\sigma=\frac{My}{I_z},\qquad \sigma_{\max}=\frac{My_{\max}}{I}=\frac{M_{\max}}{W_z}$$

对于纯弯曲梁，上式为精确解，对于横力弯曲，上式为近似解（当$\frac{L}{h}\geqslant 5$时，误差约为2%）。

（5）梁的正应力强度条件

$$\sigma_{\max}=\frac{M_{\max}}{W_z}\leqslant[\sigma]$$

3. 梁的切应力、切应力强度条件

（1）矩形截面的切应力。

① 分布规律——切应力方向与剪力方向平行，其大小沿截面宽度均匀分布，沿高度呈抛物线变化。

② 计算公式：

$$\tau=\frac{F_{\mathrm{S}}S_z^*}{I_z b}=\frac{6}{b}\cdot\frac{F_{\mathrm{S}}}{h^2}\left(\frac{h^2}{4}-y^2\right),\quad \tau_{\max}=\tau\big|_{y=\pm\frac{h}{2}}=\frac{3}{2}\cdot\frac{F_{\mathrm{S}}}{A}=1.5\bar{\tau}$$

（2）工字形截面的切应力。

① 分布规律——铅垂方向切应力的分布规律与矩形截面相同。

② 计算公式

$$\tau=\frac{F_{\mathrm{S}}S_z^*}{I_z b}$$

腹板部分：$\tau=\dfrac{F_{\mathrm{S}}}{I_z b}\left[\dfrac{B}{8}(H^2-h^2)+\dfrac{b}{2}\left(\dfrac{h^2}{4}-y^2\right)\right]$

注意：

① 翼缘部分，铅垂方向的切应力很小，主要为水平方向切应力。

② 铅垂方向的切应力主要由腹板承受（为 95%～97%），且腹板上 $\tau_{\max}$ 和 $\tau_{\min}$ 相差不大，故工字形截面上的最大切应力近似为 $\tau_{\max}=\dfrac{F_{\mathrm{S}}}{hb}$。

（3）圆形截面梁的最大切应力。

① 切应力分布假设——截面上同高度各点的切应力作用线汇交于一点，其铅垂分量沿截面宽度均匀分布，沿高度按抛物线规律变化。

② 最大切应力计算公式

$$\tau_{\max}=\frac{4}{3}\cdot\frac{F_{\mathrm{S}}}{A}=\frac{4}{3}\bar{\tau}=\frac{4}{3}\cdot\frac{F_{\mathrm{S}}}{\pi R^2}$$

（4）梁的切应力强度条件

$$\tau_{\max}=\frac{F_{\mathrm{S}\max}S_{z\max}^*}{I_z b}\leqslant[\tau]$$

（5）受弯构件强度问题的说明。

① 对于细长杆而言，由弯矩产生的正应力是主要的，剪力产生的切应力是次要的。故需要考虑正应力强度，但当构件较粗短、剪力较大而弯矩较小时，或在薄壁截面梁中，应核算切应力强度。

② σ_{max}发生在M_{max}截面上、下边缘处，该处$\tau=0$；τ_{max}发生在F_{max}截面中性轴上，该处$\sigma=0$。对于其他既有正应力又有切应力的点（如工字形截面的翼缘与腹板连接处的点），则其强度条件不能用$\sigma\leqslant[\sigma]$，$\tau\leqslant[\tau]$，应计算该点的主应力并应用强度理论进行核算。

（6）提高弯曲强度的措施。根据弯曲正应力的强度条件$\sigma_{max}=\dfrac{M_{max}}{W_z}\leqslant[\sigma]$：

① 减小最大弯矩。
- 改变加载的位置或加载方式。
- 改变支座的位置。

② 提高抗弯截面系数。
- 选用合理的截面形状。
- 用变截面梁。

③ 提高材料的力学性能。

7.2　解题步骤

（1）受力分析求支座反力。

（2）画出剪力图和弯矩图。

（3）得各横截面上的内力，求横截面上的应力。

（4）梁进行强度计算时，主要是满足正应力的强度条件$\sigma_{max}=\dfrac{M_{max}}{W_z}\leqslant[\sigma]$，故应用强度条件（强度校核、截面设计、确定梁的许可荷载）。

（5）某些特殊情况下，还要校核是否满足切应力的强度条件$\tau_{max}=\dfrac{F_{S\max}S_{z\max}^{*}}{I_z b}\leqslant[\tau]$。

7.3　习题详解

7.1　直径为$d=3$ mm的高强度钢丝，绕在直径$D=400$ mm的轮缘上，已知材料的弹性模量$E=200$ GPa，求钢丝横截面上的最大弯曲正应力。

解：把钢丝绕到卷筒上后，钢丝内的弯矩M和中心层曲率之间的关系是

$$\frac{1}{\rho}=\frac{M}{EI}$$

因此弯矩和曲率半径之间的关系为

$$M=\frac{EI}{\rho}$$

由弯曲正应力公式得

$$\sigma_{\max}=\frac{My_{\max}}{I}=\frac{Ey_{\max}}{\rho}$$

钢丝绕在直径为 D 的卷筒上后产生弯曲变形，其中性层的曲率半径为

$$\rho=\frac{D+d}{2}\approx\frac{D}{2}\quad(因 D\gg \mathrm{d})$$

将 $y_{\max}=\dfrac{d}{2}$ 代入最大应力表达式中得

$$\sigma_{\max}=\frac{E\dfrac{d}{2}}{\dfrac{D}{2}}=\frac{200\times10^{9}\times3\times10^{-2}}{4}\mathrm{Pa}=1\ 500\ \mathrm{MPa}$$

7.2　边长为 a 的正方形截面梁，可按图（a）与（b）所示两种方式放置。若相应的抗弯截面模量分布为 W_{a} 与 W_{b}，试求其比值 $W_{\mathrm{a}}/W_{\mathrm{b}}$。

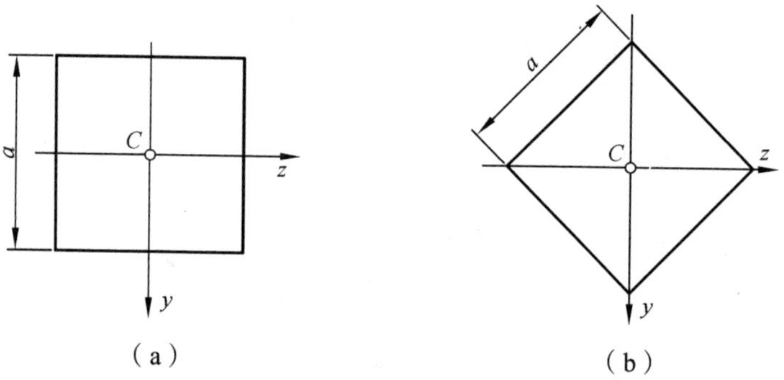

题 7.2 图

解：（1）如题 7.2 图（b）所示，由于对称性，只需考虑第一象限内的 $\dfrac{1}{4}$ 面积，再乘 4 即可。正方形边界在第一象限内的直线方程为 $y=-z+\dfrac{\sqrt{2}}{2}a$，于是

$$I_{zb}=4\int_{A_1}y^2\mathrm{d}A=4\int_{A_1}y^2\mathrm{d}y\mathrm{d}z=4\int_0^{\frac{\sqrt{2}}{2}}\int_0^{-Z+\frac{\sqrt{2}}{2}a}y^2\mathrm{d}y\mathrm{d}z=\frac{a^4}{12}$$

$$W_{\mathrm{b}}=\frac{I_{zb}}{y_{\max}}=\frac{\dfrac{1}{12}a^4}{\dfrac{\sqrt{2}}{2}a}=\frac{\sqrt{2}}{12}a^3$$

（2）如题 7.2 图（a）所示

$$I_{za}=\frac{a^4}{12},\qquad W_{\mathrm{a}}=\frac{a^3}{6}$$

$$\frac{W_{\mathrm{a}}}{W_{\mathrm{b}}}=\frac{\sqrt{2}}{1}=\sqrt{2}$$

7.3 图示矩形截面悬臂梁，受集中力 $F=5$ kN 和均布载荷 $q=20$ kN/m 作用，计算 A 右截面上 a, b, c, d 四点处的正应力。

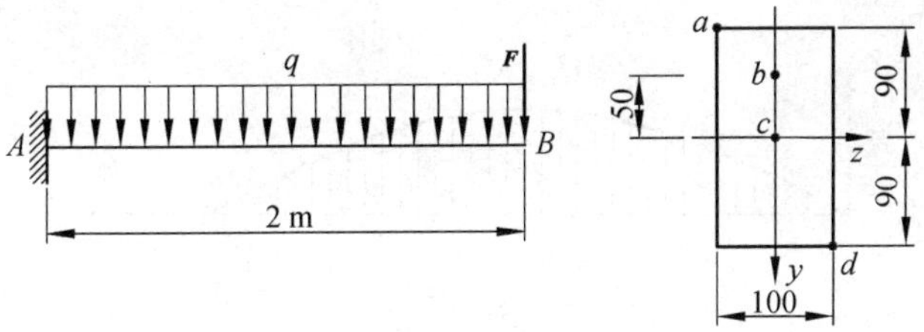

题 7.3 图

解：

A 右截面上的弯矩为：$M=-2\times F-\dfrac{1}{2}qa^2=-5\times 2-\dfrac{1}{2}\times 20\times 4=-50\ \text{kN}\cdot\text{m}$

a 点的正应力为：$\sigma_a=\dfrac{My_a}{I_z}=\dfrac{50\times 90}{\dfrac{100\times 180^3}{12}}\times 10^6\,\text{MPa}\approx 92.6\ \text{MPa}$(拉)

b 点的正应力为：$\sigma_b=\dfrac{My_b}{I_z}=\dfrac{-50\times 50}{\dfrac{100\times 180^3}{12}}\times 10^6\,\text{MPa}\approx 51.4\ \text{MPa}$(拉)

c 点的正应力为：$\sigma_c=0$

d 点的正应力为：$\sigma_d=\dfrac{My_d}{I_z}=-\dfrac{50\times 90}{\dfrac{100\times 180^3}{12}}\times 10^6\,\text{MPa}\approx -92.6\ \text{MPa}$(压)

7.4 图示矩形截面简支梁，测得截面 AB 的下侧边缘在 2 m 长度内伸长 $\Delta l_{AB}=1.3$ mm，求均布载荷集度和最大正应力。设 $E=200$ GPa。

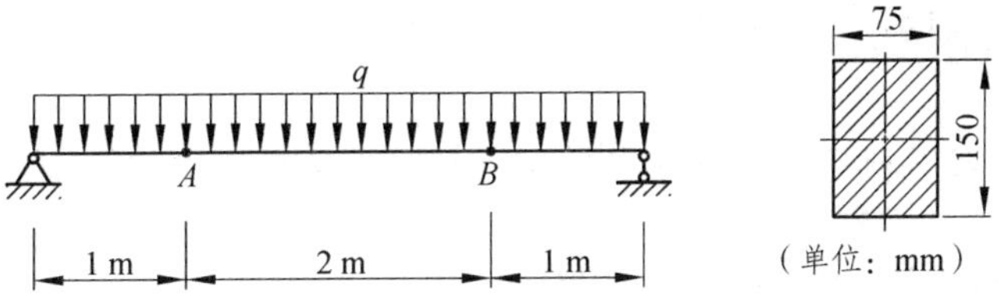

题 7.4 图

解：

$$M(x)=2qx-\frac{q}{2}x^2\,,\quad \varepsilon(x)=\frac{M(x)}{E\dfrac{bh^2}{6}}$$

$$\Delta l_{AB}=\int_1^3\varepsilon(x)\mathrm{d}x=\frac{6q}{Ebh^2}\int_1^3\left(2x-\frac{x^2}{2}\right)\mathrm{d}x=1.3\ \text{mm}\,,\quad q=19.9\ \text{kN/m}$$

根据平衡条件求出支座反力，作出弯矩图如图 a 所示，弯矩的极值分别为

$$M_{\max}=8q$$

$$\sigma_{\max}=\frac{My_{\max}}{I}=\frac{M_{\max}}{W_z}=\frac{8q}{\frac{bh^2}{6}}=142\ \text{MPa}$$

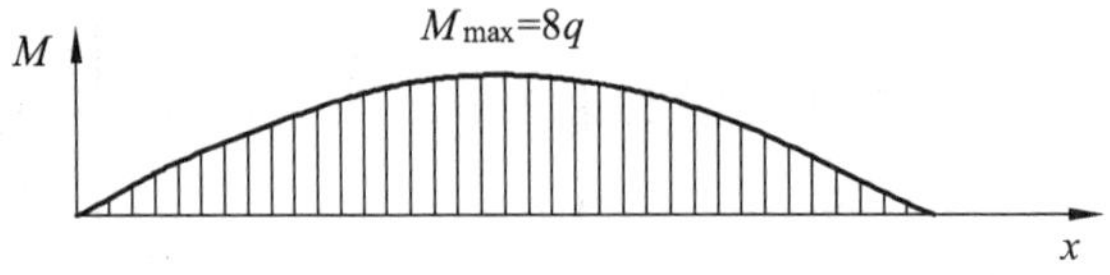

图 a

7.5　图示梁的许用应力为$[\sigma]=8.5$ MPa，若单独作用30 kN的载荷时，梁内的应力超过许用应力，为使梁内应力不超过许用值，在外伸端作用一力F，试求力F的取值范围。

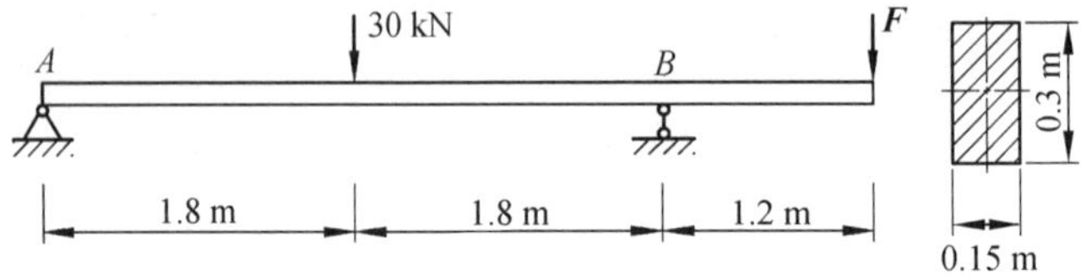

题 7.5 图

解：取整体为研究对象，受力图如图a所示。根据平衡条件求出支座反力

$$\sum F_y=0,\ F_A+F_B-30-F=0 \qquad ①$$
$$\sum M_A=0,\ -30\times1.8+F_B\times3.6-F\times4.8=0 \qquad ②$$

得

$$F_A=15-\frac{F}{3},\qquad F_B=\frac{4F}{3}+15$$

通过分析知$F\leqslant45$，画弯矩图如图b所示，弯矩的两个极值分别为

$$M_C=27-0.6F,\quad M_B=1.2F$$

根据弯曲正应力的强度条件

$$\sigma_{\max}=\frac{M_{\max}y_{\max}}{I_{z_C}}\leqslant[\sigma]$$

由C，B截面的强度条件要求确定许用载荷：

由强度条件要求得

$$\frac{27-0.6F}{\frac{0.15\times0.3^2}{6}}\leqslant8.5\times10^3,\ F\geqslant13.13\ \text{kN}$$

$$\frac{1.2F}{\frac{0.15\times0.3^2}{6}}\leqslant 8.5\times10^3,\ F\leqslant 15.93\ \text{kN}$$

许用载荷为

$$13.12\ \text{kN}\leqslant F\leqslant 15.93\ \text{kN}$$

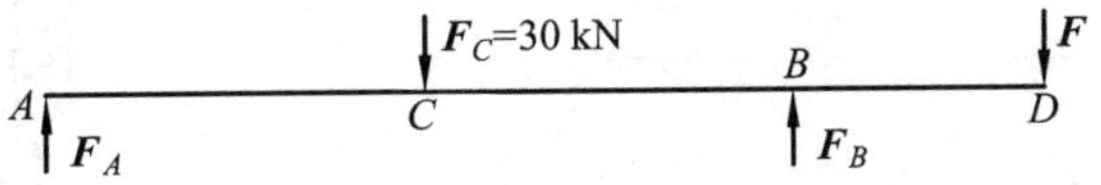

图 a

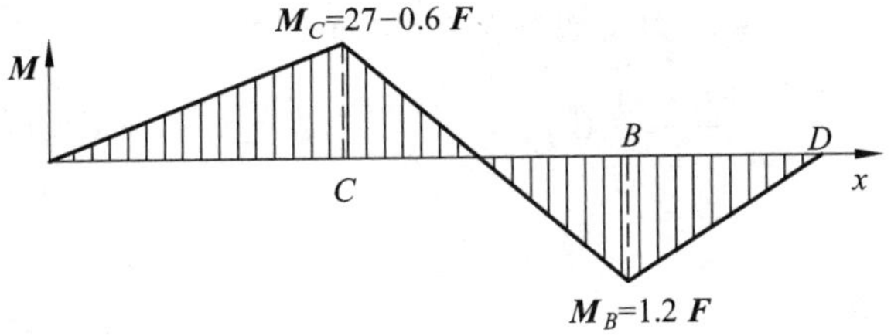

图 b

7.6　图示为一承受纯弯曲的 T 形截面铸铁梁，材料的许用拉、压应力之比为 $\frac{[\sigma_t]}{[\sigma_c]}=\frac{1}{3}$。求 T 形截面翼缘的合理宽度 b。

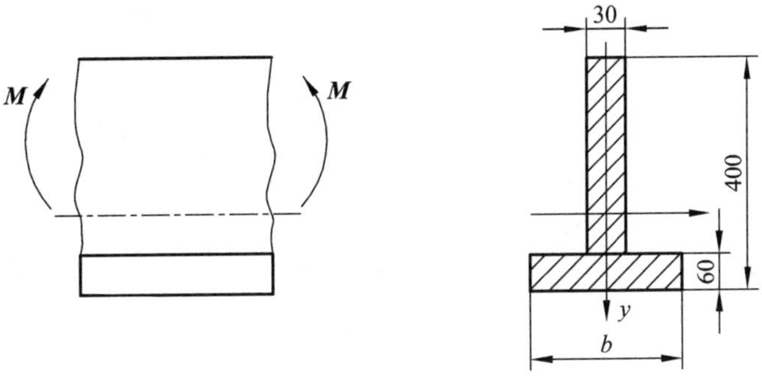

题 7.6 图

解：由 $\frac{[\sigma_t]}{[\sigma_c]}=\frac{1}{3}$ 知下边缘到中性轴的距离与上边缘到中性轴距离之比为 $\frac{1}{3}$，得下边缘到中性轴的距离为 100 mm，上边缘到中性轴距离之比为 300 mm。

又根据平面图形形心坐标公式

$$\bar{y}=\frac{S_z}{A}=\frac{\sum A_i\bar{y}_i}{\sum A}$$

得

$b = 316\ \text{mm}$

7.7　图示铸铁梁，许用拉应力 $[\sigma_t] = 35\ \text{MPa}$，许用压应力 $[\sigma_c] = 140\ \text{MPa}$，$l = 2\ \text{m}$，移动载荷 F 可在梁上从左至右移动，试确定载荷 F 的许用值。

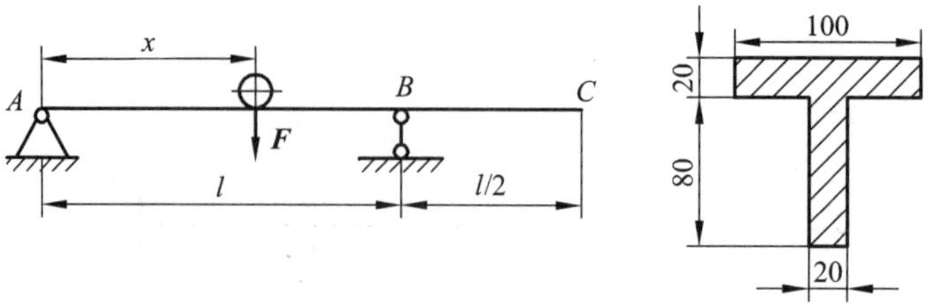

题 7.7 图

解：根据平衡条件求出支座反力，如题 7.7 图（a）所示。

（1）当 $0 \leqslant x \leqslant l$ 时，$F_A = \dfrac{F(l-x)}{l}$ (向上), $F_B = \dfrac{Fx}{l}$ (向上)，画弯矩图（见图 a1）得弯矩的极值点分别为

$$M_1 = \frac{F(l-x)}{l}x$$

当 $x = \dfrac{l}{2}$，$|M_{\max}| = \dfrac{Fl}{4}$。

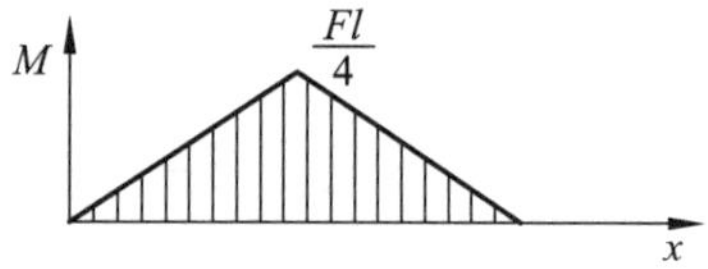

图 a1

（2）当 $l < x \leqslant \dfrac{3}{2}l$ 时，$F_A = \dfrac{F(l-x)}{l}$ (向下), $F_B = \dfrac{Fx}{l}$ (向上)，画弯矩图（见图 b1）得弯矩的极值点为

$$M_2 = -F(l-x)$$

当 $x = \dfrac{3l}{2}$，$|M_{\max}| = \dfrac{Fl}{2}$。

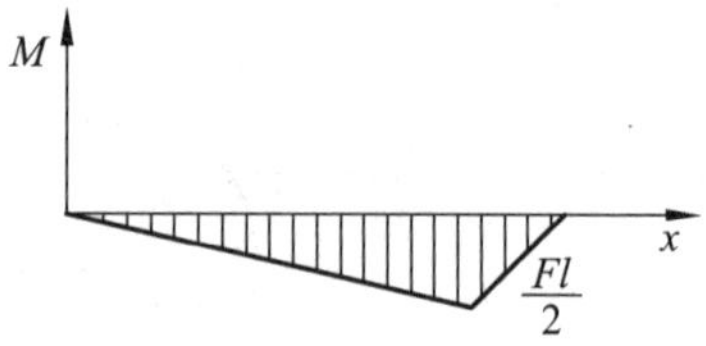

图 b1

得：$F \leqslant 6.48\ \text{kN}$

7.8　图示槽形截面悬臂梁，许用拉应力 $[\sigma_t] = 35\ \text{MPa}$，许用压应力 $[\sigma_c] = 120\ \text{MPa}$，试校核梁强度。

解：如题 7.8 图所示。

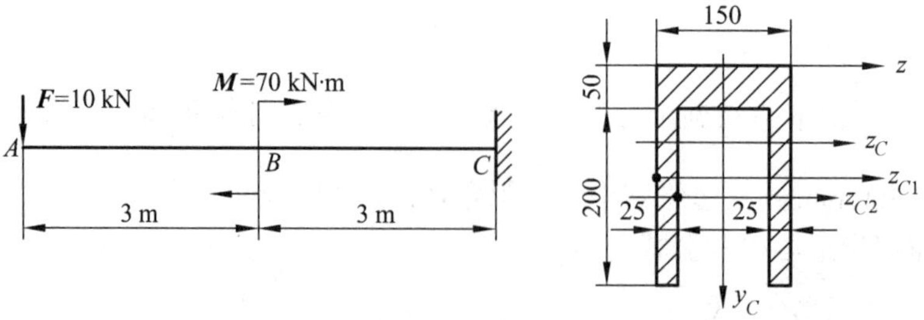

题 7.8 图

负面积法：将截面看成由矩形 $ABCD$ 减去矩形 $abcd$，并以 $ABCD$ 的面积为 A_1，$abcd$ 的

面积为 A_2。

$$y_C = \frac{250\times150\times125-200\times100\times150}{250\times150-200\times100} = 96.4\ \text{mm}$$

$$y_{C_1} = 125\ \text{mm}，\quad y_C = 96.4\ \text{mm}；\quad y_{C_2} = 150\ \text{mm}$$

根据平行移轴公式

$$I_{z_C} = \left[\frac{BH^3}{12} + (z_{C_1} - z'_{C_1})^2 A_1\right] - \left[\frac{bh^3}{12} + (z_{C_2} - z'_{C_2})^2 A_2\right] \text{mm}^4$$

得 $I_{z_C} = 101\ 860\ 133\ \text{mm}^4$。

受力分析，根据平衡条件求出支座反力，作出弯矩图如图 a 所示，弯矩的极值分别为

$$M^+_{\max} = 40\ \text{MPa}，\qquad M^-_{\max} = -30\ \text{MPa}$$

$$\sigma_{\text{t}\max} = \frac{M^+_{\max} y_{\max}}{I_z} = \frac{40\times10^3\times(250-96.4)\times10^{-3}}{101\ 860\ 133\times10^{-12}} = 60.4\ \text{MPa} > [\sigma_\text{t}] = 35\ \text{MPa}$$

$$\sigma_{\text{c}\max} = \frac{M^-_{\max} y_{\max}}{I_z} = \frac{30\times10^3\times(250-96.4)\times10^{-3}}{101\ 860\ 133\times10^{-12}} = 45.3\ \text{MPa} < [\sigma_\text{c}] = 120\ \text{MPa}$$

抗压强度足够，抗拉强度不够。

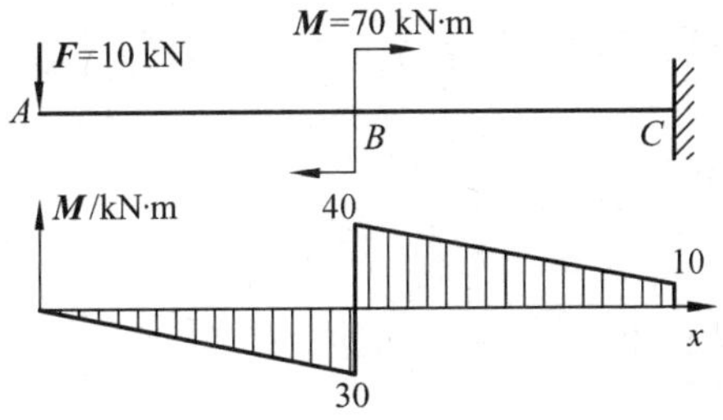

图 a

7.9　图示正方形截面简支梁，许用应力 $[\sigma] = 10\ \text{MPa}$。现需要在图示位置中性轴处钻一直径为 d 的圆孔，问在保证该梁强度的条件下，圆孔直径 d 为多大？

解：由题 7.9 图知 $C-C$ 截面的弯矩

$$M_C = 9\times0.5\ \text{kN}\cdot\text{m} = 4.5\ \text{kN}\cdot\text{m}$$

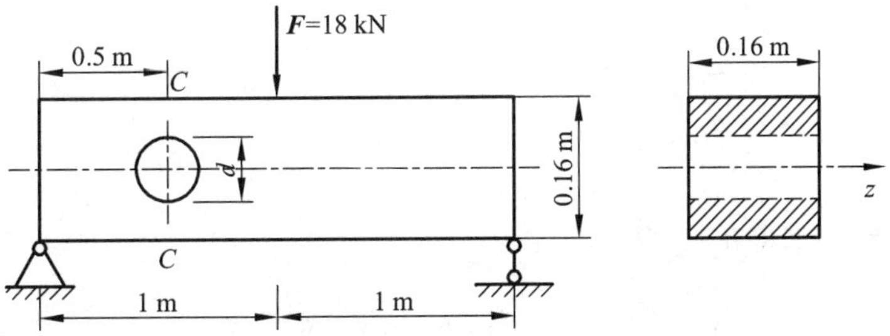

题 7.9 图

$C-C$ 横截面的惯性矩为

$$I_{z_C}=\frac{1}{12}(0.16^4-0.16d^3)$$

由弯曲正应力强度条件，有

$$\sigma_{C\max}=\frac{M_C y_{\max}}{I_{z_C}}=\frac{0.45\times10^3\times0.08}{\frac{1}{12}(0.16^4-0.16d^3)}\leqslant[\sigma]=10\times10^6$$

得：圆孔的最大直径 $d\leqslant 111\ \text{mm}$。

7.10　一矩形截面简支梁由圆柱形木料锯成。已知 $F=5\ \text{kN}$，$a=1.5\ \text{m}$，$[\sigma]=10\ \text{MPa}$。试确定抗弯截面系数为最大时矩形截面的高宽比 $h:b$，以及锯成此梁所需木料的最小直径 d。

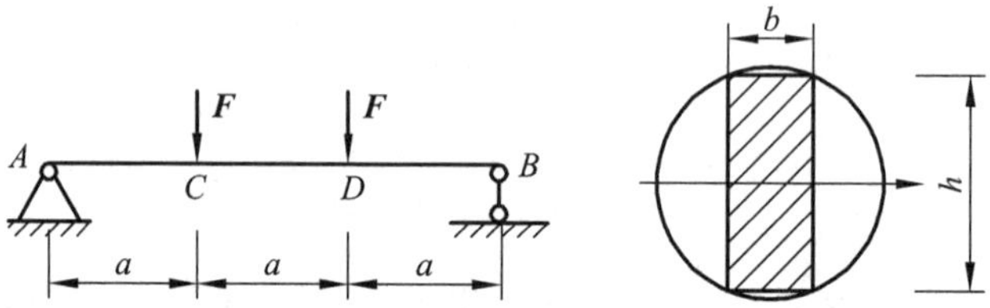

题 7.10 图

解：如题 7.10 图所示，由圆木锯成的矩形截面的抗弯截面模量为

$$W_z=\frac{1}{6}bh^2=\frac{1}{6}b(\sqrt{d^2-b^2})^2=\frac{1}{6}b(d^2-b^2)$$

将 W_z 对 b 求导，并令 $\frac{\mathrm{d}W_z}{\mathrm{d}b}=0$，有

$$\frac{1}{6}(d^2-b^2)=0$$

因此，当 $b=\frac{\sqrt{3}}{3}d$ 时，弯曲截面系数将取得极值。此时截面的高为

$$h=\sqrt{d^2-b^2}=\sqrt{d^2-\frac{1}{3}d^2}=\frac{\sqrt{6}}{3}d$$

所以截面的高宽比为

$$\frac{h}{b}=\frac{\frac{\sqrt{6}}{3}d}{\frac{\sqrt{3}}{3}d}=\sqrt{2}$$

当 $b=\frac{\sqrt{3}}{3}d$ 时，求得 $W_{z\max}$ 为

$$W_{z\max}=\frac{1}{6}(d^2-b^2)=\frac{1}{6}\frac{\sqrt{3}}{3}d\left(d^2-\frac{1}{3}d^2\right)=\frac{\sqrt{3}}{27}d^3$$

由题知梁 AB 的 CD 段处于纯弯曲状态，其 $M_{\max}=Fa$，根据弯曲正应力的强度条件

$$\sigma_{\max}=\frac{M_{\max}}{W_{z\max}}=\frac{27Fa}{\sqrt{3}d^3}\leqslant[\sigma]$$

于是，$d\geqslant 227\ \text{mm}$。

由此可见，所需木料的最小直径为 227 mm。

7.11 如图所示，用起重机匀速起吊一长 $l=6\ \text{m}$，外径 $D=325\ \text{mm}$，内径 $d=309\ \text{mm}$，单位长度重 $q=625\ \text{N/m}$ 的钢管，材料的屈服应力 $\sigma_s=240\ \text{MPa}$，规定的安全因数 $n=2$。求吊索的合理位置 x，并校核在吊装时钢管的强度。

解：如题 7.11 图所示，根据平衡条件求出吊索拉力，作出弯矩图如图 a 所示。

吊索在合理的位置则 $|M_{\max}|=|M_{\min}|$，得

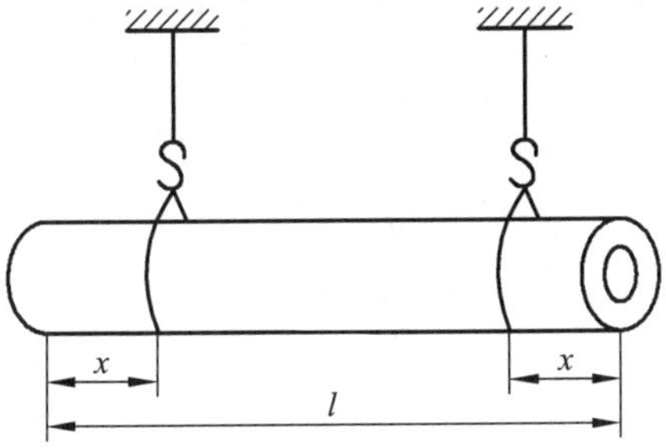

题 7.11 图

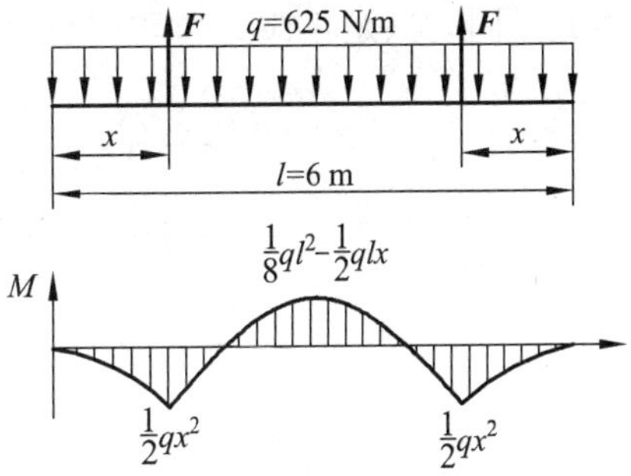

图 a

$$|M_{\max}|=\frac{1}{8}ql^2-\frac{1}{2}qlx=|M_{\min}|=\frac{1}{2}qx^2$$

$$x=1.242\ \text{m}$$

根据弯曲正应力的公式 $\sigma=\dfrac{My}{I_z}=\dfrac{\left(\dfrac{1}{2}qx^2\right)\dfrac{D}{2}}{\dfrac{\pi}{64}(D^4-d^4)}$，得

$$\sigma_{\max}=78.2\ \text{MPa}<\frac{\sigma_S}{n}=120\ \text{MPa}$$

7.12 由工字钢制成的简支梁受力如图所示，已知材料的许用应力 $[\sigma]=170\ \text{MPa}$，$[\tau]=100\ \text{MPa}$。试选择工字钢的型号。

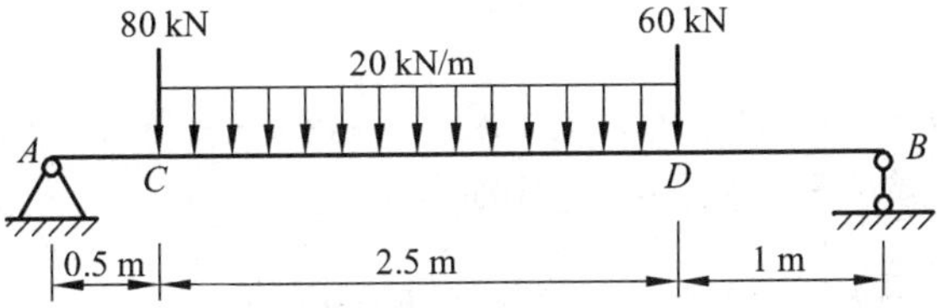

题 7.12 图

解：计算梁的支反力，然后作剪力图和弯矩图，如图 a 和 b 所示。

根据最大弯矩选择工字钢型号，$M_{\max}=83.99\ \text{kN}\cdot\text{m}$。由弯曲正应力强度条件，有

$$W_z=\frac{M_{\max}}{[\sigma]}=\frac{83.99\times10^3}{170\times10^6}=494\ \text{cm}^3$$

查型钢表（主教材附表 4），选用 28a 号工字钢，其 $W_z=508\ \text{cm}^3$。

现在校核梁的切应力。由表中查得，$\dfrac{I_z}{S_z^*}=24.6\ \text{cm}$，腹板厚度 $d=0.85\ \text{cm}$。

由剪力图 $F_{\text{Smax}}=113.125\ \text{kN}$，带入切应力强度条件

$$\tau_{\max}=\frac{F_{S\max}S_z^*}{I_z b}=\frac{113.125\times10^3}{(24.6\times10^{-2})(0.85\times10^{-2})}=54\ \text{MPa}<[\tau]$$

因此，同时满足正应力和切应力强度条件，应选用型号为 28a 的工字钢。

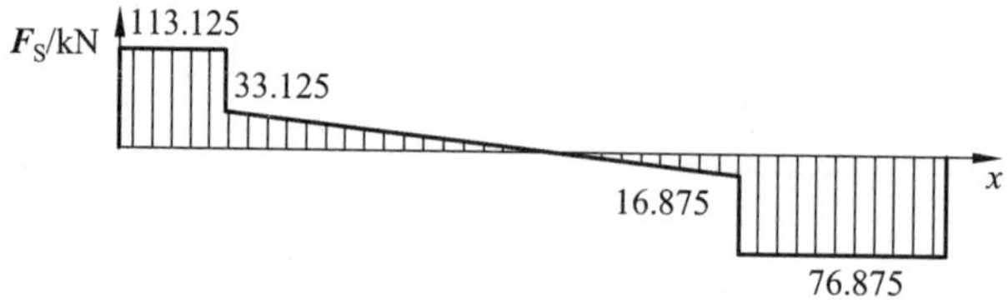

图 a

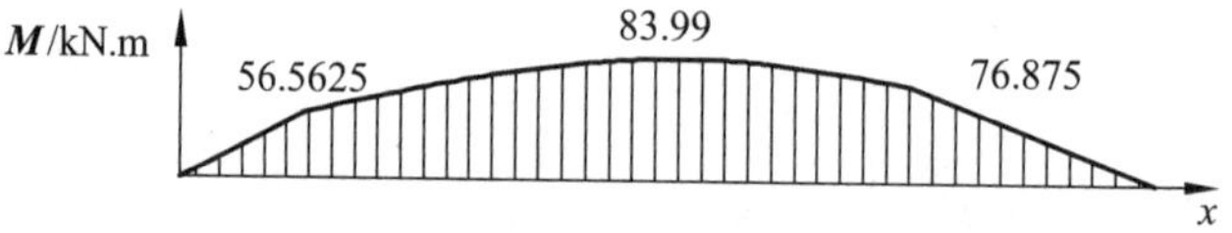

图 b

7.13　试为施工用的钢轨枕木的截面尺寸。已知矩形截面的宽高关系 $h:b=4:3$，枕木的许用应力 $[\sigma]=15.6\ \text{MPa}$，$[\tau]=1.7\ \text{MPa}$，钢轨传给枕木的压力 $F=49\ \text{kN}$。

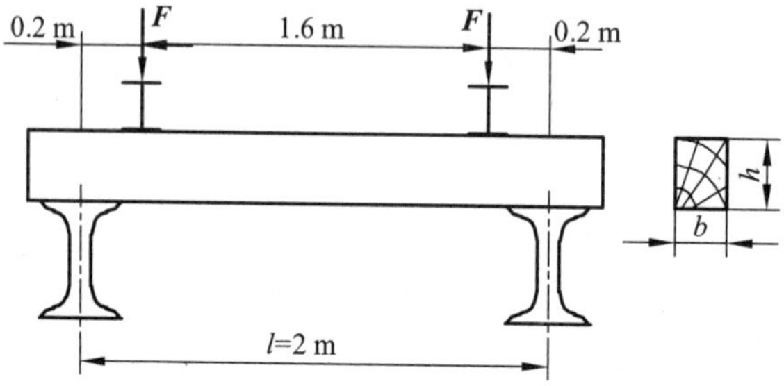

题 7.13 图

解：如题 7.13 图所示，受力分析如图 a 所示，根据平衡条件求出支座反力，作出剪力图和弯矩图如图 b 所示，剪力和弯矩的极值分别为

$$F_{\text{Smax}}=F=49\ \text{kN},\quad M_{\max}=0.2F=9.8\ \text{kN}\cdot\text{m}$$

根据弯曲正应力的公式$\sigma_{\max}=\dfrac{M_{\max}}{W_z}$，即

$$15.6\times10^6\geqslant\frac{0.2\times F}{\dfrac{bh^2}{6}}=\frac{0.2\times49\times10^3\times6\times4}{3h^3}$$

得

$$h\geqslant174\ \text{mm}$$

根据切应力公式$\tau_{\max}=\dfrac{3}{2}\cdot\dfrac{F_{S\max}}{A}$，即

$$\frac{2\times F}{h^2}=\frac{2\times49\times10^6}{h^2}\leqslant1.7\times10^6$$

得

$$h\geqslant240\ \text{mm}$$

施工用的钢轨枕木选择的截面尺寸为：$h=240\ \text{mm}$，$b=180\ \text{mm}$。

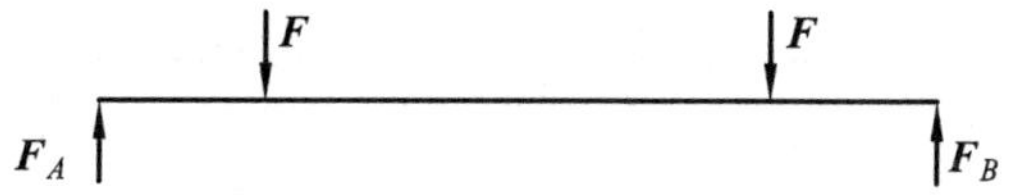

图 a

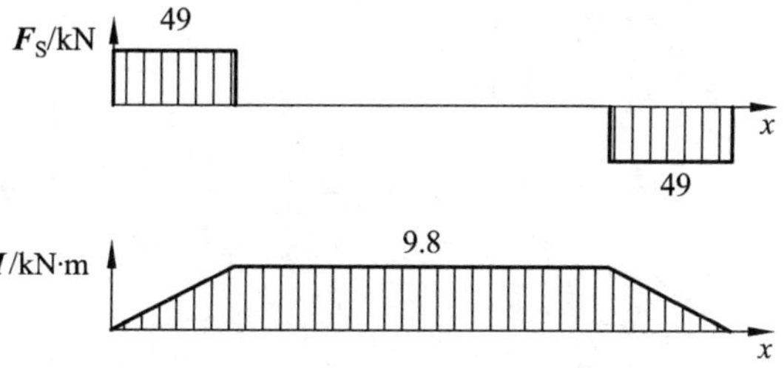

图 b

7.14　当载荷F直接作用在跨长$l=6$ m的简支梁AB的中点时，梁的最大正应力超过许用值25%。为了消除此过载现象，配置了如图所示的辅梁CD，求此辅梁的最小跨长a。

解：如题 7.14 图所示。

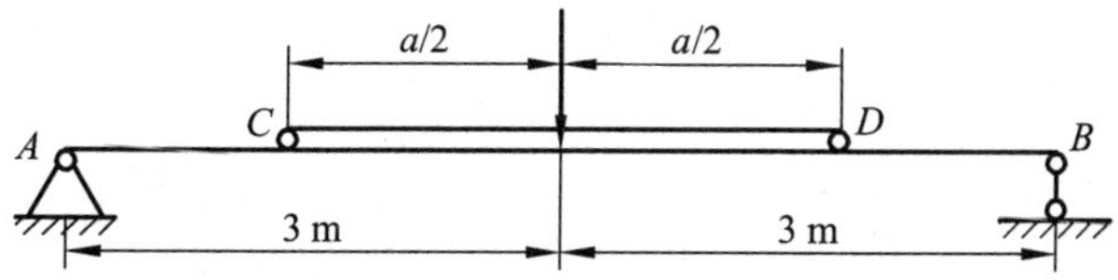

题 7.14 图

（1）当载荷F直接作用在梁的中点时，受力分析如图 a 所示，根据平衡条件求出支座反力，作出弯矩图如图 b 所示，弯矩的极值为

$$M_{\max}=\frac{3}{2}F$$

弯曲正应力的强度条件

$$\sigma_{\max}=\frac{M_{\max}}{W_z}=\frac{\frac{3}{2}F}{W_z}\leqslant\frac{13}{10}[\sigma] \tag{①}$$

（2）当配置了辅梁 CD 时，受力分析如图 c 所示。根据平衡条件求出支座反力，作出弯矩图如图 d 所示，弯矩的极值为

$$M_{\max}=\frac{1}{2}F\left(3-\frac{a}{2}\right)$$

弯曲正应力的强度条件

$$\sigma_{\max}=\frac{M_{\max}}{W_z}=\frac{\frac{F}{2}\left(3-\frac{a}{2}\right)}{W_z}\leqslant[\sigma] \tag{②}$$

得：$a\geqslant1.38\text{ m}$，辅梁的最小跨长 $a=1.38\text{ m}$。

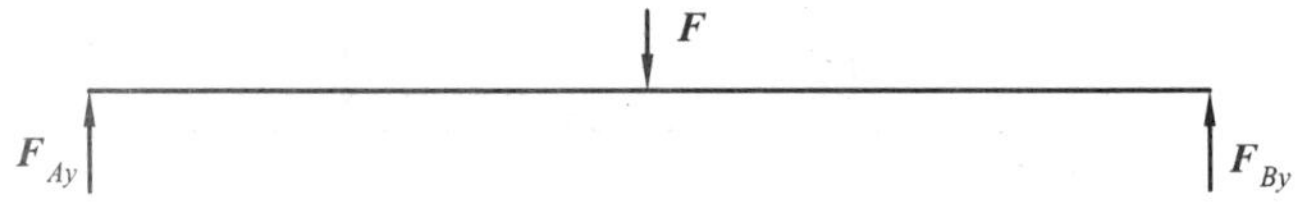

图 a

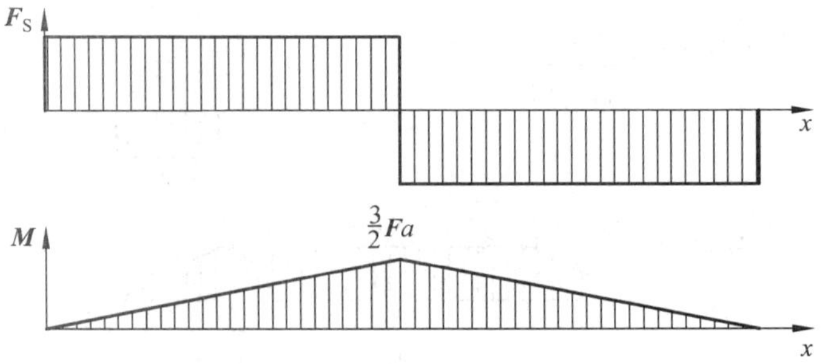

图 b

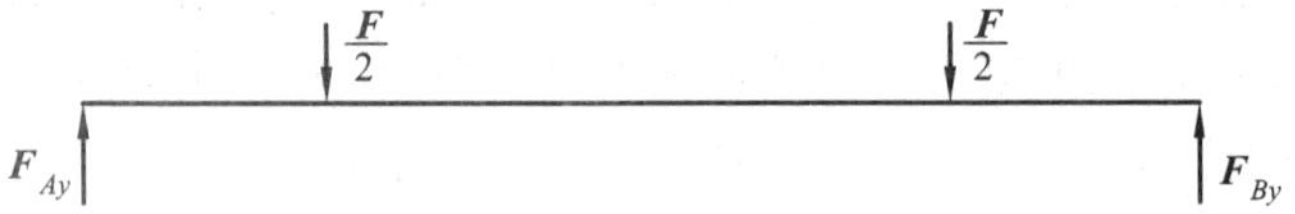

图 c

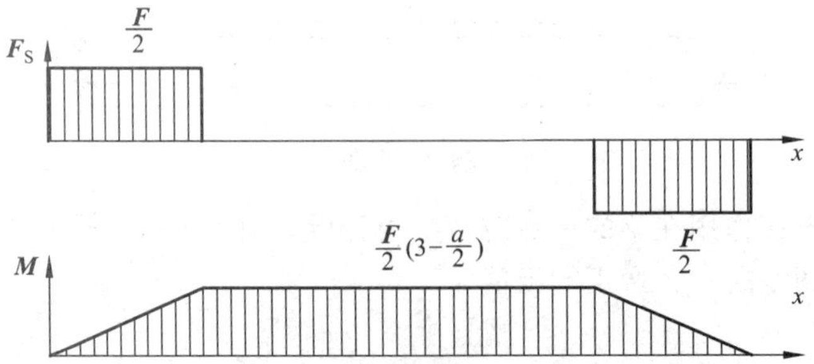

图 d

第 8 章　梁的弯曲变形

8.1　知识要点

1. 本章研究对象和研究内容

（1）研究对象——平面弯曲的直梁。

（2）研究内容——理解基本概念，重点掌握梁的变形和刚度计算、简单超静定梁的求解。

2. 弯曲变形的概念

（1）挠曲线。弯曲变形后梁的轴线变为挠曲线，平面弯曲时，挠曲线为外力作用面内的平面曲线。

（2）平面弯曲时的变形。在小变形的，梁的任意横截面绕各自的中性轴做相对转动，杆件的轴线变为平面曲线，其变形程度以挠曲线的曲率来量度。

① 纯弯曲时，弯矩-曲率关系 $\frac{1}{\rho}=\frac{M}{EI}$

② 横力弯曲时，弯矩-曲率关系 $\frac{1}{\rho(x)}=\frac{M(x)}{EI}$

（3）平面弯曲时的位移。

① 挠度——横截面形心在垂直于梁轴线方向上的线位移，以 w 表示。

② 转角——横截面绕其中性轴旋转的角位移，以 θ 表示。

w 和 θ 的正负号由所选坐标系的正方向来确定。沿 y 轴正方向的挠度为正；转角 θ 的正负号判定规则为，将 x 轴绕原点旋转 90°而与 y 轴重合，若 θ 和它的转向相同，则为正，反之为负。

（4）挠曲线近似微分方程为

$$\frac{\mathrm{d}^2 w}{\mathrm{d}x^2}=\frac{M(x)}{EI}$$

（5）受弯曲构件的刚度条件

$$w_{\max}\leqslant[w],\ \theta_{\max}\leqslant[\theta]$$

3. 积分法求梁的挠度和转角

由 $\frac{\mathrm{d}^2 w}{\mathrm{d}x^2}=\frac{M(x)}{EI}$ 得

$$\frac{\mathrm{d}w}{\mathrm{d}x}=\theta=\int\frac{M(x)}{EI}\mathrm{d}x+C$$

$$w=\iint\frac{M(x)}{EI}\mathrm{d}x\mathrm{d}x+Cx+D$$

积分常数 C，D 由边界条件和连续条件确定。对于梁上有突变载荷（集中力、集中力偶、间断性分布力）的情况，梁的弯矩 $M(x)$不是光滑连续函数，应用上式时，应分段积分，每分一段就多出现两个积分常数。因此除了应用边界条件外，还要用连续性条件确定所有的积分常数。

4. 位移边界条件和连续光滑条件

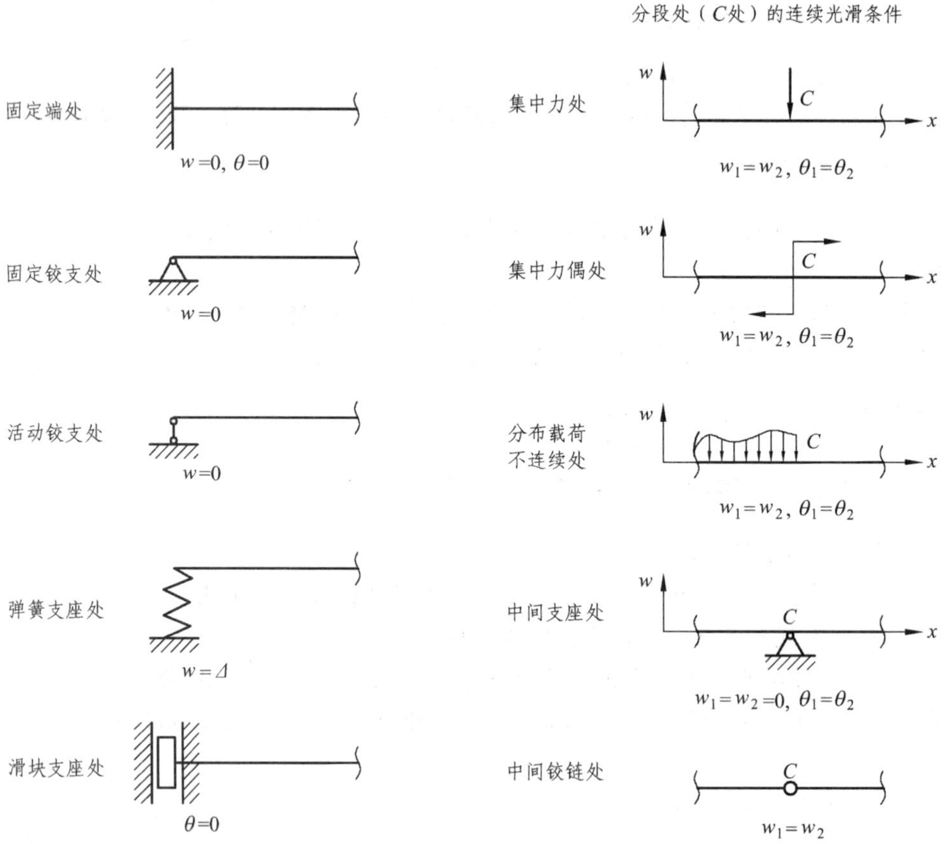

5. 叠加原理求梁的挠度和转角

（1）叠加原理。各载荷同时作用下梁任意截面的挠度和转角等于各个载荷单独作用时同一截面挠度和转角的代数和。

（2）叠加原理的限制。叠加原理要求梁某个截面的挠度和转角与该截面的弯矩呈线性关系，因此要求：

① 弯矩 M 与曲率 $\frac{1}{\rho}$ 呈线性关系，这就要求材料是线弹性材料。

② 曲率 $\frac{1}{\rho}$ 与挠度呈线性关系，这就要求梁变形是小变形。

6. 弯曲时的超静定问题——超静定梁

（1）超静定梁。约束反力数目多于可应用的独立的静力平衡方程数的梁称为超静定梁，它的未知力不能用静力平衡方程完全确定，必须由变形相容条件和力与变形间的物理关系建立补充方程，求解所有的未知数。

（2）求解简单超静定梁的变形比较法。

① 多于约束——静定梁中多于维持静力平衡所必需的约束。

② 基本系统——超静定梁解除多于约束后的静定系统。

- 选择多于约束，确定基本系统，并以相应于多余约束的反力作为基本系统的未知力。
- 比较基本系统与超静定梁在多余约束处的变形，应用叠加原理列出变形相容方程。
- 应用弯曲变形表[主教材（8.1）]写出力-变形间的物理关系，代入变形相容方程得到补充方程，由补充方程求解相应于多余约束的未知反力。
- 由静力平衡方程求解其余的约束反力。

8.2 解题步骤

1. 计算梁变形的积分方法

（1）确定支座反力。

（2）建立坐标系。

（3）根据梁上载荷状况，分段列出弯矩方程。

（4）分段积分。

（5）确定积分常数。

（6）确定转角和挠度方程。

（7）确定转角和挠度的最大值。

2. 计算梁变形的叠加法

承受复杂载荷时，可分解成几种简单载荷，利用简单载荷作用下的位移计算结果，叠加后得在复杂载荷作用下的挠度和转角。

3. 求解静不定梁的方法和步骤

（1）判断静不定度。

（2）选择多余约束。

（3）建立相当系统（或称静定基）。

（4）协调条件和补充方程。

8.3 习题详解

8.1 图示各梁，抗弯刚度 EI 为常数，写出用积分法求梁的变形时所需的条件。

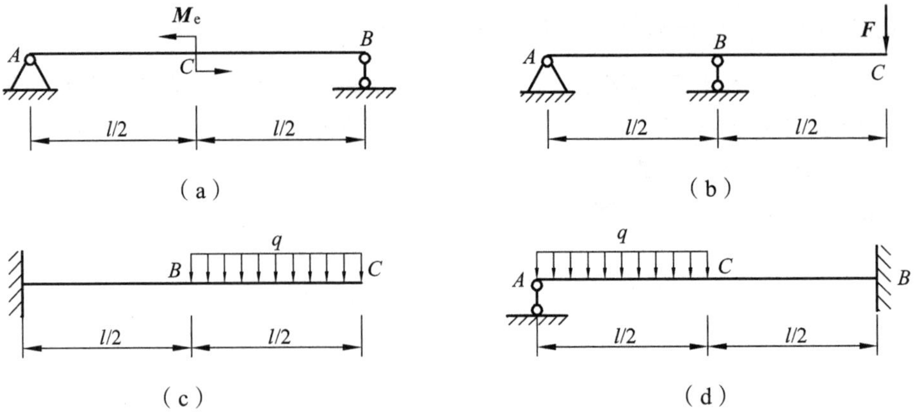

题 8.1 图

解：

（1）如图 a1 所示

$$0 \leqslant x_1 \leqslant \frac{l}{2},\ x_1 = 0,\ w_1 = 0;\ x_1 = x_2 = \frac{l}{2},\ \theta_1 = \theta_2 \text{ 或 } w_1' = w_2'$$

$$\frac{l}{2} \leqslant x_2 \leqslant l,\ x_2 = l,\ w_2 = 0;\ x_1 = x_2 = \frac{l}{2},\ w_1 = w_2$$

（2）如图 b1 所示

$$x = 0,\ w_A = 0;\ x = \frac{l}{2},\ w_B = 0$$

（3）如图 c1 所示

$$0 \leqslant x_1 \leqslant \frac{l}{2},\ x_1 = 0, w_1 = 0;\ w_1' = \theta_1 = 0$$

$$\frac{l}{2} \leqslant x_2 \leqslant l,\ x_1 = x_2 = \frac{l}{2}, w_2 = w_1;\ \theta_1 = \theta_2 \text{ 或 } w_2' = w_1'$$

（4）如图 d1 所示

$$0 \leqslant x_1 \leqslant \frac{l}{2},\ x_1 = 0, w_1 = 0;\ x_1 = x_2 = \frac{l}{2}, w_1 = w_2$$

$$\frac{l}{2} \leqslant x_2 \leqslant l,\ x_2 = l, w_2 = 0;\ \theta_2 = 0 \text{ 或 } w_2' = 0$$

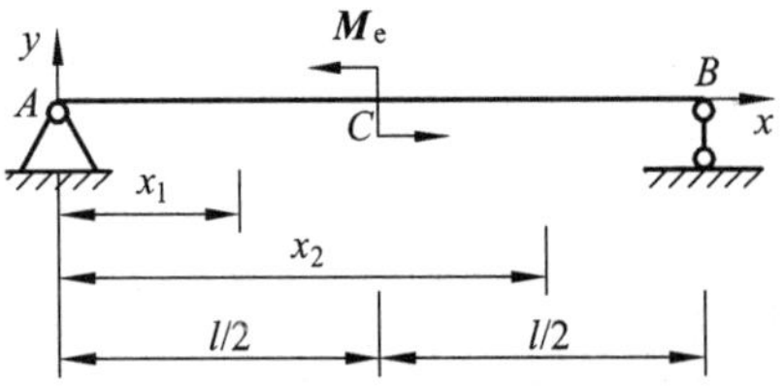

图 a1

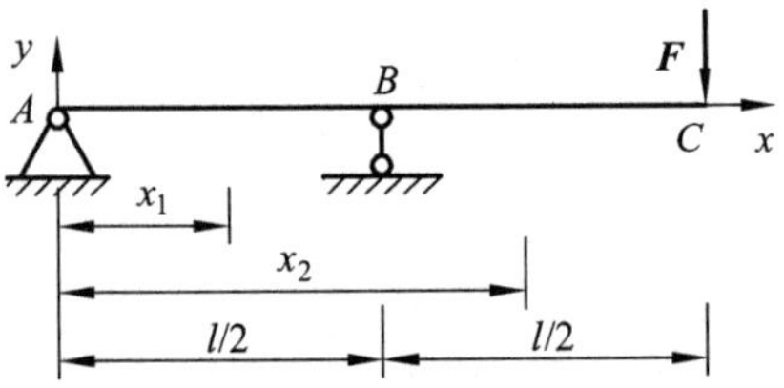

图 b1

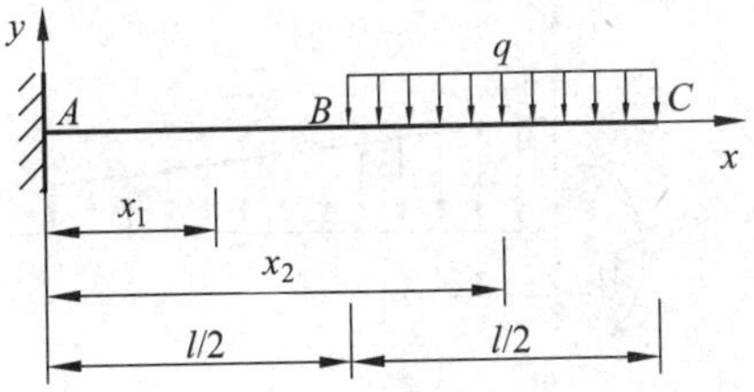

图 c1

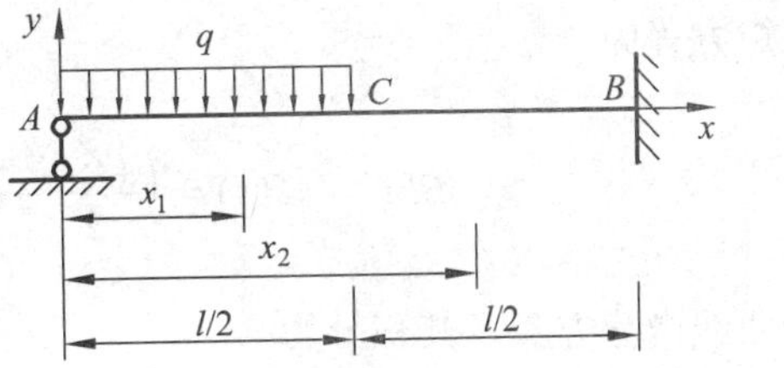

图 d1

8.2　画出图示各梁挠曲线的大致形状。

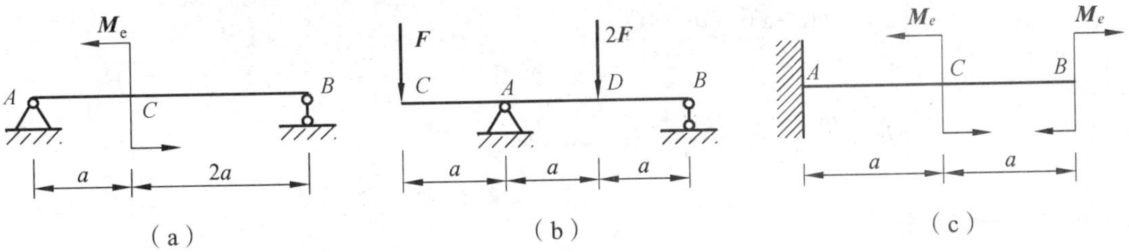

题 8.2 图

解：各梁挠曲线的大致形状如下图：

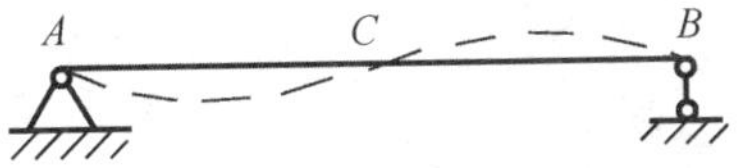

图 a

图 b

图 c

8.3　图示各梁，抗弯刚度 EI 为常数，试利用积分法求最大挠度与转角。

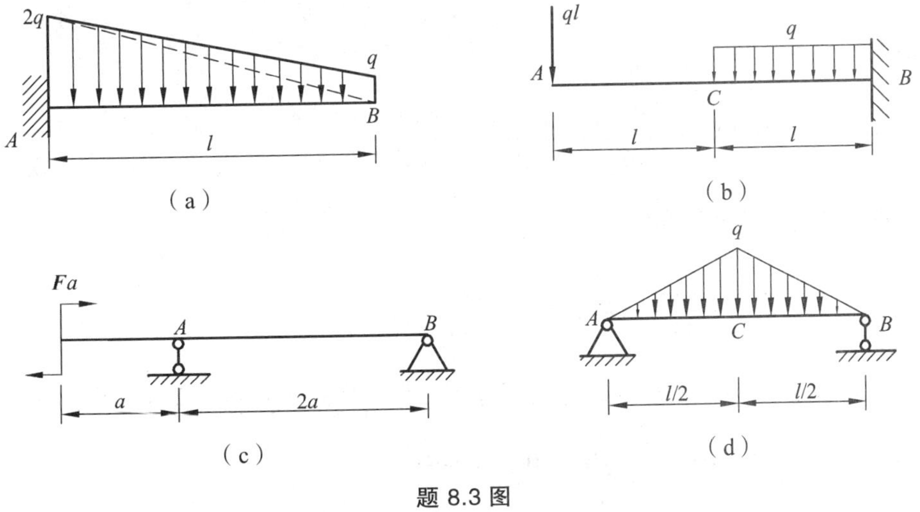

题 8.3 图

解：

（1）选取如图 a1 所示坐标系。根据平衡条件求出支座反力

$$F_{Ay}=\frac{3}{2}ql\,,\quad M_A=\frac{2}{3}ql^2$$

弯矩方程为

$$EIw'' = M(x) = \frac{q(l-x)^2}{2} + \frac{q(l-x)^3}{6l}$$

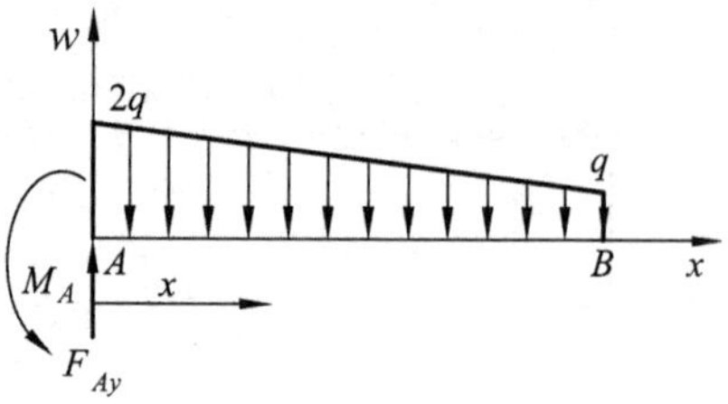

图 a1

挠曲线微分方程及其积分为

$$EIw'' = M\left(x\right) = \frac{q(l-x)^2}{2} + \frac{q(l-x)^3}{6l}$$

$$EIw' = \frac{q(l-x)^3}{6} + \frac{q(l-x)^4}{24l} + C$$

$$EIw = \frac{q(l-x)^4}{24} + \frac{q(l-x)^5}{120l} + Cx + D$$

由边界条件确定积分常数

$$x=0,\quad w'=0,\quad C=-\frac{5ql^3}{24}$$

$$x=0,\quad w=0,\quad D=-\frac{ql^4}{20}$$

所以挠曲线方程为

$$EIw(x) = \frac{q(l-x)^4}{24} + \frac{q(l-x)^5}{120l} - \frac{5ql^3}{24}x - \frac{ql^4}{20}$$

转角方程为

$$EIw'(x) = \frac{q(l-x)^3}{6} + \frac{q(l-x)^4}{24l} - \frac{5ql^3}{24}$$

当 $x=l$，自由端的挠度和转角

$$w_B = -\frac{31ql^4}{120}\ (\downarrow),\quad \theta_B = -\frac{5ql^3}{24}\,(\swarrow)$$

（2）选取如图 b1 所示坐标系。分段列弯矩方程、挠曲线微分方程及其积分为

$$AC:\ M(x_1) = -qlx_1 \qquad (0 \leqslant x_1 \leqslant l)$$

$$BC:\ M(x_2) = -\frac{1}{2}qx_2^2 - \frac{1}{2}ql^2 \qquad (l \leqslant x_2 < 2l)$$

挠曲线微分方程及其积分为

$$EIw_1'' = M(x_1) = -qlx_1$$

$$EIw_1' = -\frac{1}{2}qx_1^2 + C_1$$

$$EIw_1 = -\frac{1}{6}qx_1^3 + C_1x_1 + D_1$$

$$EIw_2'' = -\frac{1}{2}qx_2^2 - \frac{1}{2}ql^2$$

$$EIw_2' = -\frac{1}{6}qx_2^3 - \frac{1}{2}ql^2x_2 + C_1$$

$$EIw_2 = -\frac{1}{24}qx_2^4 - \frac{1}{4}ql^2x_2^2 + C_1x_2 + D_1$$

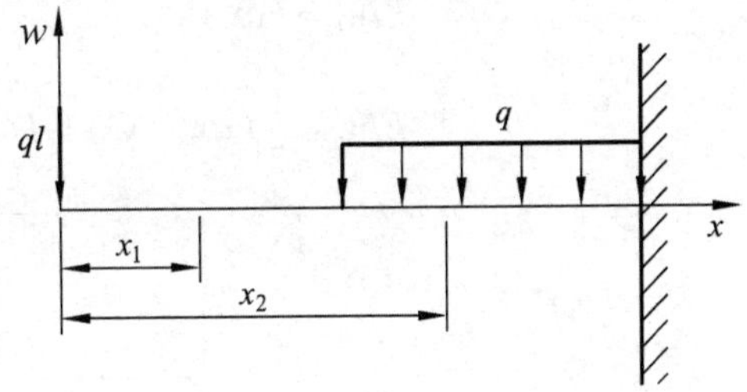

图 b

由边界条件和连续条件确定积分常数

$$x_1 = x_2 = l,\ w_1 = w_2,\ w_1' = w_2'$$
$$x_2 = 2l,\ w_2 = w_2' = 0$$

$$C_1 = \frac{13}{6}ql^3,\ D_1 = -\frac{71}{24}ql^4$$
$$C_2 = \frac{7}{3}ql^3,\ D_2 = -3ql^4$$

所以挠曲线方程为

$$EIw_1 = -\frac{1}{6}qlx_1^3 + \frac{13}{6}ql^3x_1 - \frac{71}{24}ql^4 \quad (0 \leqslant x_1 \leqslant l)$$

$$EIw_2 = -\frac{1}{24}qx_2^4 - \frac{1}{4}ql^2x_2^2 + \frac{7}{3}ql^3x_2 - 3ql^4 \quad (l \leqslant x_2 < 2l)$$

转角方程为

$$EIw_1' = -\frac{1}{2}qlx_1^2 + \frac{13}{6}ql^3 \quad (0 \leqslant x_1 \leqslant l)$$
$$EIw_2' = -\frac{1}{6}qx_2^3 - \frac{1}{2}ql^2x_2 + \frac{7}{3}ql^3 \quad (l \leqslant x_2 \leqslant 2l)$$

当 $x_2 = 2l$，自由端挠度和转角

$$w_A = -\frac{71ql^4}{24EI}(\downarrow),\ Q_A = \frac{13ql^3}{6EI}(\swarrow)$$

（3）选取如图 c1 所示坐标系。根据平衡条件求出支座反力

$$F_{Ay} = -\frac{F}{2}$$
$$F_{By} = \frac{F}{2}$$

挠曲线微分方程及其积分为

$$EIw_1'' = M_1(x) = Fa \ \ (0 < x \leqslant a), \qquad EIw_2'' = M_2(x) = \frac{F}{2}(3a - x) \ \ (a \leqslant x \leqslant 3a)$$

$$EIw_1' = Fax + C_1, \qquad EIw_2' = \frac{3}{2}Fax - \frac{1}{4}Fx^2 + C_2$$

$$EIw_1 = \frac{1}{2}Fax^2 + C_1x + D_1, \qquad EIw_2 = \frac{3}{4}Fax^2 - \frac{1}{12}Fx^3 + C_2x + D_2$$

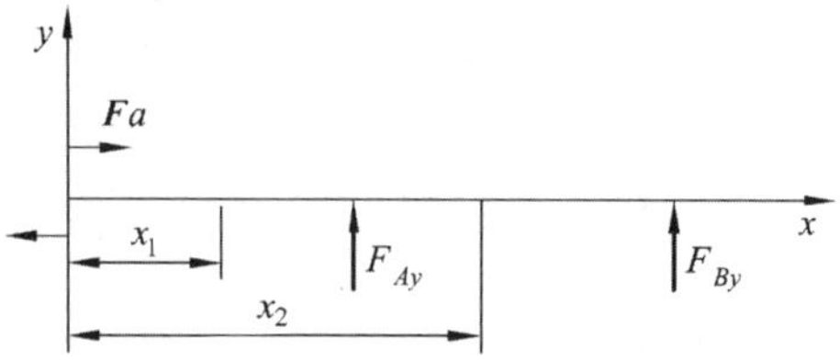

图 c1

由边界条件确定积分常数

$$x_1 = a,\ w_1 = 0;\ x_2 = 3a,\ w_2(x_2) = 0;\ x_2 = a,\ w_2 = 0;\ x_1 = x_2 = a,\ w_1' = w_2'$$

$$C_1 = -\frac{5}{3}Fa^2,\quad D_1 = \frac{7}{6}Fa^3$$

$$C_2 = -\frac{23}{12}Fa^2,\quad D_2 = \frac{5}{4}Fa^3$$

所以挠曲线方程为

$$EIw_1 = \frac{1}{2}Fax^2 - \frac{5}{3}Fa^2x + \frac{7}{6}Fa^3$$

$$EIw_2 = \frac{3}{4}Fax^2 - \frac{1}{12}Fx^3 - \frac{23}{12}Fa^2x + \frac{5}{4}Fa^3$$

转角方程为

$$EIw_1' = Fax - \frac{5}{3}Fa^2$$

$$EIw_2' = \frac{3}{2}Fax - \frac{1}{4}Fx^2 - \frac{23}{12}Fa^2$$

最大挠度 $|w|_{\max} = \frac{5}{4}\frac{Fa^3}{EI}(\uparrow)$， $x = 0$ 最大转角 $|\theta|_{\max} = \frac{5Fa^2}{3EI}(\swarrow)$

（4）如图 d1 所示坐标系，由对称性知

$$\theta_A = \theta_B = \theta_{\max}, w_{\max} = w\left(\frac{l}{2}\right), \theta_C = 0$$

因此只计算左半段

$$q(x) = \frac{2q_0}{l}x,\qquad 0 \leqslant x \leqslant \frac{l}{2}$$

$$M(x) = \frac{1}{4}q_0lx - \frac{1}{2}q(x)\times x\times\frac{x}{3} = \frac{1}{4}q_0lx - \frac{q_0}{3l}x^3$$

$$w''=-\frac{M}{EI},\ EIw''=-\frac{1}{4}q_0lx+\frac{q_0}{3l}x^3$$

$$EIw'=-\frac{1}{8}q_0lx^2+\frac{q_0}{12l}x^4+C$$

$$\theta\left(\frac{l}{2}\right)=0,\ -\frac{1}{8}q_0l\left(\frac{l}{2}\right)^2+\frac{q_0}{12l}\left(\frac{l}{2}\right)^4+C=0$$

得

$$C=\frac{5q_0l^3}{192}$$

$$EIw=-\frac{1}{24}q_0lx^3+\frac{q_0}{60l}x^5+\frac{5q_0l^3}{192}x$$

$$w_{\max}=w\left(\frac{l}{2}\right)=\frac{1}{EI}\left(-\frac{1}{24}q_0l\left(\frac{l}{2}\right)^3+\frac{q_0}{60l}\left(\frac{l}{2}\right)^5+\frac{5q_0l^3}{192}\left(\frac{l}{2}\right)\right)=\frac{q_0l^4}{120EI}$$

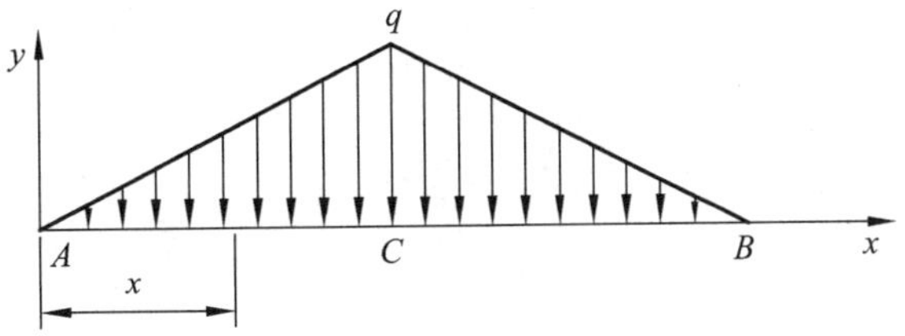

图 d1

8.4　图示各梁，抗弯刚度 EI 为常数，用积分法求指定截面处的挠度与转角。

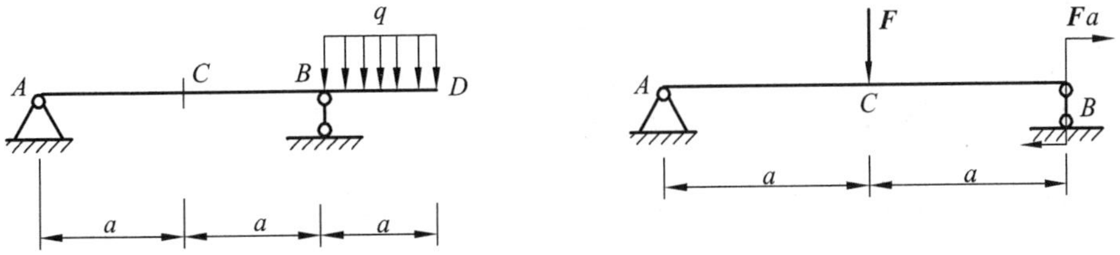

（a）θ_B，w_D　　　（b）θ_C，w_C

题 8.4 图

解：

（1）选取如图 a1 所示坐标系。根据平衡条件求出支座反力

$$F_{Ay}=-\frac{1}{4}qa,\ F_{By}=\frac{5}{4}qa$$

弯矩方程为

AC 段　　$M_1(x_1)=-\frac{1}{4}qax_1\quad(0\leqslant x_1\leqslant 2a)$

CB 段　　$M_2(x_2)=\frac{1}{2}q(x_2-3a)^2\quad(2a\leqslant x_2\leqslant 3a)$

挠曲线微分方程及其积分为

$$EIw_1''=M_1(x_1)=-\frac{1}{4}qax_1$$

$$EIw_1=M_1(x_1)=-\frac{1}{8}qax_1{}^2+C_1$$

$$EIw_1=-\frac{1}{24}qax^3+Cx_1+D_1$$

$$EIw_2''=M_2(x_2)=\frac{1}{2}q(x_2-3a)^2$$

$$EIw_2'=M_2(x_2)=\frac{1}{6}q(x_2-3a)^3+C_2$$

$$EIw_2=\frac{1}{24}q(x_2-3a)^4+C_2(x_2-3a)+D_2$$

由边界条件确定积分常数

$$x=0,\ w_1=0,\ D_1=0$$
$$x_1=x_2=2a,\ w_1=w_2=0,\ x_1=x_2=2a,\ w_1'=w_2'$$

得

$$C_1=\frac{1}{6}qa^3,\ C_2=-\frac{1}{3}qa^3,\ D_1=D_2=0$$

所以挠曲线方程为

$$EIw_1(x_1)=-\frac{1}{24}qax^3+\frac{1}{6}qa^3,\ w_D=\frac{qa^4}{8EI}(\uparrow)$$

转角方程为

$$EIw_2'(x_2)=\frac{1}{6}q(x_2-2a)^3-\frac{1}{3}qa^3,\ \theta_B=w_B'=-\frac{qa^3}{2EI}(\curvearrowright)$$

（2）选取如图 b1 所示坐标系。根据平衡条件求出支座反力

$$F_{By}=0,\ F_{Ay}=F$$

弯矩方程为

AC 段　　　$M_1(x_1)=0\ \ (0\leqslant x_1\leqslant a)$

CB 段　　　$M_2(x_2)=-F(x_2-a)\ \ (a\leqslant x_2<2a)$

挠曲线微分方程及其积分为

$$EIw_1''=M_1(x_1)=0,\ EIw_1'=M_1(x_1)=C_1,\ EIw_1=Cx_1+D_1$$

$$EIw_2''=M_2(x_2)=Fa-Fx_2,\ EIw_2'=Fax_2-\frac{1}{2}Fx_2+C_2$$

$$EIw_2=-\frac{1}{6}Fx_2^2+\frac{1}{2}Fx_2^2+C_2x_2+D_2$$

由边界条件确定积分常数

$$x=0,\ w_1=0,\ D_1=0$$
$$x_1=x_2=2a,\ w_1=w_2=0,\ w_1'=w_2'$$

得：

$$C_1=\frac{1}{12}Fa^2,\ C_2=-\frac{5}{12}Fa^2,\ D_2=-\frac{3}{2}Fa^3$$

所以挠曲线方程为

$$EIw_1(x_1)=\frac{1}{12}Fa^2x_1,\ w_C=\frac{1}{12}Fa^3(\uparrow)$$

转角方程为

$$EIw_1'(x)=\frac{1}{12}Fa^2,\ \theta_C=w_C'=\frac{1}{12}Fa^2\ (\leftarrow)$$

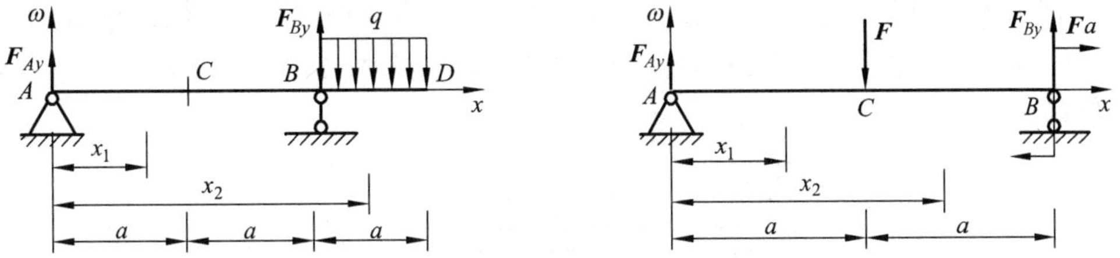

图 a1　　　　图 b1

8.5　梁的抗弯刚度 EI 为常数，长度为 l，变形后该梁的挠曲线方程为

$$w(x)=-\frac{qx^2(x-l)(2x-15l)}{48EI}$$

试确定该梁上的载荷及其可能支承情况，并画出梁的剪力图、弯矩图。

解：由题知挠曲线方程为

$$w(x)=-\frac{qx^2(x-l)(2x-15l)}{48EI}$$
$$48EIw'(x)=-[2qx(x-l)(2x-15l)+qx^2(2x-15l)+2qx^2(x-l)]$$
$$48EIw''(x)=-\begin{bmatrix}2q(x-l)(2x-15l)+2qx(2x-15l)+4qx(x-l)+2qx(2x-15l)+\\2qx^2+4qx(x-l)+2qx^2\end{bmatrix}$$
$$48EIw'''(x)=-\begin{bmatrix}2q(2x-15l)+4q(x-l)+2q(2x-15l)+4qx+4q(x-l)+\\4qx+2q(2x-15l)+4qx+4qx+4q(x-l)+4qx+4qx\end{bmatrix}$$
$$48EIw''''(x)=-48q$$

当 $x=0$ 时，$w(x)=0;\ w'(x)=0$ 可知左端为固定端；

当 $x=l$ 时，$w(x)=0$；$w'(x)=\dfrac{13ql^3}{48EI}$；$w''(x)=\dfrac{ql^2}{EI}$ 可知右端是可动铰支座，且右端有力偶矩 ql^2 作用。

由弯矩、剪力、载荷集度和挠度的关系知，该梁上受到均布载荷的作用，载荷集度为 q。受力图如图 a 所示，剪力图、弯矩图如图 b 所示。

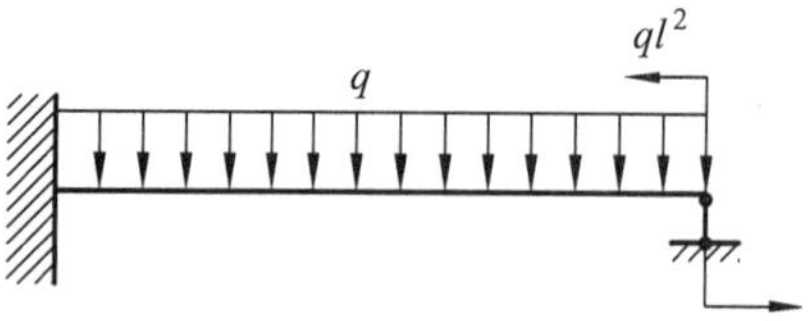

图 a

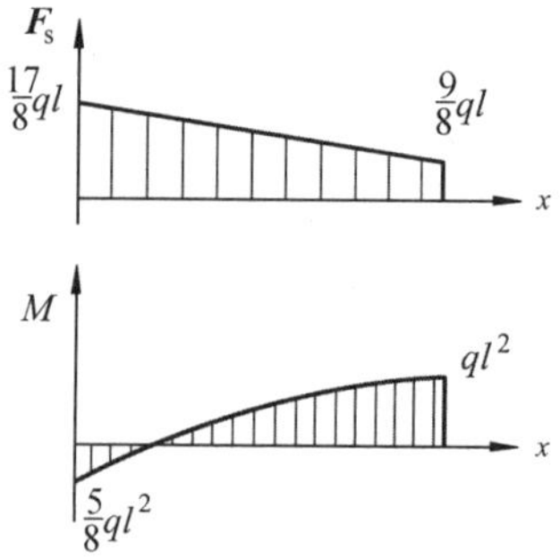

图 b

8.6　图示等截面梁，抗弯刚度 EI 为常量，设梁下有一曲面 $y=-Ax^3$（设 $A>0$），欲使梁变形后恰好与该曲面密合，且曲面不受压力，试问梁上应加什么载荷？并确定载荷的大小、方向、位置。

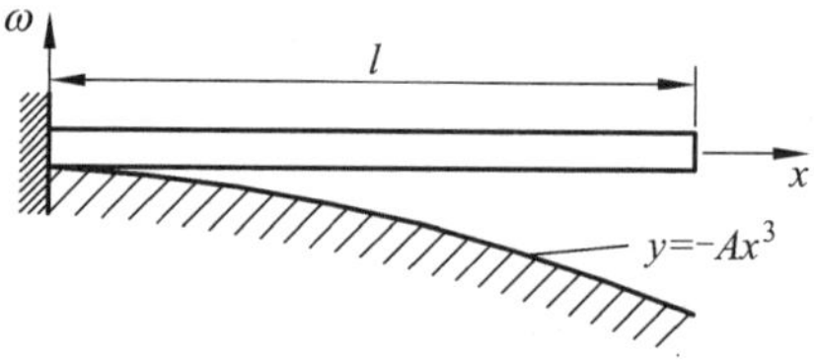

题 8.6 图

解：欲使梁弯曲后恰好与曲面 $y=-Ax^3$ 密合，并且曲面不受压力，必须使梁的挠曲线方程为 $w=-Ax^3$。于是有

$$\frac{\mathrm{d}w}{\mathrm{d}x}=-Ax^2,\ \frac{\mathrm{d}^2w}{\mathrm{d}x^2}=-6Ax$$

代入挠曲线方程中得

$$\frac{\mathrm{d}^2w}{\mathrm{d}x^2}=\frac{M(x)}{EI}=-6Ax$$

$$M(x)=-EI6Ax=-Fx$$

$$F=6AEI$$

假设先在梁自由端施加一力 $F=6AEI$，如图 a 所示。查表 8.1（主教材）得梁的挠曲线方程为

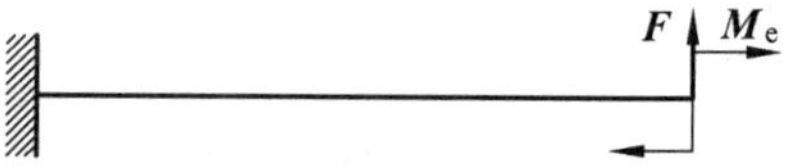

图 a

$$w=\frac{Fx^2}{6EI}(3l-x)$$

令 $A=\dfrac{F}{6EI}$，代入上式得 $w=Ax^3+\dfrac{Fx^2l}{2EI}$

与曲面方程比较多一项 $\dfrac{Fx^2l}{2EI}$，再试加顺时针方向的力偶矩 M_e，如图 a 所示。查表 8.1 查得在 M_e 作用下梁的挠曲线方程为 $w=-\dfrac{M_ex^2}{2EI}$，应满足 $\dfrac{Fx^2l}{2EI}-\dfrac{M_ex^2}{2EI}=0$，于是

$$M_e=Fl=6AEIl$$

所以应在梁的自由端加一垂直向上的集中力 $F=6AEI$ 和一顺时针方向的力偶矩 $M_e=6AEIl$。

8.7 图示悬臂梁，抗弯刚度 EI 为常数，集中力 F 可沿梁轴移动，欲使载荷在移动时始终保持相同的高度，则此梁应预弯成何种形状？

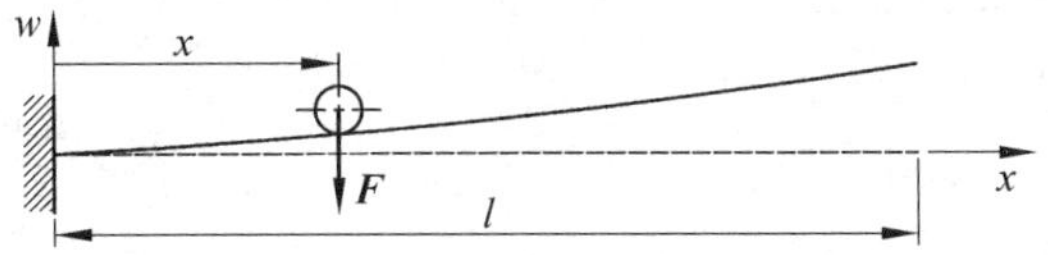

题 8.7 图

解：设曲线的方程为 $w=w_1(x)$，当载荷 F 移动到 x 处时，悬臂梁在 F 力作用点处的挠度为 $-w_2(x)$，欲使载荷移动时总保持同一高度即沿水平（x 轴）方向，则必须：

$$w_1(x)-w_2(x)=0$$

查表 8.1（主教材）

$$w_1(x)=w_2(x)=-\frac{Fx^3}{3EI}$$

8.8 重量为 W，长为 l 的等直梁，放置在水平刚性平面上，在端部施加 $\dfrac{1}{3}W$ 的力向上提起，此时未提起的部分保持与平面密合，试求提起部分的长度 a。

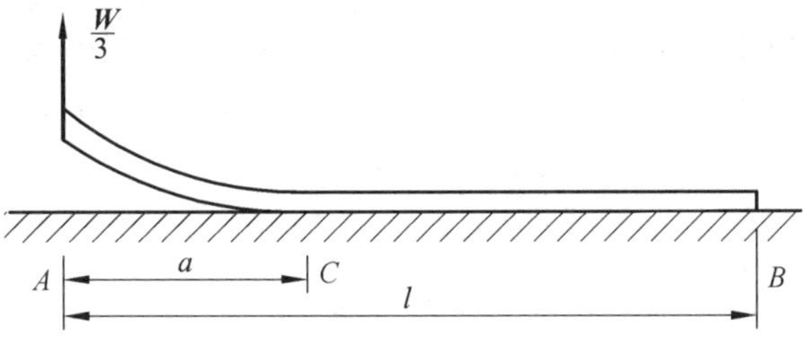

题 8.8 图

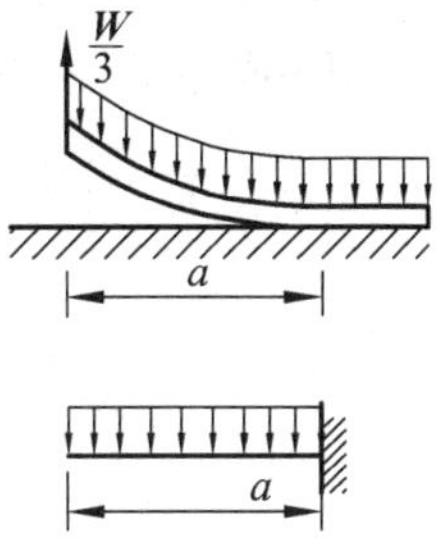

图 a

解：A 端加力后，等直梁的 AC 段被提起，而其余部分（CB 段）仍与刚性平面接触。

由 C 截面 $\dfrac{M_C}{EI}=\dfrac{1}{\rho}=0$，故有 $M_C=0$。

因 C 截面处的变形边界条件与固定端支座相同，所以可将等直梁 AC 段视为右端固定的悬臂梁，如图 a 所示，由梁的平衡条件得到

$$M_C = \left(\frac{W}{3}\right)a - \frac{1}{2}\left(\frac{W}{l}\right)a^2 = 0$$

得

$$a = \frac{2}{3}l$$

8.9 图示各梁，抗弯刚度 EI 为常数，用叠加法求截面 C 的挠度与截面 B 的转角。

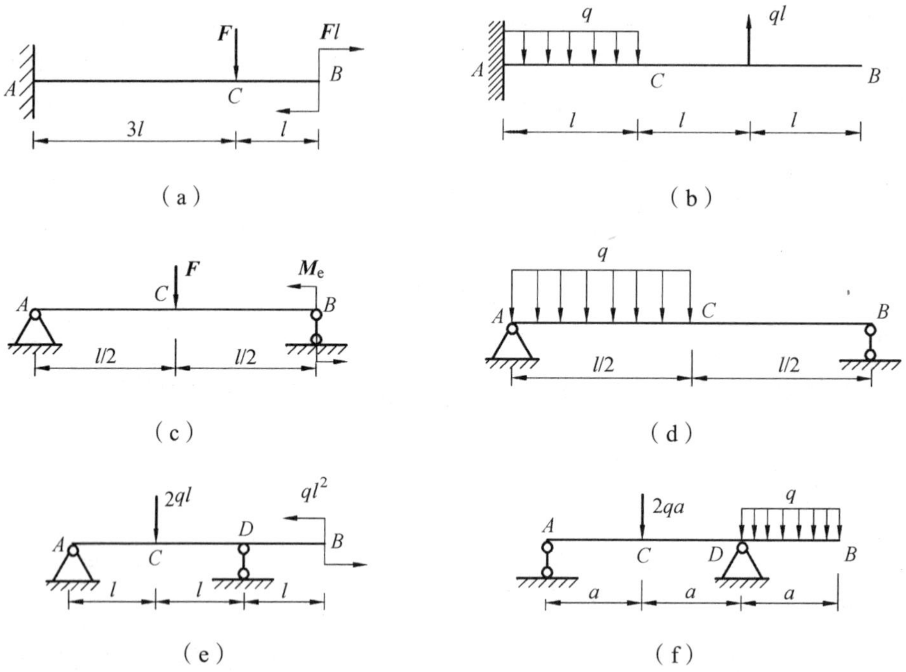

题 8.9 图

解：（1）题 8.9 图（a）悬臂梁 AB 的变形可以等价于图 a 所示悬臂梁在集中载荷及集中力偶共同作用下的变形，等于这两种载荷分别单独作用下的变形的叠加。查表 8.1 得：

图 a 左图悬臂梁截面 C 的挠度 $\quad w_{C1} = -\dfrac{F\times(3l)^3\times(3\times 3l - 3l)}{6EI} = -\dfrac{9Fl^3}{EI}(\downarrow)$

图 a 右图悬臂梁截面 C 的挠度 $\quad w_{C2} = -\dfrac{9Fl^3}{2EI}(\downarrow)$

所以 $\quad w_C = w_{C1} + w_{C2} = -\dfrac{27Fl^3}{2EI}(\downarrow)$

图 a 左图截面转角 $\quad \theta_{B1} = -\dfrac{F\times(3l)^2}{2EI} = -\dfrac{9Fl^2}{2EI}$ (↲)

图 a 右图截面 B 转角 $\quad \theta_{B2} = -\dfrac{4Fl^2}{EI}$ (↲)

所以 $\quad \theta_B = \theta_{B1} + \theta_{B2} = -\dfrac{17Fl^2}{2EI}$ (↲)

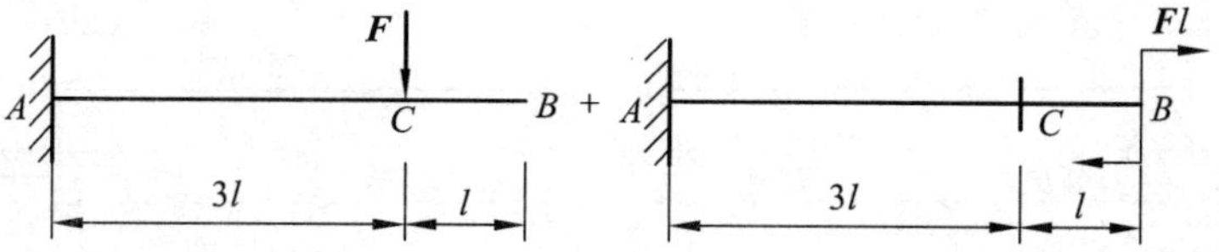

图 a

（2）题 8.9 图（b）悬臂梁的变形可以等价于图 b 所示悬臂梁在集中载荷 ql 及均布载荷 q 共同作用下的变形，等于这两种载荷分别单独作用下的变形的叠加。查表 8.1 得：

图 b 左图悬臂梁截面 C 的挠度 $$w_{C1}=-\frac{q\times l^4}{8EI}=-\frac{ql^4}{8EI}(\downarrow)$$

图 b 右图悬臂梁截面 C 的挠度 $$w_{C2}=\frac{(ql)\times x^2}{6EI}(3a-x)=\frac{ql\times l^2}{6EI}(6l-l)=\frac{5ql^4}{6EI}(\uparrow)$$

所以 $$w_C=w_{C1}+w_{C2}=\frac{17ql^4}{24EI}(\uparrow)$$

图 b 左图截面 B 转角 $$\theta_{B1}=-\frac{ql^3}{6EI}(\swarrow)$$

图 b 右图截面 B 转角 $$\theta_{B2}=\frac{2ql^3}{EI}(\nwarrow)$$

所以 $$\theta_B=\theta_{B1}+\theta_{B2}==\frac{11ql^3}{6EI}(\nwarrow)$$

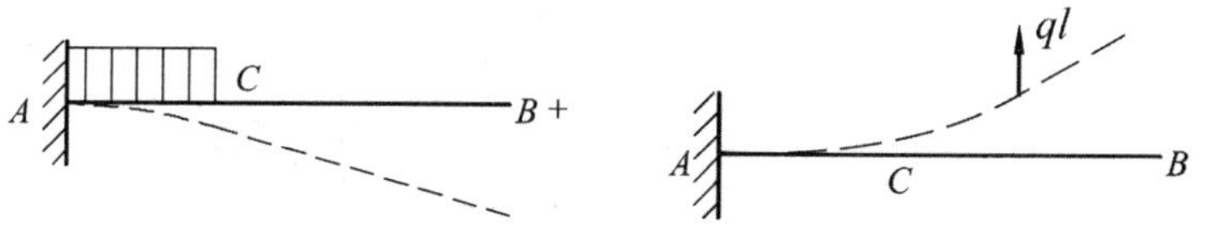

图 b

（3）题 8.9 图（c）简支梁 AB 的变形可以等价于图 c 所示简支梁在集中载荷及集中力偶共同作用下的变形，等于这两种载荷分别单独作用下的变形的叠加。查表 8.1 得：

图 c 左图简支梁截面 C 的挠度 $$w_{C1}=\frac{F\times l^3}{48EI}(\downarrow)$$

图 c 右图简支梁截面 C 的挠度 $$w_{C2}=-\frac{M_e l^2}{16EI}(\downarrow)$$

所以 $$w_C=w_{C1}+w_{C2}=\frac{F\cdot l^3}{48EI}-\frac{M_e l^2}{16EI}(\downarrow)$$

图 c 左图截面 B 转角 $$\theta_{B1}=\frac{Fl^2}{16EI}(\nwarrow)$$

图 c 右图截面 B 转角 $$\theta_{B2}=\frac{M_e l^2}{3EI}(\nwarrow)$$

所以 $$\theta_B=\theta_{B1}+\theta_{B2}=\frac{Fl^2}{16EI}+\frac{M_e l^2}{3EI}(\nwarrow)$$

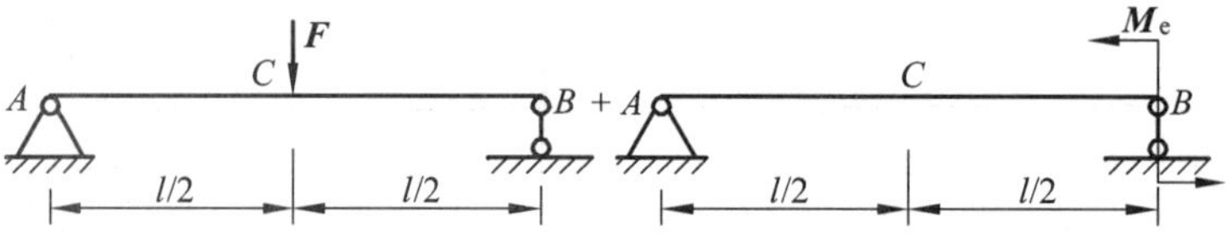

图 c

（4）题 8.9 图（d）简支梁 AB 的变形可以等价于图 d 所示简支梁在均布载荷分别单独作用下的变形的叠加。查表 8.1 得：

图 d 左图简支梁截面 C 的挠度 $$w_{C1}=-\frac{5\frac{q}{2}l^4}{384EI}=-\frac{5ql^4}{768EI}$$

图 d 右图简支梁截面 C 的挠度 $$w_{C2}=0$$

所以 $$w_C=w_{C1}+w_{C2}=-\frac{5ql^4}{768EI}(\downarrow)$$

截面 B 转角 $$\theta_{B1}=-\frac{ql^3}{48EI}(↙)$$

支座转角相当于跨度为 $\frac{l}{2}$ 的简支梁的截面 B 转角 $$\theta_{B2}=-\frac{ql^3}{384EI}(↙)$$

所以 $$\theta_B=\theta_{B1}+\theta_{B2}=\frac{7ql^3}{384EI}(↙)$$

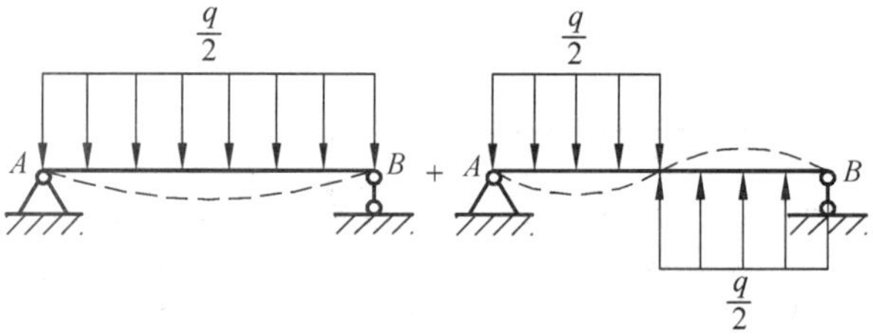

图 d

（5）题 8.9 图（e）简支梁 AB 的变形可以根据逐段刚化法，AD 段为一简支梁，DC 段为一悬臂梁。AD 部分为简支梁，梁上除集中力 $2ql$ 还有集中力偶 ql^2，在集中力偶 ql^2 作用下，查表 8.1 得：

截面 B 转角 $$\theta_{BM}=\frac{ql^2\times 2l}{3EI}=\frac{2ql^3}{3EI}(↖)$$

截面 C 挠度 $$w_{CM}=\frac{ql^4}{-4EI}(\downarrow)$$

在集中力 $2ql$ 下，查表 8.1 得：

截面 B 转角 $$\theta_{B2ql}=\frac{2ql\times(2l)^2}{16EI}=\frac{ql^3}{2EI}(↙)$$

截面 C 挠度 $$w_{C2ql}=-\frac{ql^4}{3EI}(\downarrow)$$

截面 B 转角 $$\theta_{B1}=\frac{2ql^3}{3EI}-\frac{ql^3}{2EI}=\frac{ql^3}{6EI}(↖)$$

截面 B 的挠度 $$w_{B1}=\theta_{B1}\times l=\frac{ql^4}{6EI}\ (\uparrow)$$

截面 C 的挠度 $$w_{C_1}=-\frac{7ql^4}{12EI}(\downarrow)$$

DB 部分为悬臂梁，在集中力偶 ql^2 作用下，查表 8.1 得：

截面 B 转角 $$\theta_{B2}=\frac{ql^2\times l}{EI}=\frac{ql^3}{EI}\ (\nwarrow)$$

截面 B 的挠度 $$w_{B2}=\theta_{B2}\times l=\frac{ql^4}{2EI}(\uparrow)$$

截面 C 的挠度 $$w_{C_2}=0$$

所以 $$\theta_B=\theta_{B1}+\theta_{B2}=\frac{ql^3}{6EI}+\frac{ql^3}{EI}=\frac{7ql^3}{6EI}\ (\nwarrow)$$

$$w_B=w_{B1}+w_{B2}=\frac{ql^4}{6EI}+\frac{ql^4}{2EI}=\frac{2ql^4}{3EI}(\uparrow)$$

$$w_C=w_{C_1}+w_{C_2}=-\frac{7ql^4}{12EI}(\downarrow)$$

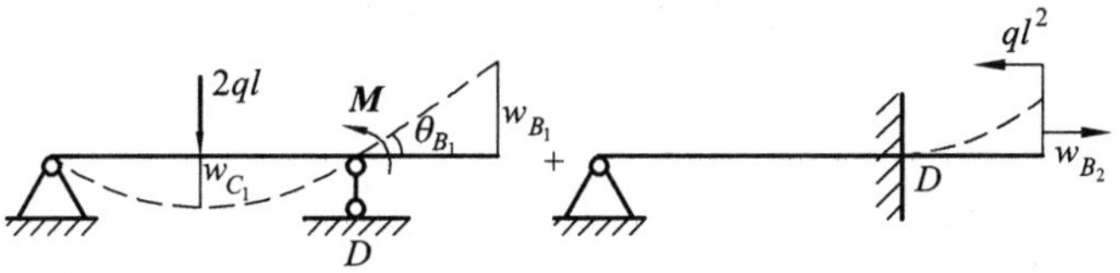

图 e

（6）题 8.9 图（f）外伸梁 AB 的变形可以根据逐段刚化法，AD 段为一简支梁，DC 段为一悬臂梁。AD 部分为简支梁，梁上除集中力 $2qa$ 外，还有集中力偶 $\frac{1}{2}qa^2$，在集中力偶 $\frac{1}{2}qa^2$ 作用下，查表 8.1 得：

截面 B 转角 $$\theta_{BM}=\frac{-\frac{1}{2}qa^2\times 2a}{3EI}=-\frac{qa^3}{3EI}\ (\swarrow)$$

截面 C 的挠度 $$w_{CM}=\frac{qa^4}{8EI}(\uparrow)$$

在集中力 $2qa$ 作用下，查表 8.1 得：

截面 B 转角 $$\theta_{B2qa}=\frac{2qa\times(2a)^2}{16EI}=\frac{qa^3}{2EI}\ (\nwarrow)$$

截面 C 挠度 $$w_{C2qa}=\frac{-qa^4}{3EI}(\downarrow)$$

截面 B 转角 $$\theta_{B1}=\frac{qa^3}{-3EI}+\frac{qa^3}{2EI}=\frac{qa^3}{6EI}\ (\nwarrow)$$

截面 B 的挠度 $$w_{B1}=\theta_{B1}\times a=\frac{qa^4}{6EI}(\uparrow)$$

截面 C 的挠度 $\qquad w_{C_1}=-\dfrac{5qa^4}{24EI}(\downarrow)$

DB 部分为悬臂梁（图 f 右图），在集中力偶 $\dfrac{1}{2}qa^2$ 作用下，查表 8.1 得：

截面 B 转角 $\qquad \theta_{B2}=-\dfrac{qa^2\times a}{6EI}=-\dfrac{qa^3}{6EI}(\swarrow)$

截面 B 的挠度 $\qquad w_{B2}=-\dfrac{qa^4}{8EI}(\downarrow)$

截面 C 的挠度 $\qquad w_{C_2}=0$

所以 $\qquad \theta_B=\theta_{B1}+\theta_{B2}=-\dfrac{qa^3}{12EI}-\dfrac{qa^3}{6EI}=-\dfrac{ql^3}{4EI}(\swarrow)$

$$w_B=w_{B1}+w_{B2}=\frac{qa^4}{6EI}-\frac{qa^4}{8EI}=-\frac{ql^4}{24EI}(\uparrow)$$

$$w_C=w_{C_1}+w_{C_2}=-\frac{5qa^4}{24EI}(\downarrow)$$

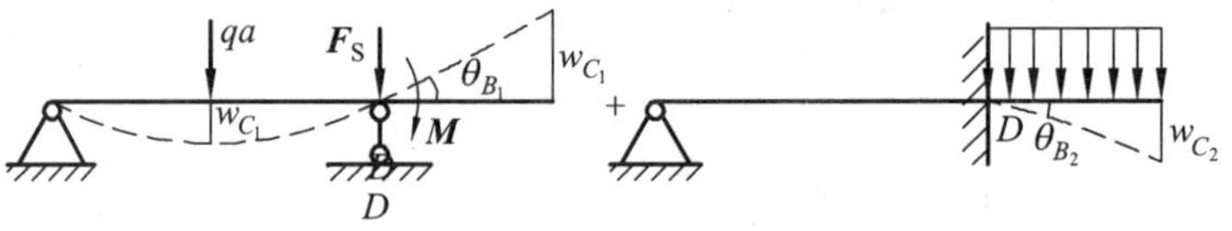

图 f

8.10 求图（a）所示悬臂梁自由端的最大挠度和最大转角，并用该结果计算图（b）所示简支梁跨中的挠度与支座处的转角。

解：（1）如题 8.10 图（a）所示。弯矩方程、挠曲线微分方程及其积分为

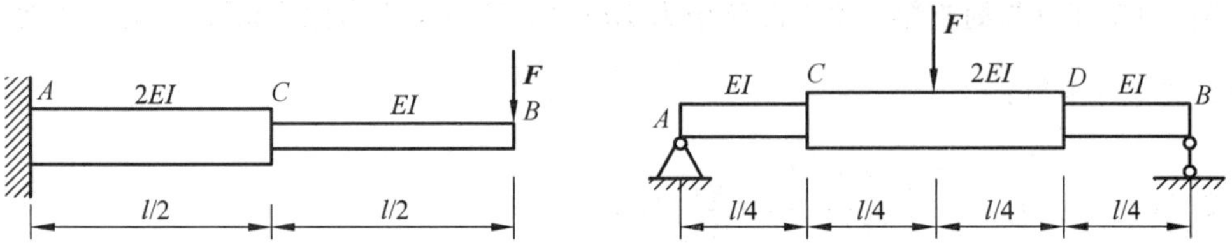

（a） （b）

题 8.10 图

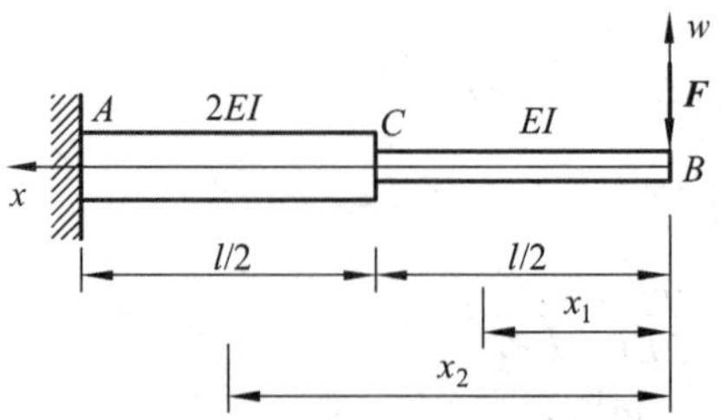

图 a

BC 段 $$M_1(x_1) = -Fx_1 \quad \left(0 \leqslant x_1 \leqslant \frac{l}{2}\right)$$

$$EIw'' = -Fx_1,\ EIw_1' = -\frac{1}{2}Fx_1^{\ 2} + C_1$$

$$EIw_1 = -\frac{1}{6}Fx_1^3 + C_1x_1 + D_1$$

CA 段 $$M_2(x_2) = -Fx_2 \quad \left(\frac{l}{2} \leqslant x_2 \leqslant l\right)$$

$$2EIw_2'' = -Fx_2,\ 2EIw_2' = -\frac{1}{2}Fx_2^2 + C_2$$

$$2EIw_2 = -\frac{1}{6}Fx_2^3 + C_2x_2 + D_2$$

由边界条件和连续条件确定积分常数：

由 $x_1 = x_2 = \frac{l}{2}$，$w_1' = w_2'$，得 $C_1 = -\frac{5}{16}Fl^2$

由 $x_1 = x_2 = \frac{l}{2}$，$w_1 = w_2$，得 $D_1 = -\frac{3}{16}Fl^3$

由 $x_2 = l$，$w_2' = 0$，得 $C_2 = \frac{F}{2}l^2$

由 $x_2 = l$，$w_2 = 0$，得 $D_2 = -\frac{F}{3}l^3$

挠曲线方程和转角方程

$$w_1(x_1) = \frac{1}{EI}\left(-\frac{1}{6}Fx_1^3 + \frac{5}{16}Fl^2x_1 - \frac{3}{16}Fl^3\right)$$

$$w_2(x_2) = \frac{1}{EI}\left(-\frac{1}{6}Fx_2^{\ 3} + \frac{5}{16}Fl^2x_2 + \frac{3}{16}Fl^3\right)$$

$$\theta_1(x_1) = w_1'(x_1) = \frac{1}{EI}\left(-\frac{1}{2}Fx_1^2 - \frac{5}{16}Fl^2\right)$$

$$\theta_2(x_2) = w_2'(x_2) = \frac{1}{2EI}\left(-\frac{1}{2}Fx_2^2 + \frac{1}{2}Fl^2\right)$$

最大挠度和最大转角

$$|\theta_{\max}| = w_1'(x_1)|_{x_1=0} = \frac{5Fl^2}{16EI},\quad |w_{\max}| = w_1(x_1)|_{x_1=0} = \frac{3Fl^3}{16EI}$$

（2）如题 8.10 图（b）所示。因结构和载荷均对称，故只考虑梁的一半。

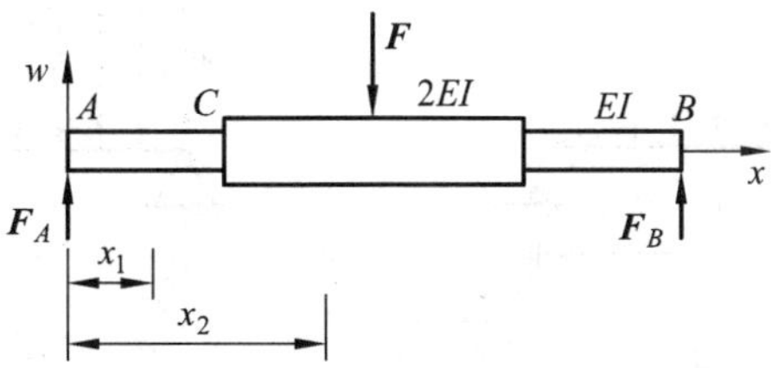

图 b

根据平衡条件可求出支座反力

$$F_A = F_B = \frac{F}{2}$$

弯矩方程、挠曲线微分方程及其积分为

AC 段　　$M_1(x_1) = -\frac{F}{2}x_1 \quad \left(0 \leqslant x_1 \leqslant \frac{1}{4}\right)$

$$EIw_1'' = \frac{F}{2}x_1 \text{，} \quad EIw_1' = \frac{1}{4}Fx_1^{\ 2} + C_1 \text{，} \quad EIw_1 = \frac{1}{12}Fx_1^{\ 3} + C_1x_1 + D_1$$

CD 段段　　$M_2(x_2) = \frac{F}{2}x_2 \quad \left(\frac{1}{4} \leqslant x_2 \leqslant \frac{1}{2}\right)$

$$2EIw_2'' = \frac{F}{2}x_2 \text{，} \quad 2EIw_2' = \frac{F}{4}x_2^{\ 2} + C_2 \text{，} \quad 2EIw_2 = \frac{F}{12}x_2^{\ 3} + C_2x_2 + D_2$$

由边界条件和连续条件确定积分常数:

由 $x_1 = 0,\ w_1 = 0$，得　$D_1 = 0$

由 $x_2 = \frac{l}{2},\ w_2' = 0$，得　$C_2 = -\frac{1}{16}Fl^2$

由 $x_1 = x_2 = \frac{l}{4},\ w_1' = w_2'$，得　$C_1 = -\frac{5}{128}Fl^2$

由 $x_1 = x_2 = \frac{l}{4},\ w_1 = w_2$，得　$D_2 = -\frac{1}{384}Fl^3$

挠曲线方程和转角方程

$$w_1(x_1) = \frac{1}{EI}\left(-\frac{1}{12}Fx_1^3 - \frac{5}{128}Fl^2x_1\right)$$

$$w_2(x_2) = \frac{1}{2EI}\left(\frac{1}{12}Fx_2^3 - \frac{1}{16}Fl^2x_2 - \frac{3}{384}Fl^3\right)$$

$$\theta_1(x_1) = w_1'(x_1) = \frac{1}{EI}\left(\frac{1}{4}Fx_1^2 - \frac{5}{128}Fl^2\right)$$

$$\theta_2(x_2) = w_2'(x_2) = \frac{1}{2EI}\left(\frac{1}{4}Fx_2^2 - \frac{1}{16}Fl^2\right)$$

最大挠度和最大转角

$$|\theta_{\max}| = w_1'(x_1)|_{x_1=0} = \frac{5Fl^2}{128EI} \text{，} \quad |w_{\max}| = w_1(x_1)|_{x_1=\frac{1}{2}} = \frac{3Fl^3}{256EI}$$

8.11　图示各梁，抗弯刚度 EI 为常数，用叠加法求跨度中点的挠度。

（a）　　（b）

题 8.11 图

解：

（1）如图 a 所示

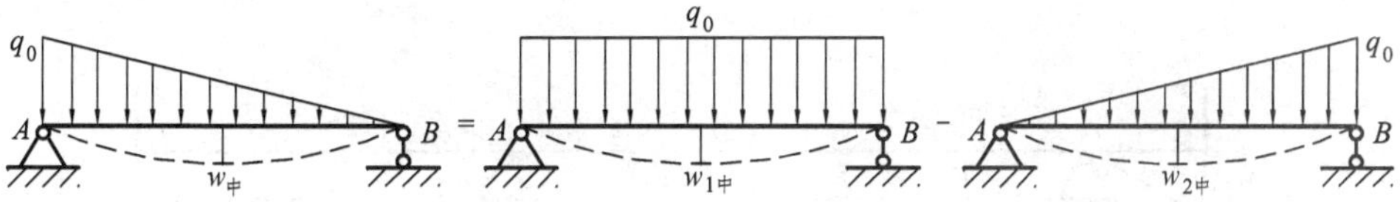

图 a

$$w_中 = w_{1中} - w_{2中},\ w_{2中} = w_中$$

查表 8.1 可得 $w_{1中} = \dfrac{5q_0l^4}{384EI}$

所以 $2w_{2中} = w_{1中}$

$$w_中 = \frac{1}{2}w_{1中} = \frac{1}{2}\times\frac{5q_0l^4}{384EI} = \frac{5q_0l^4}{768EI}$$

（2）如图 b 所示：

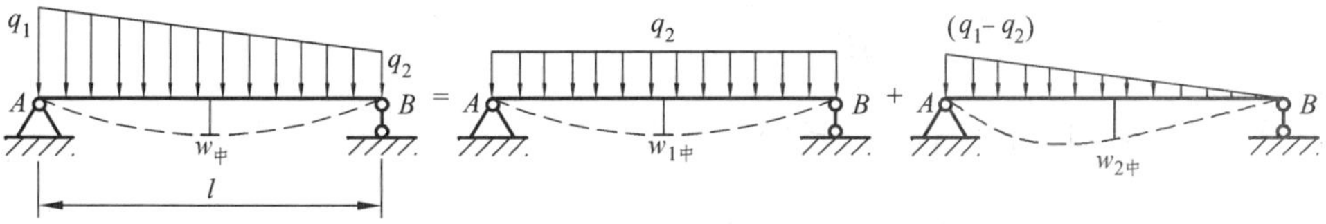

图 b

$$w_中 = w_{1中} + w_{2中}$$

查表 8.1 可得 $w_{1中} = \dfrac{5q_0l^4}{384EI}$

利用图 a 的结果有

$$w_{2中} = \frac{5(q_1-q_2)l^4}{768EI}$$

所以应用叠加法可得题 8.11 图（b）所示简支梁跨度中点的挠度

$$w_中 = \frac{5q_2l^4}{384EI} + \frac{5(q_1-q_2)l^4}{768EI} = \frac{5(q_1+q_2)l^4}{768EI}$$

8.12 图示外伸梁，抗弯刚度 EI 为常数，两端均受载荷 F 的作用，试求：

（1）当 $\dfrac{x}{l}$ 为何值时，梁跨度中点处的挠度和自由端的挠度相等。

（2）当 $\dfrac{x}{l}$ 为何值时，梁跨度中点处的挠度最大。

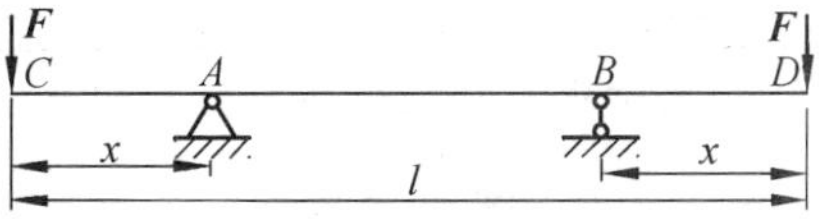

题 8.12 图

解：

（1）梁跨度中点的挠度和自由端的挠度相等，应用叠加原理，题 8.12 图可分解为图 a 和图 b。

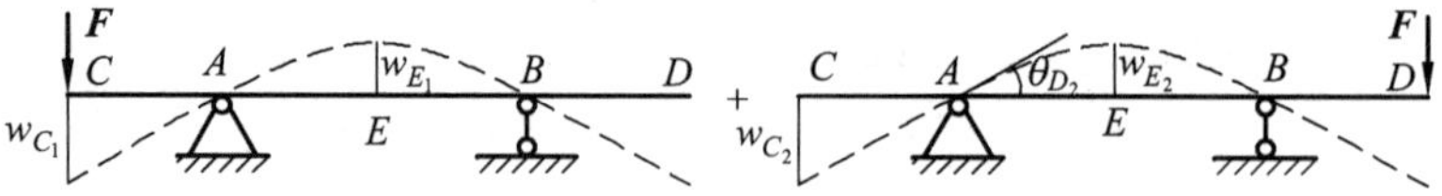

图 a　　　　图 b

$$w_C = w_{C1} + w_{C2} = \frac{Fx^2}{3EI}(l-x) + \frac{Fx(l-2x)}{6EI}x = w_{C1} + \theta_{D2} = \frac{Fx^2}{6EI}(3l-4x)$$

$$w_E = w_{E1} + w_{E2} = 2w_{E1} = 2\frac{Fx}{12EI}\left[(l-2x)^2 - \frac{(l-2x)^2}{4}\right] = \frac{Fx}{8EI}(l-2x)^2$$

由 $w_E = w_C$

$$\frac{Fx^2}{6EI}(3l-4x) = \frac{Fx}{8EI}(l-2x)^2$$

解得 $x = 0.152$（其余两解 $x=0,\ x=0.705$ 不合理，舍去）。

$$w_E = w_C = \frac{Fx^2}{6EI}(3l-4x) = \frac{F\left(0.152l\right)^2}{6EI}[3l-4(0.152l)^2] = 9.21\times10^3\times\frac{Fl^3}{EI}$$

（2）梁跨度中点的挠度最大，即 w_E 为最大时，$\frac{\mathrm{d}w_E}{\mathrm{d}x}=0$，得

$$\frac{\mathrm{d}\left[\frac{Fx}{8EI}(l-2x)^2\right]}{\mathrm{d}x} = 0$$

$$(l^2 - 8lx + 12x^2) - (l-2x)(l-6x) = 0$$

解得

$$x = \frac{l}{6} \approx 0.167l\left(其余解\ x=\frac{l}{2}\ 不合理\right)$$

8.13　图示圆截面轴，两端用轴承支持，承受载荷 $F = 10\ \text{kN}$ 作用。若轴承处的许用转角 $[\theta] = 0.05\ \text{rad}$，材料的弹性模量 $E = 200\ \text{GPa}$，试确定轴径 d。

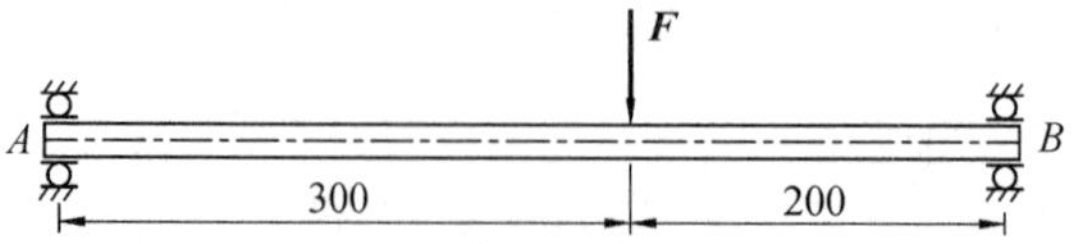

题 8.13 图

解：由题可知当载荷 F 作用在中点时，轴承处产生最大转角。查表 8.1 得

$$\theta_A=\theta_B=\frac{Fl^2}{16EI}=\frac{10\times10^3\times0.25}{16\times20\times10^9\times I}, \qquad I=\frac{\pi d^3}{64}$$

又 $\theta_A=\theta_B\leqslant[\theta]$，得 $d\geqslant24\text{ mm}$。

8.14　图示悬臂梁，材料的许用应力 $[\sigma]=160\text{ MPa}$，$E=200\text{ GPa}$，梁的许用挠度 $[w]\leqslant\frac{l}{400}$，截面由两个槽钢组成，试选择槽钢的型号。

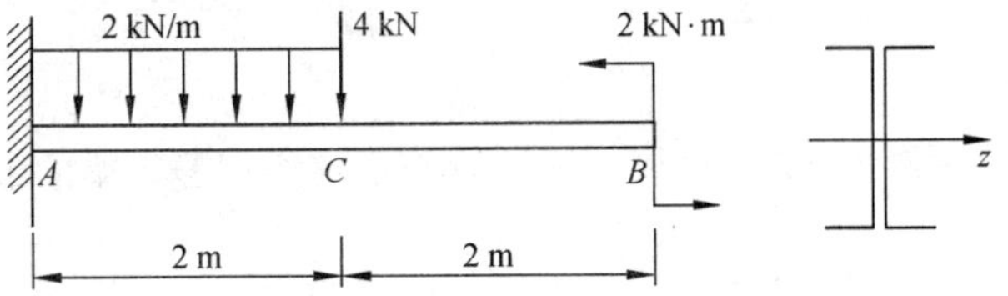

题 8.14 图

解：如图 a 所示，将悬臂梁看成是均布载荷 2 kN/m、集中载荷 $F=4\text{ kN}$ 及集中力偶 $M=2\text{ kN}\cdot\text{m}$ 的叠加。

在单一载荷作用下梁的变形，可应用表 8.1 并应用叠加法

$$|w_{\max}|=|w_B|=|w_{B1}+w_{B2}+w_{B3}|=\left|-\frac{q\left(\frac{l}{2}\right)^4}{8EI}-\frac{q\left(\frac{l}{2}\right)^3}{6EI}\times\frac{l}{2}-\frac{F\left(\frac{l}{2}\right)^2}{6EI}\left(3l-\frac{l}{2}\right)+\frac{Ml^2}{2EI}\right|$$

$$=\left|\frac{1}{200\times10^9\times I}\times10^3\left(-\frac{2\times2^4}{8}-\frac{2\times2^3}{6}\times2-\frac{4\times\left(\frac{4}{2}\right)^2}{6}\left(3\times4-\frac{4}{2}\right)+\frac{3\times4^2}{2}\right)\right|$$

$$=\frac{6}{I}\times10^{-5}\leqslant\frac{l}{400}=0.01$$

得 $I\geqslant6\times10^{-6}\text{ m}$，选 14b 槽钢，$W_z=87.1\text{ cm}^3$。

作弯矩图如图 b 所示，最大弯矩为 $M_{\max}=10\text{ kN}\cdot\text{m}$。校核强度

$$\sigma_{\max}=\frac{\frac{1}{2}\times10\times10^3}{80.5\times10^{-6}}=62\text{ MPa}<[\sigma]=160\text{ MPa}$$

强度足够，因此选 14a 槽钢。

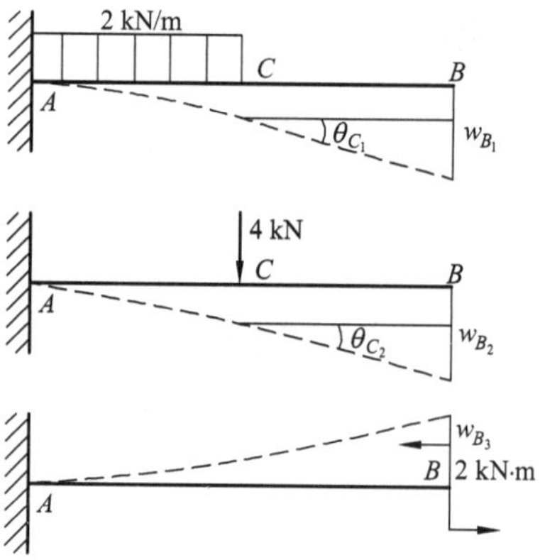

图 a

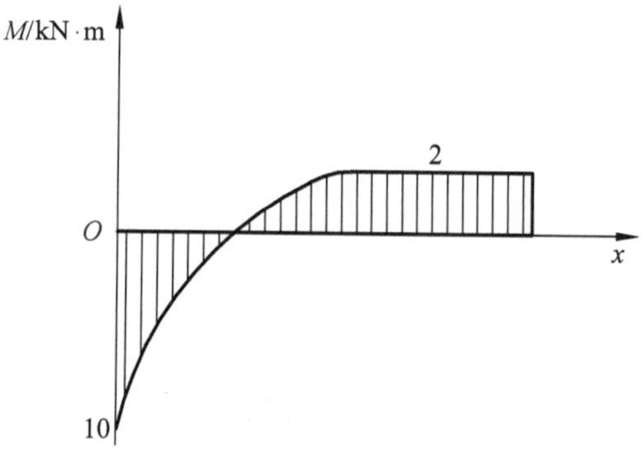

图 b

8.15 图示梁，抗弯刚度 EI 为常数，试比较静不定梁和静定梁的最大弯矩和最大挠度。

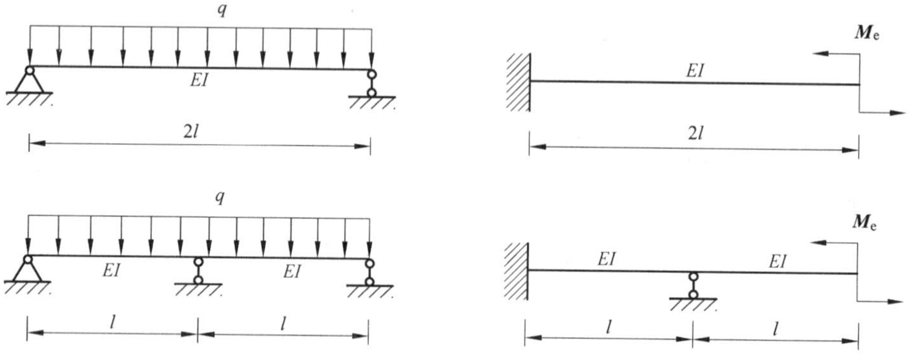

题 8.15 图

解：

（1）静定梁和超静定梁的内力图如图 a1 和 a2 所示。

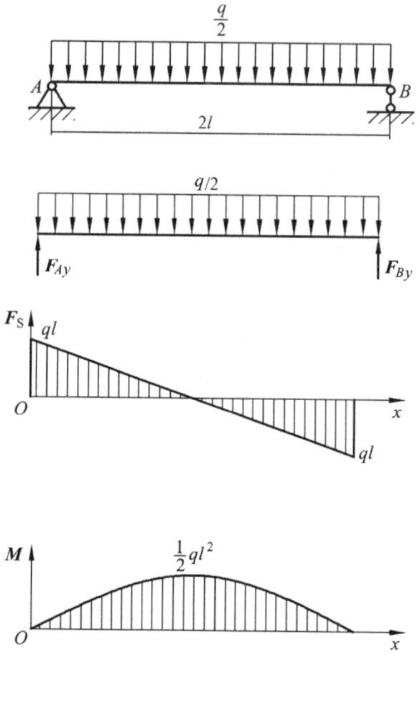

图 a1

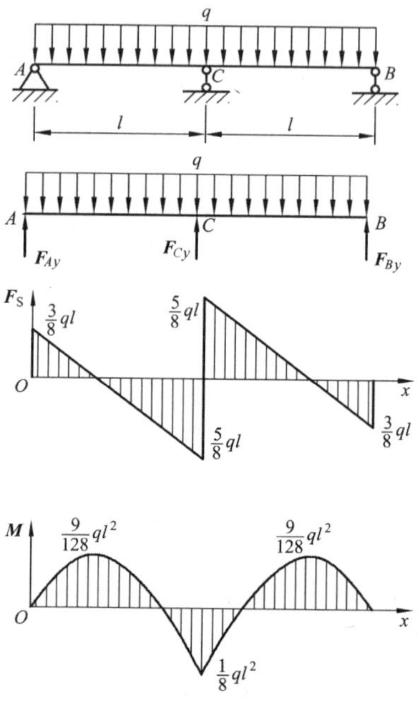

图 a2

由弯矩图得 $M_{a1\max}=\dfrac{1}{2}ql^2$，$M_{a2\max}=\dfrac{9}{128}ql^2$

查表 8.1　并应用叠加法得 $|w_{a1\max}|=\dfrac{5ql^4}{24EI}\approx 0.208\,3\dfrac{ql^4}{EI}$，$|w_{a2\max}|=0.005\,4\dfrac{ql^4}{EI}$

（2）静定梁和超静定梁的弯矩图如图 b1 和 b2 所示。

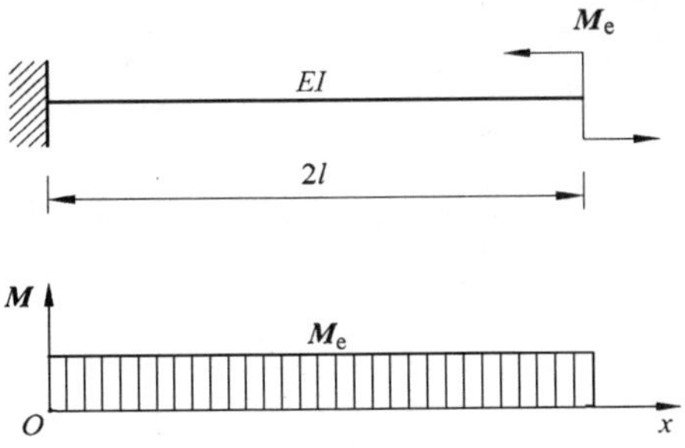

图 b1

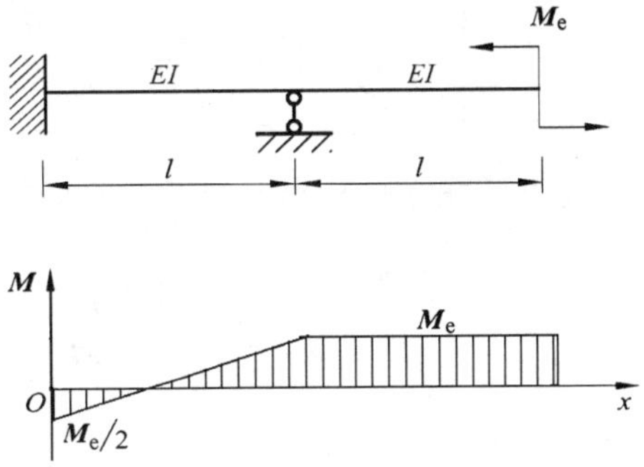

图 b2

由弯矩图得 $M_{a1\max}=M_e$，$M_{a2\max}=M_e$

查表 8.1　并应用叠加法得 $|w_{a1\max}|=\dfrac{2M_el^2}{EI}$，$|w_{a2\max}|=\dfrac{3M_el^2}{4EI}$

8.16　如图所示，梁 AB 因强度和刚度不足，用同材料和同样截面的短梁 AC 加固，如图所示。试求：（1）两梁接触处的压力；（2）加固后梁 AB 的最大弯矩和截面 B 的挠度减小的百分数。

解：（1）梁 AB 与 AC 均为静定梁，但由于在截面 C 处用铰接，即增加一约束，因而由它们组成的结构属于一次静不定，需要建立一个补充方程才能求解。

如果选择铰链 C 为多余约束予以解除，并以相应多余力 F_R 代替其作用，则原结构的相当系统如图 a 所示。

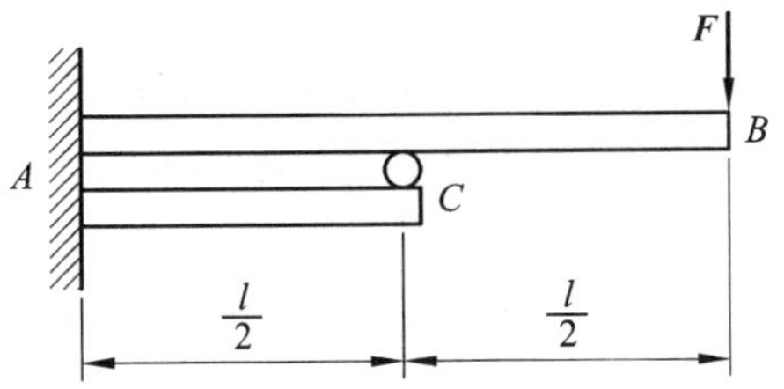

题 8.16 图

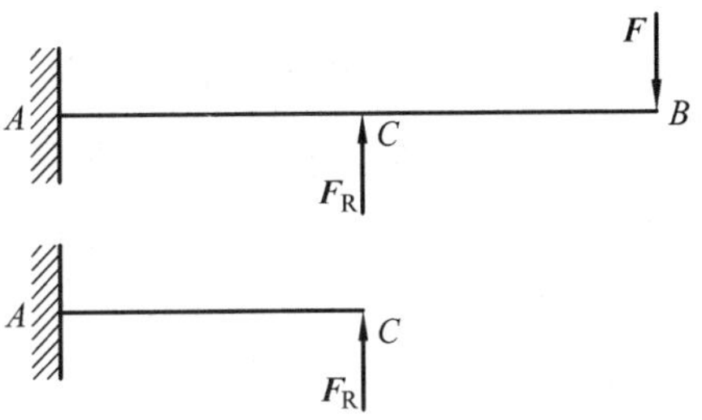

图 a

在多余力 F_R 作用下，梁 AC 的横截面 C 铅垂下移；在载荷 F 与多余力 F_R 作用下，梁 AB 的横截面 C 也应铅垂下移。设前一位移为 w_1，后一位移为 w_2，则变形协调条件为

$$w_1=w_2 \qquad ①$$

由梁变形表 8.1 查得

$$w_1=\frac{F_R\left(\frac{l}{2}\right)^3}{3EI}=\frac{F_Rl^3}{24EI} \quad ②$$

根据变形表 8.1 并利用叠加法，得

$$w_2=\frac{(5F-2F_R)l^3}{48EI} \quad ③$$

将①②③联立得补充方程

$$\frac{(5F-2F_R)l^3}{48EI}=\frac{F_Rl^3}{24EI}$$

由此得多余力

$$F_R=\frac{5F}{4}$$

（2）未加固时，梁 AB 的端点挠度即为最大弯矩与最大挠度

$$M_{\max 1}=Fl,\ \ w_{B1}=\frac{Fl^3}{3EI}$$

加固后，该截面的弯矩和挠度变为

$$M_{\max 2}=\frac{1}{2}Fl,\ \ w_{B2}=\frac{Fl^3}{3EI}-\frac{5F_Rl^3}{48EI}=\frac{13Fl^3}{64EI}$$

即加固后梁 AB 最大弯矩为 $M_{\max 2}=\frac{1}{2}Fl$，减小 50%；截面 B 挠度为 $w_{B2}=\frac{13Fl^3}{64EI}$，减小 39.1%。

8.17　直梁 AB 在未承受载荷前搁置在支座 A、B 上，梁与支座 C 间有一间隙 Δ。当加上均布荷载 q 后，梁发生变形而在中点处与支座 C 接触，因而 3 个支座都产生约束力，如果要使这 3 个约束力相等，则 Δ 值应为多少？

解：由题意，当加上均布荷载 q 后，梁发生变形而在中点处与支座 B 接触，这 3 个约束反力相等，受力分析如图 a，得

$$F_{Ay}=F_{By}=F_{Cy}=\frac{2ql}{3} \quad ①$$

又根据变形协调关系

$$|w_{c,q}|+|w_c,F_{Cy}|=\Delta \quad ②$$

通过查表 8.1 得出

$$|w_{c,q}|+|w_c,F_{Cy}|=\frac{5q(2l)^4}{384EI}+\frac{2ql/3(2l)^3}{48EI}=\frac{7ql^4}{72}$$

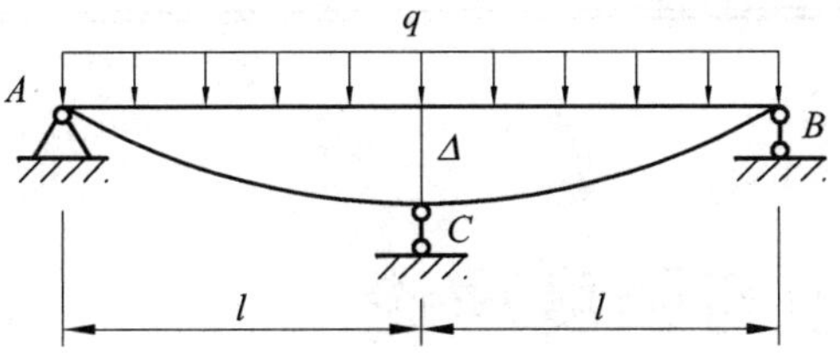

题 8.17 图

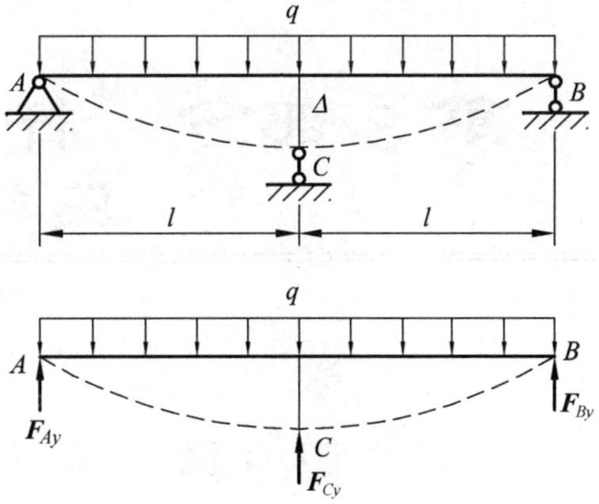

图 a

第3部分　杆件的组合变形与压杆稳定

第9章　应力状态与强度理论

9.1　知识要点

1. 本章研究对象和研究内容

（1）研究对象——应力单元体。

（2）研究内容——理解应力应变分析的方法和目的、工程材料的本构关系、材料失效形式和强度理论，重点掌握应力状态分析。

2. 应力、应变状态分析的方法和目的

本章应用微元体分析的方法，研究受载荷作用的变形固体内一点处的力的平衡关系和变形规律。介绍了一点处的应力状态和应变状态、主应力、主应变和主方向等概念。介绍了确定一点处应力和应变状态、主应力、主应变和主方向的方法：解析法和莫尔圆法。利用上述方法，可以进行处于平面应力状态的点的应力分析和应变分析。主应力、主应变和主方向是反映一点处应力状态和应变状态性质的最重要的物理量。它们与所选的坐标系无关，只与构件的受载情况、材料的力学性能和点的位置有关。由于主应力和主应变的极值性质，以及由它们决定的最大切应力，它们与材料的强度失效密切相关。应力应变分析的主要目的就是确定危险点的主应力和主方向。

3. 工程材料的本构关系

工程材料的本构关系，即应力-应变关系，是变形固体力学的物理方程，即联系力与变形的规律，是变形固体力学最重要的理论基础之一。对于大多数各向同性的线弹性材料，广义胡克定律给出了它们在小变形情形下的本构关系的很好描述。

4. 材料的失效形式和强度理论

材料失效的基本形式有两种：脆性断裂和塑性屈服或剪断。材料的失效形式不仅与材料的性质有关，还与危险点所处的应力状态有关。强度理论或失效判据是人们总结了大量实践经验和试验结果而提出的关于复杂应力状态下材料破坏的原因的假说，研究强度理论的目的是建立复杂应力状态下的强度设计准则，不可能建立一种统一的适用于所有材料和任何情况的强度理论。目前工程上常用的屈服判据为最大切应力条件和畸变能密度条件，断裂判据为最大拉应力准则，拉压强度不同的脆性材料的剪断或屈服则常用莫尔准则。

9.2 解题步骤

平面应力状态分析主要采用解析法。解析法的步骤是：截取微元体，给出微元体各面上的应力，利用平衡条件求出斜截面上的应力，由切应力为零的条件求出主应力和主方向。应力莫尔圆是一种简单直观的平面应力状态表示方法。在进行受力分析时通常利用莫尔圆作为定性分析和检查校核的手段。莫尔圆与微元体图的对应关系可概括为：圆上一点，体上一面，角差一倍，转向相同。一点处的最大和最小正应力及最大切应力应从三向应力状态出发确定。

9.3 习题详解

9.1 构件受力如图所示。

（1）确定危险点的位置。

（2）用单元体表示危险点的应力状态。

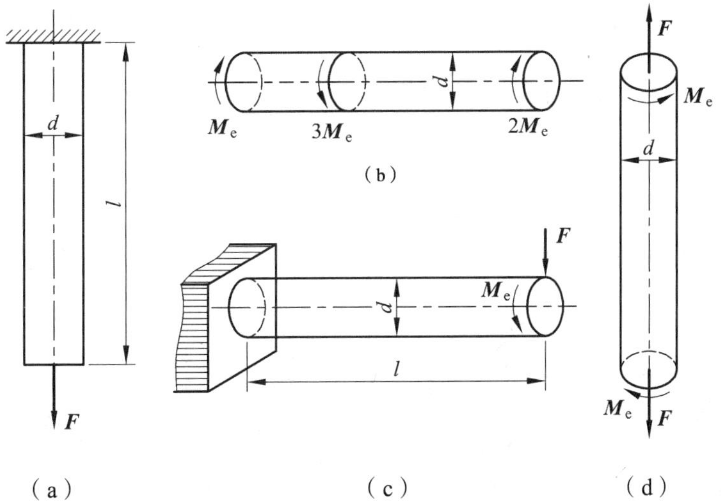

题 9.1 图

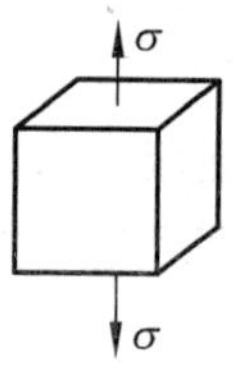

图 a

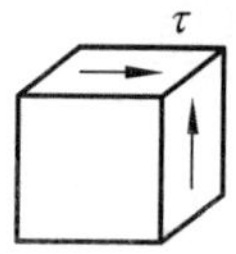

图 b

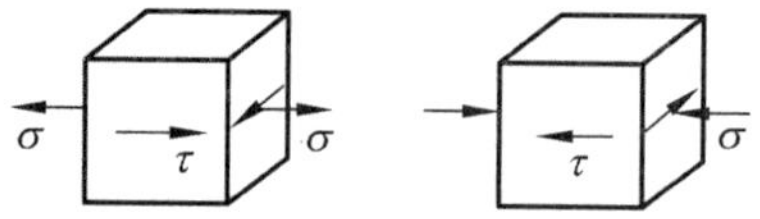

图 c

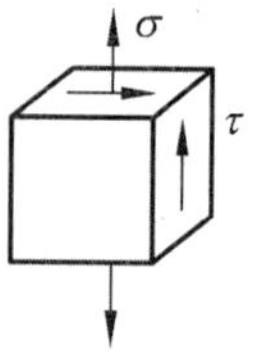

图 d

解：

（a）危险点位于固定端处截面上，应力状态如图 a 所示。

内力：$|F_{\mathrm{N}}|_{\max}=F+\rho gAl$，应力：$\sigma=\dfrac{|F_{\mathrm{N}}|_{\max}}{A}=\dfrac{F}{A}+\rho gl=\dfrac{4F}{\pi d^2}+\rho gl$。

（b）危险点位于轴右半段外表面处，应力状态如图 b 所示。

内力：$|T|_{\max}=2M_{\mathrm{e}}$，应力：$\tau=\dfrac{|T|_{\max}}{W_{\mathrm{t}}}=\dfrac{2M_{\mathrm{e}}}{\dfrac{\pi d^3}{16}}=\dfrac{32M_{\mathrm{e}}}{\pi d^3}$。

（c）危险点处于固定端横截面上下边缘处，应力状态如图 c 所示。

内力：$|M|_{\max}=Fl$，$|T|_{\max}=M_{\mathrm{e}}$，应力：$\sigma=\dfrac{|M|_{\max}}{W_z}=\dfrac{Fl}{\dfrac{\pi d^3}{32}}=\dfrac{32Fl}{\pi d^3}$，$\tau=\dfrac{|T|_{\max}}{W_{\mathrm{t}}}=\dfrac{M_{\mathrm{e}}}{\dfrac{\pi d^3}{16}}=\dfrac{16M_{\mathrm{e}}}{\pi d^3}$

另外，在横截面的中性轴处弯曲切应力 τ' 达到最大值，$\tau'=\dfrac{4}{3}\cdot\dfrac{|F_{\mathrm{S}}|_{\max}}{A}=\dfrac{4F}{\dfrac{3\pi d^2}{4}}=\dfrac{16F}{3\pi d^2}$

故横截面的左边缘处，切应力为最大，$\tau=\tau+\tau'=\dfrac{16M_{\mathrm{e}}}{\pi d^3}+\dfrac{16F}{3\pi d^2}$，该点为纯剪切应力状态。

（d）危险点位于圆轴的外表面，应力状态如图 d 所示。

内力：$|F_{\mathrm{N}}|_{\max}=F$，$|T|_{\max}=M_{\mathrm{e}}$，应力：$\sigma=\dfrac{|F_{\mathrm{N}}|_{\max}}{A}=\dfrac{4F}{\pi d^2}$，$\tau=\dfrac{|T|_{\max}}{W_{\mathrm{t}}}=\dfrac{M_{\mathrm{e}}}{\dfrac{\pi d^3}{16}}=\dfrac{16M_{\mathrm{e}}}{\pi d^3}$

9.2　在图示各单元体中，试用解析法和图解法求斜截面 ab 上的应力。应力的单位为 MPa。

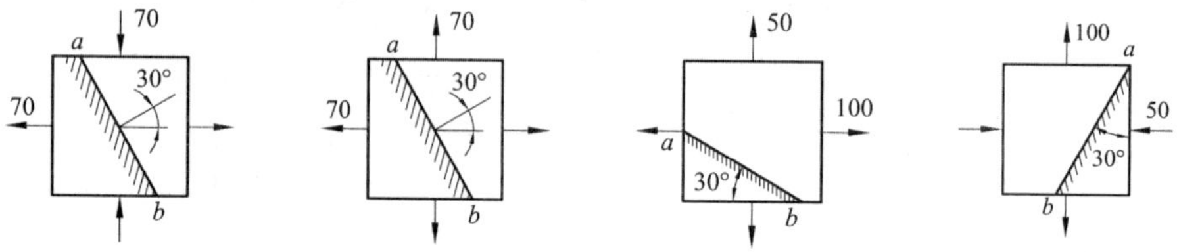

（a）　（b）　（c）　（d）

题 9.2 图

解:

（1）依题意知：$\sigma_x = 70\ \text{MPa}$，$\sigma_y = -70\ \text{MPa}$，$\tau_{xy} = 0$，$\alpha = 30°$，于是有

$$\sigma_\alpha = \frac{\sigma_x + \sigma_y}{2} + \frac{\sigma_x - \sigma_y}{2}\cos 2\alpha - \tau_{xy}\sin 2\alpha = \frac{70+70}{2}\cos 60°\ \text{MPa} = 35\ \text{MPa}$$

$$\tau_\alpha = \frac{\sigma_x - \sigma_y}{2}\sin 2\alpha + \tau_{xy}\cos 2\alpha = \frac{70+70}{2}\sin 60°\ \text{MPa} = 35\sqrt{3}\ \text{MPa} = 60.62\ \text{MPa}$$

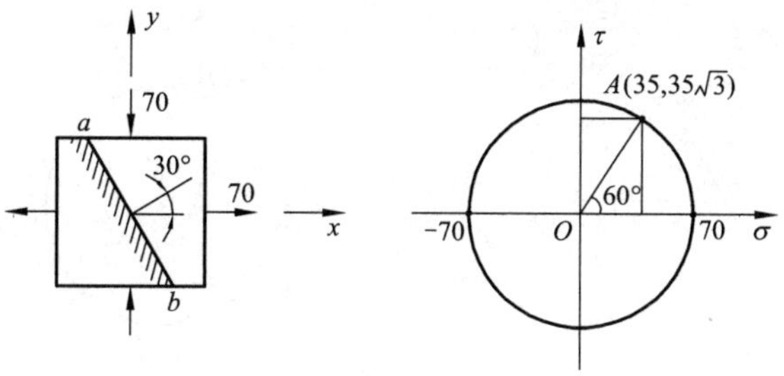

图 a

（2）依题意知：$\sigma_x = 70\ \text{MPa}$，$\sigma_y = 70\ \text{MPa}$，$\tau_{xy} = 0$，$\alpha = 30°$，于是有

$$\sigma_\alpha = \frac{\sigma_x + \sigma_y}{2} + \frac{\sigma_x - \sigma_y}{2}\cos 2\alpha - \tau_{xy}\sin 2\alpha = 70\ \ \text{MPa}$$

$$\tau_\alpha = \frac{\sigma_x - \sigma_y}{2}\sin 2\alpha + \tau_{xy}\cos 2\alpha = 0$$

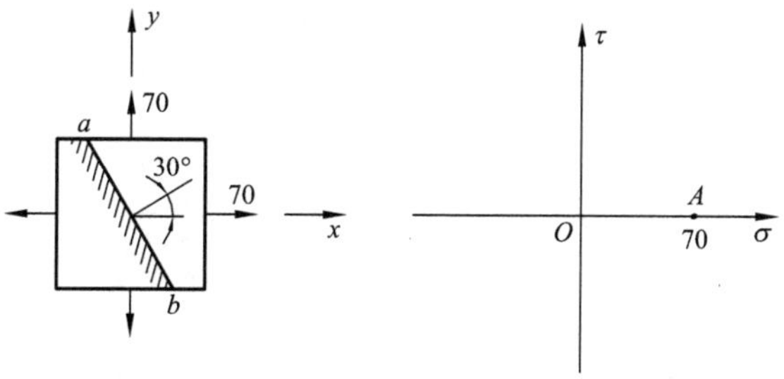

图 b

（3）依题意知：$\sigma_x = 100\ \text{MPa}$，$\sigma_y = 50\ \text{MPa}$，$\tau_{xy} = 0$，$\alpha = 60°$，于是有

$$\sigma_\alpha = \frac{\sigma_x + \sigma_y}{2} + \frac{\sigma_x - \sigma_y}{2}\cos 2\alpha - \tau_{xy}\sin 2\alpha = 75\ \text{MPa} + 25\cos 120°\ \text{MPa} = 62.5\ \text{MPa}$$

$$\tau_\alpha = \frac{\sigma_x - \sigma_y}{2}\sin 2\alpha + \tau_{xy}\cos 2\alpha = 25\sin 120°\ \text{MPa} = 21.65\ \text{MPa}$$

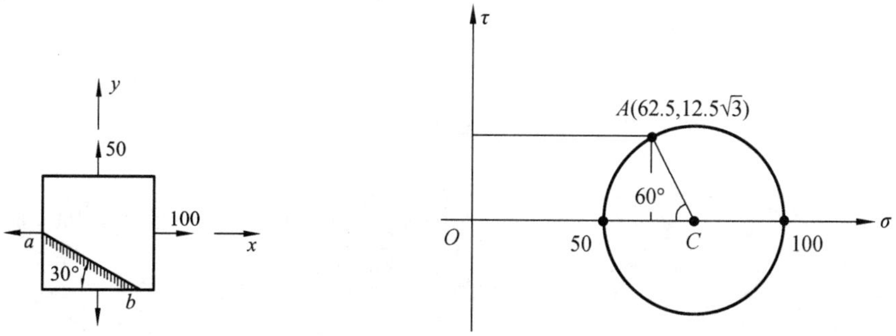

图 c

（4）依题意知：$\sigma_x = -50$ MPa ， $\sigma_y = 100$ MPa ， $\tau_{xy} = 0$ ， $\alpha = 150°$ ， 于是有

$$\sigma_\alpha = \frac{\sigma_x + \sigma_y}{2} + \frac{\sigma_x - \sigma_y}{2}\cos 2\alpha - \tau_{xy}\sin 2\alpha = (25 - 75\cos 300° - 0)\text{ MPa} = -12.5\text{ MPa}$$

$$\tau_\alpha = \frac{\sigma_x - \sigma_y}{2}\sin 2\alpha + \tau_{xy}\cos 2\alpha = -75\sin 300°\text{ MPa} = 64.95\text{ MPa} \approx 65\text{ MPa}$$

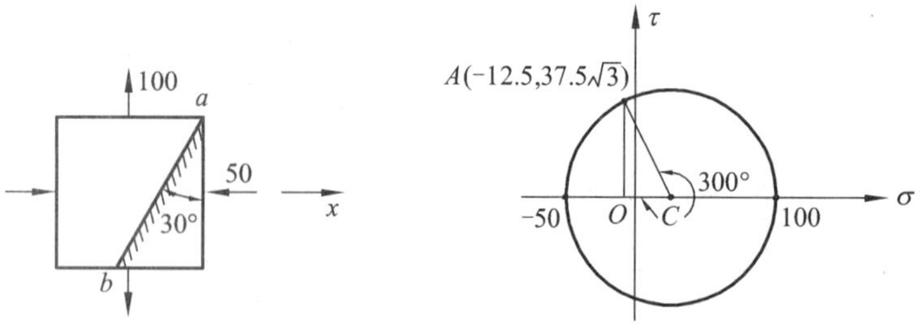

图 d

9.3　试用解析法和图解法求图示各单元体的主应力及主平面，并在单元体上绘出主平面位置及主应力方向（应力单位 MPa）。

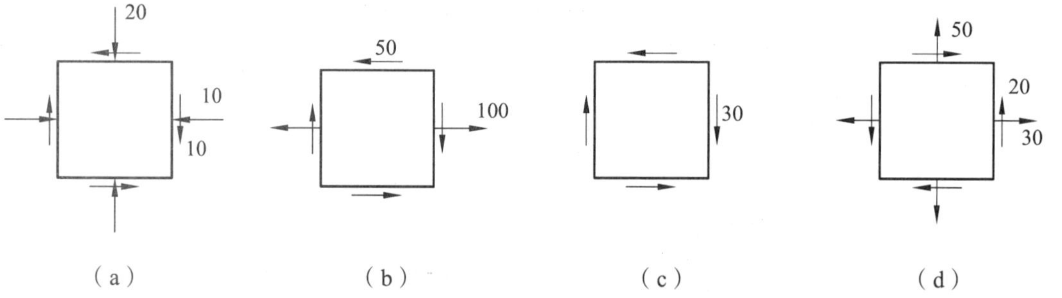

题 9.3 图

解：

（1）依题意知：$\sigma_x = -10$ MPa,　$\tau_{xy} = 10$ MPa,　$\sigma_y = -20$ MPa ，于是有

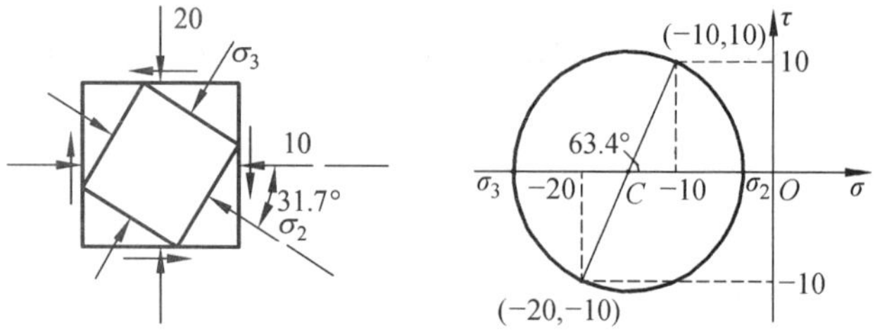

图 a

$$\left.\begin{matrix}\sigma_{max}\\ \sigma_{min}\end{matrix}\right\} = \frac{\sigma_x + \sigma_y}{2} \pm \sqrt{\left(\frac{\sigma_x - \sigma_y}{2}\right)^2 + \tau_{xy}^2} = -15 \pm 5\sqrt{5}\text{ MPa} = \begin{cases}-3.8\\ -26.2\end{cases}\text{ MPa}$$

$\sigma_1 = 0$ ，　$\sigma_2 = -3.8$ MPa,　$\sigma_3 = -26.2$ MPa ,

$$\tan 2\alpha_0 = -\frac{2\tau_{xy}}{\sigma_x - \sigma_y} = -2\times\frac{10}{-10+20} = -2 \Rightarrow \alpha_0 = -31.7°$$

$$\tau_{max} = \frac{1}{2}(\sigma_1 - \sigma_3) = \frac{1}{2}(0+26.2)\ \text{MPa} = 13.1\ \text{MPa}$$

（2）依题意知：$\sigma_x = 100$ MPa，$\tau_{xy} = 50$ MPa，$\sigma_y = 0$ MPa，于是有

$$\left.\begin{matrix}\sigma_{max}\\ \sigma_{min}\end{matrix}\right\} = \frac{\sigma_x+\sigma_y}{2} \pm \sqrt{\left(\frac{\sigma_x-\sigma_y}{2}\right)^2 + \tau_{xy}^2} = 50 \pm 50\sqrt{2}\ \text{MPa} = \begin{cases}120.7\\ -20.7\end{cases}\ \text{MPa}$$

$$\sigma_1 = 120.7\ \text{MPa},\quad \sigma_2 = 0,\quad \sigma_3 = -20.7\ \text{MPa},\quad \tan 2\alpha_0 = -\frac{2\tau_{xy}}{\sigma_x - \sigma_y} = -1 \Rightarrow \alpha_0 = -22.5°$$

$$\tau_{max} = \frac{1}{2}(\sigma_1 - \sigma_3) = 70.7\ \text{MPa}$$

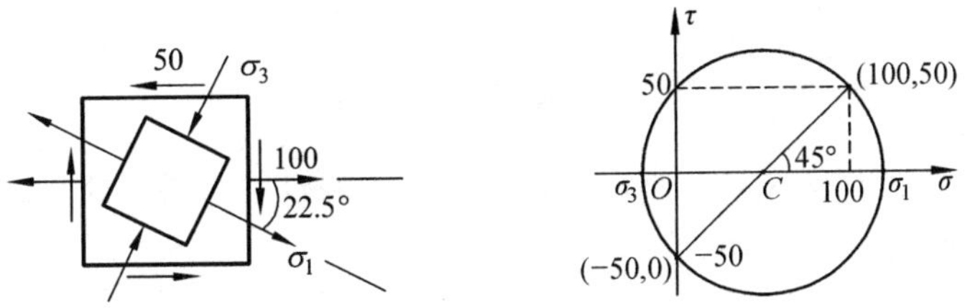

图 b

（3）依题意知：$\sigma_x = 0$，$\tau_{xy} = 30$ MPa，$\sigma_y = 0$ MPa，于是有

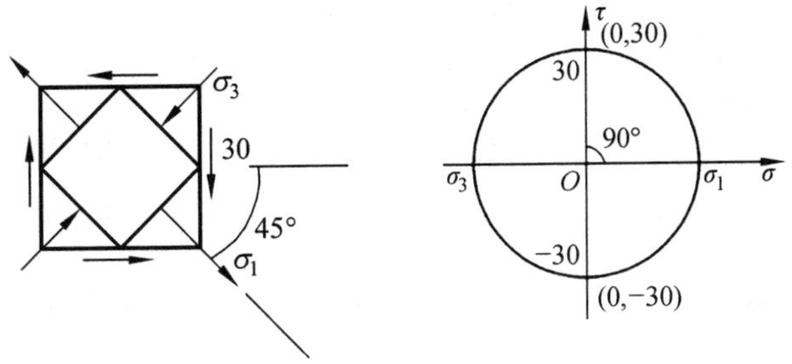

图 c

$$\left.\begin{matrix}\sigma_{max}\\ \sigma_{min}\end{matrix}\right\} = \frac{\sigma_x+\sigma_y}{2} \pm \sqrt{\left(\frac{\sigma_x-\sigma_y}{2}\right)^2 + \tau_{xy}^2} = \begin{cases}30\\ -30\end{cases}\ \text{MPa}$$

$$\sigma_1 = 30\ \text{MPa},\quad \sigma_2 = 0,\quad \sigma_3 = -30\ \text{MPa},\quad \tan 2\alpha_0 = -\frac{2\tau_{xy}}{\sigma_x - \sigma_y} = -\infty \Rightarrow \alpha_0 = -45°$$

$$\tau_{max} = \frac{1}{2}(\sigma_1 - \sigma_3) = 30\ \text{MPa}$$

（4）依题意知：$\sigma_x = 30$ MPa，$\tau_{xy} = -20$ MPa，$\sigma_y = 50$ MPa，于是有

$$\left.\begin{matrix}\sigma_{\max}\\ \sigma_{\min}\end{matrix}\right\}=\frac{\sigma_x+\sigma_y}{2}\pm\sqrt{\left(\frac{\sigma_x-\sigma_y}{2}\right)^2+\tau_{xy}^2}=40\pm10\sqrt{5}\ \text{MPa}=\begin{cases}62.4\\17.6\end{cases}\ \text{MPa}$$

$$\sigma_1=62.4\ \text{MPa},\quad \sigma_2=17.6\ \text{MPa},\quad \sigma_3=0\ ,\quad \tan2\alpha_0=-\frac{2\tau_{xy}}{\sigma_x-\sigma_y}=-2\Rightarrow\alpha_0=-31.7^\circ$$

$$\tau_{\max}=\frac{1}{2}\left(\sigma_1-\sigma_3\right)=31.2\ \text{MPa}$$

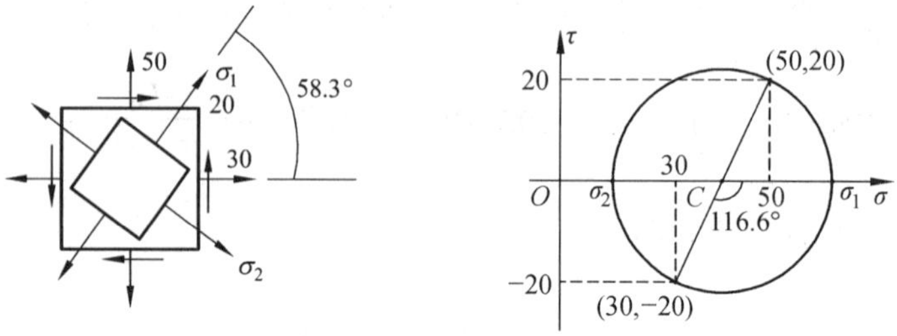

图 d

9.4　一焊接钢板梁的尺寸及受力情况如图所示，梁的自重忽略不计。试求图示 m-m 右侧截面上 a，b，c 三点处的主应力。

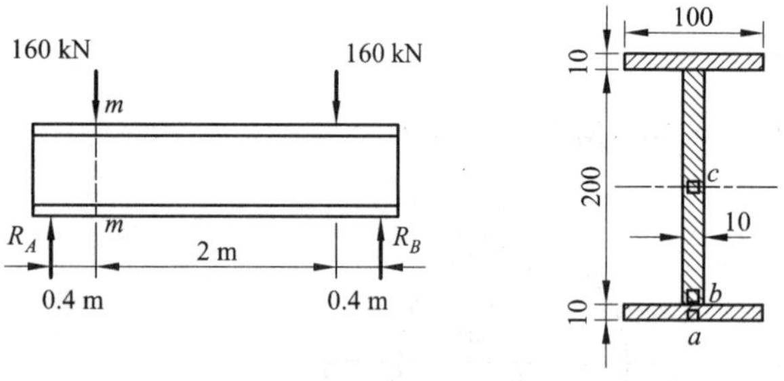

题 9.4 图

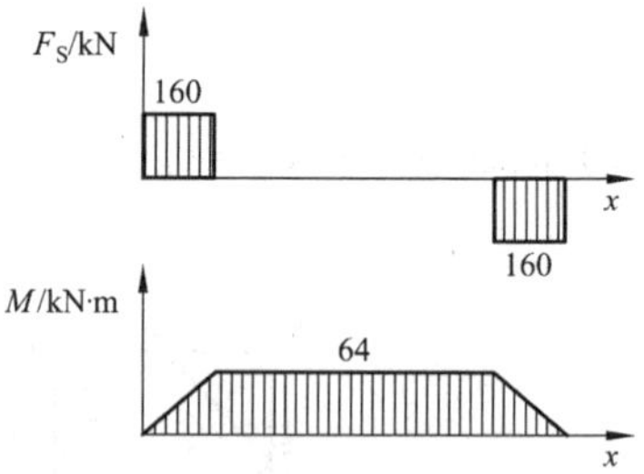

图 a

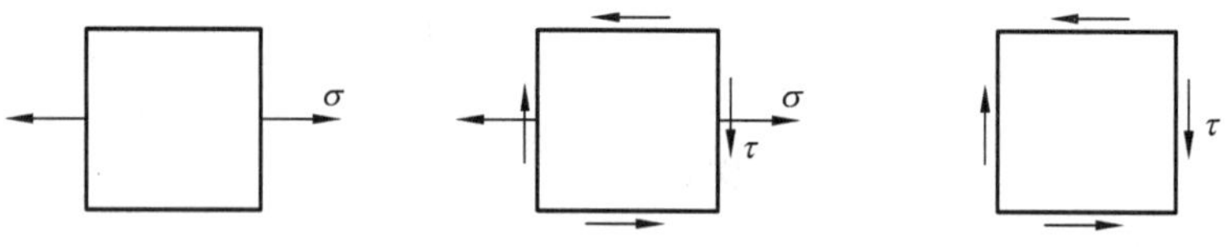

a 点　　b 点　　c 点

图 b

解：在 m-m 截面上（集中外载荷左侧），求得 $F_S=160\ \text{kN}$，$M=64\ \text{kN}\cdot\text{m}$

$$I_z=\frac{bh^3}{12}-2\times\frac{b^*h^{*3}}{12},\qquad b^*=\frac{b-b_1}{2},\quad h^*=h_1$$

$$I_z=\frac{bh^3}{12}-2\times\frac{b^*h^{*3}}{12}=\frac{bh^3}{12}-\frac{(b-b_1)h_1^3}{12}=\frac{0.1\times0.22^3}{12}\text{m}^4-\frac{(0.1-0.01)\times0.2^3}{12}\text{m}^4=2.873\times10^{-5}\ \text{m}^4$$

对于点 a，有

$$\sigma_1=\frac{M\cdot y_a}{I_z}=\frac{64\times10^3\times0.11}{2.873\times10^{-5}}\ \text{Pa}=245\ \text{MPa}\ ,\quad \sigma_2=\sigma_3=0$$

对于点 b，有

$$\sigma=\frac{M\cdot y_b}{I_z}=\frac{64\times10^3\times0.1}{2.873\times10^{-5}}\ \text{Pa}=222.8\ \text{MPa}$$

工字形截面梁，静矩为

$$S_z^*=\frac{b}{8}\left(h^2-h_1^2\right)+\frac{b_1}{2}\left(\frac{h_1^2}{4}-y^2\right)$$

腹板上的切应力为

$$\tau=\frac{F_S}{I_z b_1}\left[\frac{b}{8}\left(h^2-h_1^2\right)+\frac{b_1}{2}\left(\frac{h_1^2}{4}-y^2\right)\right]$$

最大和最小切应力分别为

$$\tau_{\max}=\frac{F_S}{I_z b_1}\left[\frac{bh^2}{8}-\left(b-b_1\right)\frac{h_1^2}{8}\right],\quad \tau_{\min}=\frac{F_S}{I_z b_1}\left[\frac{bh^2}{8}-\frac{bh_1^2}{8}\right]$$

于是，有

$$\tau=\tau_{\min}=\frac{F_S}{I_z b_1}\left[\frac{bh^2}{8}-\frac{bh_1^2}{8}\right]=\frac{160\times10^3}{2.873\times10^{-5}\times0.01}\left(\frac{0.1\times0.22^2}{8}-\frac{0.1\times0.2^2}{8}\right)\ \text{Pa}\ =58.5\ \text{MPa}$$

$$\sigma_x=\sigma=222.8\ \text{MPa},\quad \tau_{xy}=\tau_{\min}=58.5\ \text{MPa},\quad \sigma_y=0$$

$$\left.\begin{matrix}\sigma_{\max}\\ \sigma_{\min}\end{matrix}\right\}=\frac{\sigma_x+\sigma_y}{2}\pm\sqrt{\left(\frac{\sigma_x-\sigma_y}{2}\right)^2+\tau_{xy}^2}=111.4\pm125.8\ \text{MPa}=\begin{cases}237.2\\ -14.4\end{cases}\ \text{MPa}$$

$$\sigma_1=237\ \text{MPa},\quad \sigma_2=0,\quad \sigma_3=-14\ \text{MPa}$$

对于点 c，有

$$\tau=\tau_{\max}=\frac{F_S}{I_z b_1}\left[\frac{bh^2}{8}-\left(b-b_1\right)\frac{h_1^2}{8}\right]=\frac{160\times10^3}{2.873\times10^{-5}\times0.01}\left(\frac{0.1\times0.22^2}{8}-\left(0.1-0.01\right)\times\frac{0.2^2}{8}\right)\ \text{Pa}$$
$$=86.3\ \text{MPa}$$

$$\sigma_1=86.3\ \text{MPa},\quad \sigma_2=0,\quad \sigma_3=-86.3\ \text{MPa}$$

9.5 矩形截面钢杆在受轴向拉力 $F = 20$ kN 时，测得试样中段 B 点处与其轴线成 30°方向的线应变$\varepsilon_{30°} = 3.25 \times 10^{-4}$。已知材料的弹性模量 $E = 210$ GPa，试求泊松比μ。

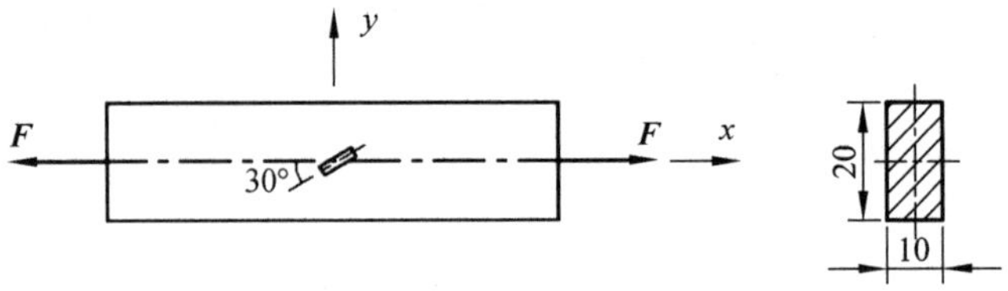

题 9.5 图

解：如图建立坐标系，得

$$\sigma_x = \frac{F}{A} = \frac{20\times10^3}{0.2\times0.01}\ \text{Pa} = 100\ \text{MPa}\ ,\quad \varepsilon_x = \frac{\sigma_x}{E} = \frac{100\times10^6}{210\times10^9} = 476.2\times10^{-6}$$

$\gamma_{xy}=0$，而 ε_y 未知。利用公式，$\varepsilon_\alpha = \dfrac{\varepsilon_x+\varepsilon_y}{2} + \dfrac{\varepsilon_x-\varepsilon_y}{2}\cos 2\alpha - \dfrac{\gamma_{xy}}{2}\sin 2\alpha$ 可得

$$\varepsilon_{30°} = \frac{\varepsilon_x+\varepsilon_y}{2} + \frac{\varepsilon_x-\varepsilon_y}{4} = \frac{3}{4}\varepsilon_x + \frac{1}{4}\varepsilon_y$$

而已知 $\varepsilon_{30°} = 325\times10^{-6}$，于是可解出

$$\varepsilon_y = -128.6\times10^{-6}$$

则泊松比

$$\mu = -\frac{\varepsilon'}{\varepsilon} = -\frac{\varepsilon_y}{\varepsilon_x} = -\frac{-128.6\times10^{-6}}{476.2\times10^{-6}} = 0.27$$

9.6 如图所示空心圆轴，外径 $D = 120$ mm，内径 $d = 80$ mm。在轴的中部表面 A 点处，测得与其母线成 45°方向的线应变$\varepsilon_{45°} = -2.6 \times 10^{-4}$，已知材料的弹性模量 $E = 200$ GPa，泊松比$\mu = 0.3$，试求外扭转力偶矩 M_e。

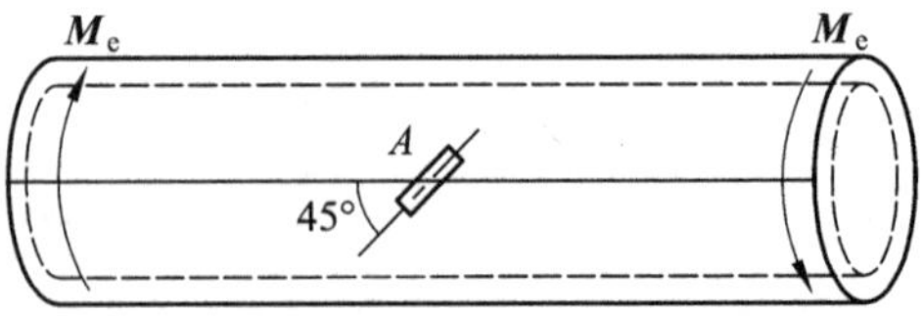

题 9.6 图

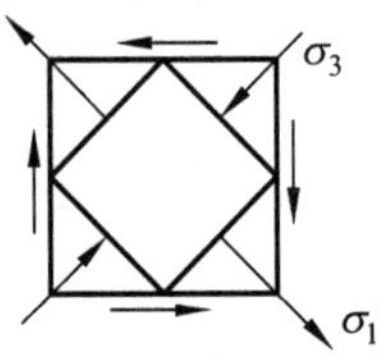

图 a

解：由 $\tau = \tau_{\max} = \dfrac{M_e}{W_t} \Rightarrow M_e = \tau W_t$，而 $\varepsilon_{45°} = \varepsilon_3 = -2.6\times10^{-4}$，又 $\sigma_1 = \tau,\quad \sigma_2 = 0,\quad \sigma_3 = -\tau$，根据广义胡克定律，有

$$\varepsilon_{45°} = \varepsilon_3 = \frac{1}{E}\left[\sigma_3 - \mu\left(\sigma_1+\sigma_2\right)\right] = \frac{1}{E}\left(-\tau-\mu\tau\right) = -\frac{\tau}{E}\left(1+\mu\right) \Rightarrow \tau = -\frac{E\varepsilon_3}{1+\mu} \Rightarrow$$

$$M_e = \tau W_t = -\frac{E\varepsilon_3}{1+\mu}\cdot\frac{\pi(D^4-d^4)}{16D} = \frac{200\times10^9\times2.6\times10^{-4}}{1+0.3}\times\frac{\pi\times(0.12^4-0.08^4)}{6\times0.12}\ \text{N}\cdot\text{m} = 10.89\ \text{kN}\cdot\text{m}$$

9.7 已知矩形截面梁某截面上的弯矩及剪力分别为 $M = 10\ \text{kN}\cdot\text{m}$，$F_S = 120\ \text{kN}$，试绘出截面上 1，2，3，4 各点的应力单元体，并求其主应力。

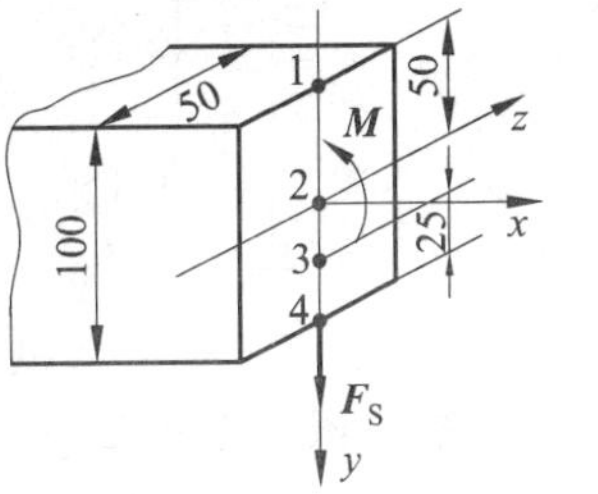

题 9.7 图

解：1 点：$\sigma = -\frac{M}{W_z} = -\frac{6M}{bh^2} = -\frac{6\times10\times10^3}{50\times100^2\times10^{-9}}\ \text{Pa} = -120\ \text{MPa}$，$\tau = 0$

$\sigma_1 = \sigma_2 = 0,\ \ \sigma_3 = -120\ \text{MPa}$，单向压缩应力状态。

2 点：$\sigma = 0$，$\tau = \frac{3}{2}\cdot\frac{F_S}{bh} = \frac{3}{2}\cdot\frac{120\times10^3}{50\times100^3\times10^{-12}}\ \text{Pa} = 36\ \text{MPa}$

$\sigma_1 = 36\ \text{MPa},\ \ \sigma_2 = 0,\ \ \sigma_3 = -36\ \text{MPa}$，纯剪切应力状态，二向应力状态。

3 点：$\sigma = \frac{My}{I_z} = \frac{10\times10^3\times25\times10^{-3}\times12}{50\times100^3\times10^{-12}}\ \text{Pa} = 60\ \text{MPa}$

$\sigma_x = 60\ \text{MPa},\ \ \sigma_y = 0,\ \ \tau_{xy} = 27\ \text{MPa}$

$$\left.\begin{matrix}\sigma_{\max}\\ \sigma_{\min}\end{matrix}\right\} = \frac{\sigma_x+\sigma_y}{2} \pm \sqrt{\left(\frac{\sigma_x-\sigma_y}{2}\right)^2+\tau_{xy}^2} = 30 \pm \sqrt{30^2+27^2}\ \text{MPa} = 30 \pm 40.36\ \text{MPa} = \begin{cases}70.36\\ -10.36\end{cases}\ \text{MPa}$$

$\sigma_1 = 70.36\ \text{MPa},\ \ \sigma_2 = 0,\ \ \sigma_3 = -10.36\ \text{MPa}$

$$\tan 2\alpha_0 = -\frac{2\tau_{xy}}{\sigma_x-\sigma_y} = -\frac{2\times27}{60-0} = -0.9 \Rightarrow \alpha_0 = -21^\circ \text{ 或 } \alpha_0 = 69^\circ$$

$\alpha_0 = -21^\circ$ 确定的主平面上，对应着主应力 $\sigma_1 = 70.36\ \text{MPa}$。

$\alpha_0 = 69^\circ$ 确定的主平面上，对应着主应力 $\sigma_3 = -10.36\ \text{MPa}$。

4 点：$\sigma = 120\ \text{MPa}$，$\tau = 0$

$\sigma_1 = 120\ \text{MPa},\ \ \sigma_2 = \sigma_3 = 0$，单向拉伸应力状态。

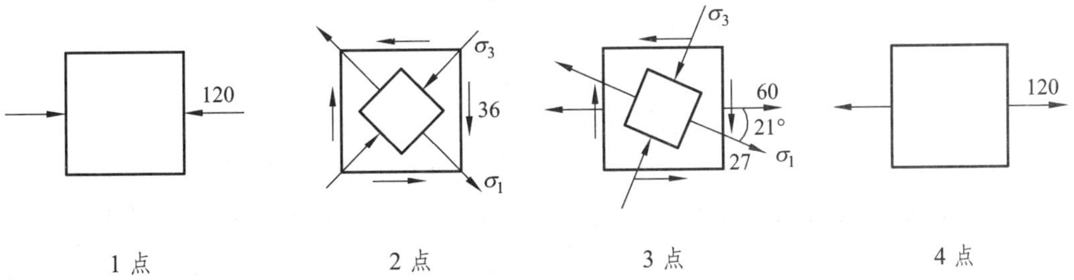

图 a

9.8 如图所示的单元体为二向应力状态，应力单位为 MPa。试求主应力及主单元体，并作应力圆。

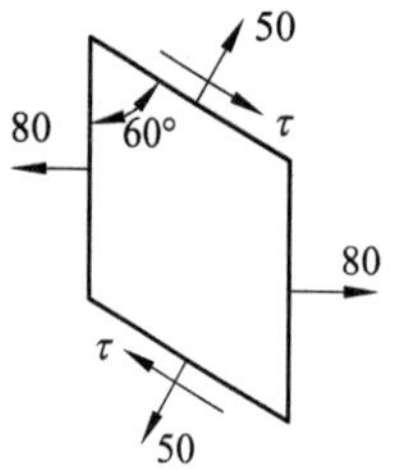

题 9.8 图

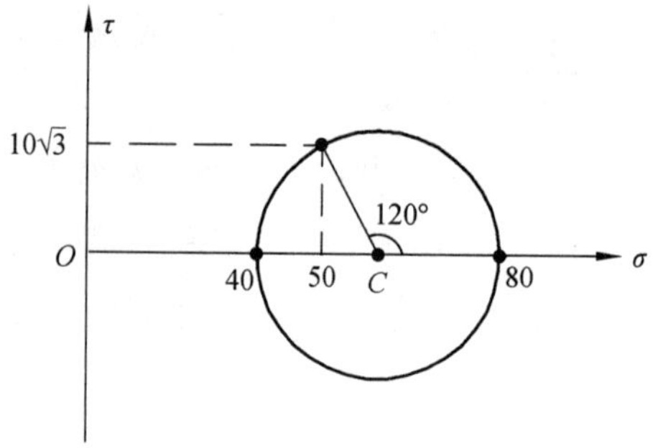

图 a

解：依题意可知 $\sigma_x = 80\ \text{MPa}$，$\tau_{xy} = 0$，$\alpha = 60°$，$\sigma_\alpha = 50\ \text{MPa}$。

根据公式 $\sigma_\alpha = \dfrac{\sigma_x + \sigma_y}{2} + \dfrac{\sigma_x - \sigma_y}{2}\cos 120° - \tau_{xy}\sin 2\alpha$，有

$$50 = \frac{80 + \sigma_y}{2} + \frac{80 - \sigma_y}{2}\cos 120° \Rightarrow \sigma_y = 40\ \text{MPa}$$

于是，得

$$\sigma_1 = 80\ \text{MPa},\ \sigma_2 = 40\ \text{MPa},\ \sigma_3 = 0$$

9.9　过受力构件的某点处，铅垂面上作用着正应力 $\sigma_x = 130$ MPa 和切应力 τ_{xy}，已知该点处的主应力 $\sigma_1 = 150$ MPa，最大切应力 $\tau_{\max} = 100$ MPa，试确定水平截面和铅垂截面的未知应力分量 σ_y，τ_{xy} 和 τ_{yx}。

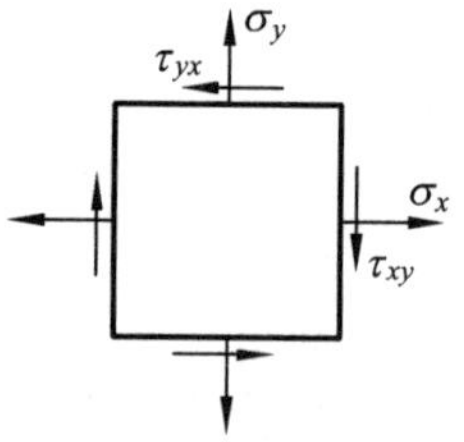

题 9.9 图

解：因为 $\tau_{\max} = \dfrac{1}{2}(\sigma_1 - \sigma_3) = 100\ \text{MPa}$，而 $\sigma_1 = 150\ \text{MPa}$，故

$$\sigma_3 = \sigma_1 - 2\tau_{\max} = 150 - 200 = -50\ \text{MPa}$$

则

$$\sigma_1 = 150\ \text{MPa},\ \sigma_2 = 0,\ \sigma_3 = -50\ \text{MPa}$$

于是知

$$\begin{cases} \sigma_{\max} = \sigma_1 = 150\ \text{MPa} \\ \sigma_{\min} = \sigma_3 = -50\ \text{MPa} \end{cases}$$

而

$$\left.\begin{matrix} \sigma_{\max} \\ \sigma_{\min} \end{matrix}\right\} = \frac{\sigma_x + \sigma_y}{2} \pm \sqrt{\left(\frac{\sigma_x - \sigma_y}{2}\right)^2 + \tau_{xy}^2}$$

即

$$\begin{cases} 150 = \dfrac{130 + \sigma_y}{2} + \sqrt{\left(\dfrac{130 - \sigma_y}{2}\right)^2 + \tau_{xy}^2} & (1) \\ -50 = \dfrac{130 + \sigma_y}{2} - \sqrt{\left(\dfrac{130 - \sigma_y}{2}\right)^2 + \tau_{xy}^2} & (2) \end{cases}$$

由(1)+(2)得：$\sigma_y = -30\ \text{MPa}$，再代入（1），得 $\tau_{xy} = \pm 60\ \text{MPa}$，于是 $\tau_{yx} = \mp 60\ \text{MPa}$。

9.10　试求如图所示各单元体的主应力及最大切应力。图中应力单位均为 MPa。

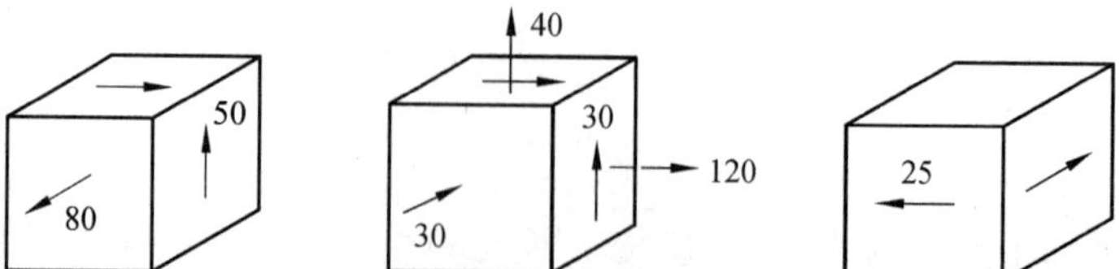

（a）　（b）　（c）

题 9.10 图

解：

（a）$\sigma_1 = 80$ MPa，$\sigma_2 = 50$ MPa，$\sigma_3 = -50$ MPa，$\tau_{\max} = \frac{1}{2}(\sigma_1 - \sigma_3) = \frac{1}{2}(80+50)$ MPa $= 65$ MPa

（b）$\sigma_x = 120$ MPa，$\sigma_y = 40$ MPa，$\tau_{xy} = -30$ MPa

$$\left.\begin{matrix}\sigma_{\max}\\ \sigma_{\min}\end{matrix}\right\} = \frac{\sigma_x + \sigma_y}{2} \pm \sqrt{\left(\frac{\sigma_x - \sigma_y}{2}\right)^2 + \tau_{xy}^2} = \frac{120+40}{2}\ \text{MPa} \pm \sqrt{120^2 + 40^2}\ \text{MPa} = 80 \pm 50\ \ \text{MPa}\ \ = \begin{cases}130\\30\end{cases}\text{MPa}$$

$\sigma_1 = 130$ MPa，$\sigma_2 = 30$ MPa，$\sigma_3 = -30$ MPa，$\tau_{\max} = \frac{1}{2}(\sigma_1 - \sigma_3) = 80$ MPa

（c）$\sigma_1 = 25$ MPa，$\sigma_2 = 0$，$\sigma_3 = -25$ MPa，$\tau_{\max} = \frac{1}{2}(\sigma_1 - \sigma_3) = 25$ MPa

9.11 构件中危险点的应力状态如图所示，试对以下两种情况进行强度校核：

（1）构件材料为钢材，$\sigma_x = 45$ MPa，$\sigma_y = 135$ MPa，$\sigma_z = 0$，$\tau_{xy} = 0$，$[\sigma] = 160$ MPa。

（2）构件材料为铸铁，$\sigma_x = 20$ MPa，$\sigma_y = -25$ MPa，$\sigma_z = 30$ MPa，$\tau_{xy} = 0$，$[\sigma] = 30$ MPa。

解：

（1）依题意知：$\sigma_1 = 135$ MPa，$\sigma_2 = 45$ MPa，$\sigma_3 = 0$，构件为钢材，属塑性材料。

根据第三强度理论，有：$\sigma_{r3} = \sigma_1 - \sigma_3 = 135\ \text{MPa} < [\sigma] = 160\ \text{MPa}$，故安全。

根据第四强度理论，有：

$$\sigma_{r4} = \sqrt{\frac{1}{2}[(\sigma_1 - \sigma_2)^2 + (\sigma_2 - \sigma_3)^2 + (\sigma_3 - \sigma_1)^2]} = 119\ \text{MPa} < [\sigma] = 160\ \text{MPa}\text{，故安全。}$$

（2）依题意知：$\sigma_1 = 30$ MPa，$\sigma_2 = 20$ MPa，$\sigma_3 = -25$ MPa，构件材料为铸铁，属脆性材料。根据第一强度理论，有：$\sigma_{r1} = \sigma_1 = 30\ \text{MPa} = [\sigma] = 30\ \text{MPa}$，故安全。

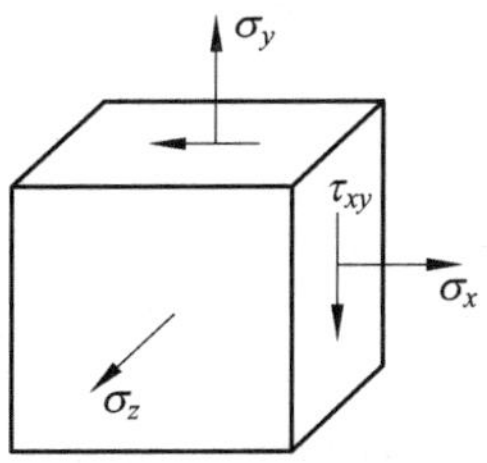

题 9.11 图

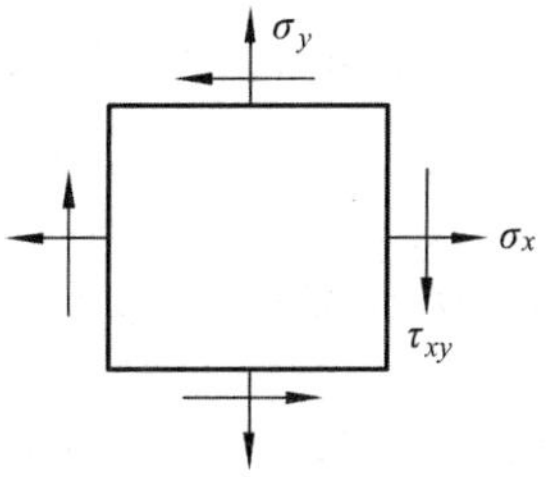

题 9.12 图

9.12 平面应力状态如图所示。设有以下 4 种情况：

（1）$\sigma_x = 40$ MPa，$\sigma_y = 40$ MPa，$\tau_{xy} = 60$ MPa；

（2）$\sigma_x = 60$ MPa，$\sigma_y = -80$ MPa，$\tau_{xy} = -40$ MPa；

（3）$\sigma_x = -40$ MPa，$\sigma_y = 50$ MPa，$\tau_{xy} = 0$；

（4）$\sigma_x = 0$，$\sigma_y = 0$，$\tau_{xy} = 45$MPa。

试按第三和第四强度理论分别计算上述 4 种情况下的相当应力。

解：

（1）依题意知

$$\left.\begin{matrix}\sigma_{\max}\\ \sigma_{\min}\end{matrix}\right\} = \frac{\sigma_x + \sigma_y}{2} \pm \sqrt{\left(\frac{\sigma_x - \sigma_y}{2}\right)^2 + \tau_{xy}^2} = 40 \pm 60\ \text{MPa}\ \ = \begin{cases}100\\-20\end{cases}\text{MPa}$$

故有

$$\sigma_1 = 100\ \text{MPa},\quad \sigma_2 = 0,\quad \sigma_3 = -20\ \text{MPa}$$

相当应力为

$$\sigma_{r3} = \sigma_1 - \sigma_3 = 120\ \text{MPa},\quad \sigma_{r4} = \sqrt{\frac{1}{2}[(\sigma_1-\sigma_2)^2 + (\sigma_2-\sigma_3)^2 + (\sigma_3-\sigma_1)^2]} = 111.4\ \text{MPa}$$

（2）依题意知

$$\left.\begin{matrix}\sigma_{max}\\ \sigma_{min}\end{matrix}\right\} = \frac{\sigma_x+\sigma_y}{2} \pm \sqrt{\left(\frac{\sigma_x-\sigma_y}{2}\right)^2 + \tau_{xy}^2} = -10 \pm \sqrt{70^2+40^2}\ \text{MPa} = -10 \pm 80.6\ \text{MPa} = \left\{\begin{matrix}70.6\\ -90.6\end{matrix}\right.\ \text{MPa}$$

故有

$$\sigma_1 = 70.6\ \text{MPa},\quad \sigma_2 = 0,\quad \sigma_3 = -90.6\ \text{MPa}$$

相当应力为

$$\sigma_{r3} = \sigma_1 - \sigma_3 = 161.2\ \text{MPa},\quad \sigma_{r4} = \sqrt{\frac{1}{2}[(\sigma_1-\sigma_2)^2 + (\sigma_2-\sigma_3)^2 + (\sigma_3-\sigma_1)^2]} = 140\ \text{MPa}$$

（3）依题意知

$$\sigma_1 = 50\ \text{MPa},\quad \sigma_2 = 0,\quad \sigma_3 = -40\ \text{MPa}$$

相当应力为

$$\sigma_{r3} = \sigma_1 - \sigma_3 = 90\ \text{MPa},\quad \sigma_{r4} = \sqrt{\frac{1}{2}[(\sigma_1-\sigma_2)^2 + (\sigma_2-\sigma_3)^2 + (\sigma_3-\sigma_1)^2]} = 78.1\ \text{MPa}$$

（4）依题意知

$$\sigma_1 = 45\ \text{MPa},\quad \sigma_2 = 0,\quad \sigma_3 = -45\ \text{MPa}$$

相当应力为

$$\sigma_{r3} = \sigma_1 - \sigma_3 = 90\ \text{MPa},\quad \sigma_{r4} = \sqrt{\frac{1}{2}[(\sigma_1-\sigma_2)^2 + (\sigma_2-\sigma_3)^2 + (\sigma_3-\sigma_1)^2]} = 77.94\ \text{MPa}$$

9.13 列车通过钢桥时，在钢桥横梁的 A 点用变形仪量得 $\varepsilon_x = 0.000\,4$，$\varepsilon_y = -0.000\,12$，试求 A 点在 x 及 y 方向的正应力。设 $E = 200$ GPa，泊松比 $\mu = 0.3$，并问这样能否求出 A 点的主应力？

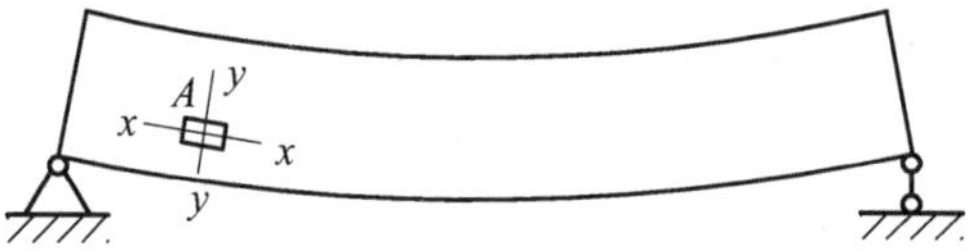

题 9.13 图

解：由广义胡克定律知：$\begin{cases}\varepsilon_x = \dfrac{1}{E}[\sigma_x - \mu(\sigma_y+\sigma_z)]\\ \varepsilon_y = \dfrac{1}{E}[\sigma_y - \mu(\sigma_x+\sigma_z)]\\ \varepsilon_z = \dfrac{1}{E}[\sigma_z - \mu(\sigma_x+\sigma_y)]\end{cases}$ 而 $\sigma_z = 0$，故有

$$\begin{cases}\varepsilon_x = \dfrac{1}{E}[\sigma_x - \mu\sigma_y] \\ \varepsilon_y = \dfrac{1}{E}[\sigma_y - \mu\sigma_x]\end{cases} \Rightarrow \begin{cases}\sigma_x = \dfrac{E(\mu\varepsilon_y + \varepsilon_x)}{1-\mu^2} \\ \sigma_y = \dfrac{E(\mu\varepsilon_x + \varepsilon_y)}{1-\mu^2}\end{cases}$$

$$\sigma_x = \frac{200\times10^3 \times[0.3\times(-0.000\ 12)+0.000\ 4]}{1-0.3^2}\ \text{MPa} = 80\ \text{MPa}$$

$$\sigma_y = \frac{200\times10^3 \times[0.3\times0.000\ 4-0.000\ 12]}{1-0.3^2}\ \text{MPa} = 0$$

不能求出 A 点主应力，因为 τ_{xy} 未知！

9.14　在一厚钢板上挖了一个尺寸为 1 cm^3 的立方孔穴，如图所示，在这孔内紧密无隙地嵌入一铝质立方块。若铝块受有 $F = 7$ kN 的压力，试求铝块内的 3 个主应力。假设厚钢板为刚体，铝立方块的泊松比为 $\mu = 0.3$，$E = 200$ GPa。

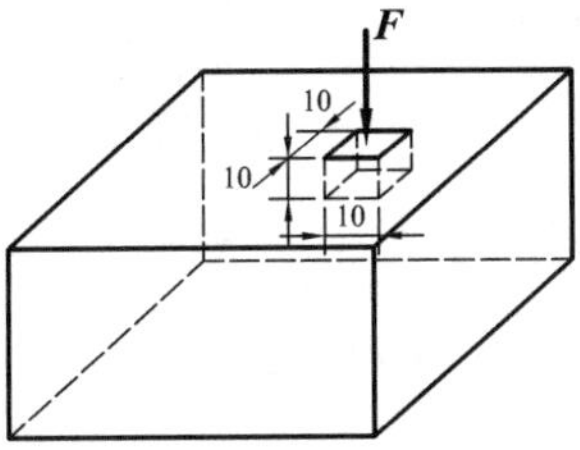

题 9.14 图

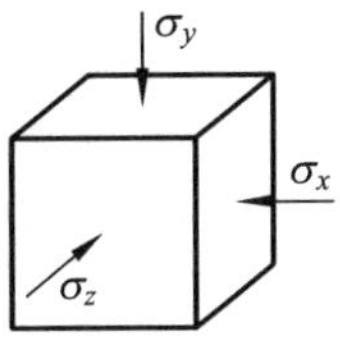

图 a

解：依题意知

$$\sigma_x = \sigma_z,\ \ \sigma_y = -\frac{F}{A} = \frac{-7\times10^3}{1\times10^{-4}}\ \text{Pa} = -70\ \text{MPa}\ ,$$

$$\tau_{xy} = \tau_{yz} = \tau_{zx} = 0\ ,\quad \gamma_{xy} = \gamma_{yz} = \gamma_{zx} = 0$$

由广义胡克定律

$$\varepsilon_x = \frac{1}{E}[\sigma_x - \mu(\sigma_y + \sigma_z)]$$

得

$$0 = \frac{1}{E}[\sigma_x - \mu(\sigma_y + \sigma_z)]$$

$$\Rightarrow \sigma_x = \mu(\sigma_y + \sigma_z) \Rightarrow \sigma_x = \mu(\sigma_y + \sigma_x)$$

$$\Rightarrow \sigma_x = \frac{\mu\sigma_y}{1-\mu} = \frac{0.3\times(-70)}{1-0.3}\ \text{MPa} = -30\ \text{MPa}$$

$$\Rightarrow \sigma_z = \sigma_x = -30\ \text{MPa}\ ,$$

故

$$\sigma_1 = \sigma_2 = -30\ \text{MPa},\ \ \sigma_3 = -70\ \text{MPa}$$

9.15　从钢构件内某点取出一单元体如图所示。已知 $\sigma = 30$ MPa，$\tau = 15$ MPa，材料弹性模量 $E = 200$ GPa，泊松比 $\mu = 0.3$。试求对角线 AC 的长度改变量 ΔL_{AC}。

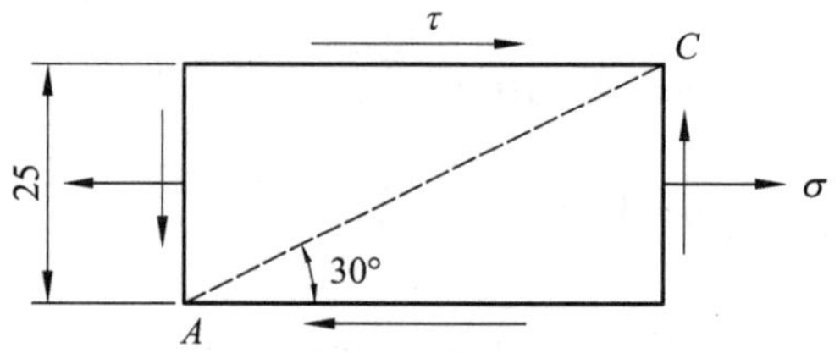

题 9.15 图

解：　$\sigma_x = 30\text{ MPa}$，$\sigma_y = 0$，$\sigma_z = 0$，$\tau_{xy} = -15\text{ MPa}$

$$\varepsilon_x = \frac{1}{E}[\sigma_x - \mu(\sigma_y + \sigma_z)] = \frac{1}{E}\sigma_x = \frac{30}{200\times 10^3} = 150\times 10^{-6},$$

$$\varepsilon_y = \frac{1}{E}[\sigma_y - \mu(\sigma_x + \sigma_z)] = \frac{-\mu\sigma_x}{E} = -\frac{0.3\times 30}{200\times 10^3} = -45\times 10^{-6},$$

$$E = 2G(1+\mu),\ G = \frac{E}{2(1+\mu)},\ \gamma_{xy} = \frac{\tau_{xy}}{G} = \frac{2\tau_{xy}(1+\mu)}{E} = \frac{-2\times 15\times 1.3}{200\times 10^3} = -195\times 10^{-6}$$

现 $\alpha = 30°$，

$$\begin{aligned}\varepsilon_{30°} &= \frac{\varepsilon_x + \varepsilon_y}{2} + \frac{\varepsilon_x - \varepsilon_y}{2}\cos 2\alpha - \frac{\gamma_{xy}}{2}\sin 2\alpha \\ &= \frac{105\times 10^{-6}}{2} + \frac{195\times 10^{-6}}{2}\cos 60° - (-195\times 10^{-6})\sin 60° \\ &= 185.69\times 10^{-6}\end{aligned}$$

$$\Delta l = \varepsilon_{30°} l = 185.69\times 10^{-6}\times 25\times 2 = 9.28\times 10^{-3}\ \text{mm}$$

9.16　在平面应力状态下，设已知最大切应变 $\gamma = 5\times 10^{-4}$，并已知两个互相垂直方向上的正应力之和为 27.5 MPa。材料的泊松比为 $\mu = 0.25$，$E = 200$ GPa。试计算主应力的大小。

（提示：$\sigma_\alpha + \sigma_{\alpha+90°} = \sigma_x + \sigma_y = \sigma_1 + \sigma_2$）

解：　$E = 2G(1+\mu),\ G = \dfrac{E}{2(1+\mu)} = \dfrac{200}{2\times(1+0.25)} = 80\text{ GPa}$，

$$\gamma_{max} = \frac{\tau_{max}}{G} \quad \Rightarrow \quad \tau_{max} = \frac{G}{\gamma_{max}} = 80\times 10^9\times 5\times 10^{-4}\ \text{MPa} = 40\ \text{MPa}$$

$\tau_{max} = \dfrac{1}{2}(\sigma_1 - \sigma_3)$，设 $\sigma_3 = 0, \sigma_1 = 80\ \text{MPa}$ 则 $\tau_{max} = \dfrac{1}{2}\sigma_1 = 40\ \text{MPa}$

又已知两个相互垂直方向上的正应力之和为 27.5 MPa，若 $\sigma_3 = 0$，则 $\sigma_1 = \sigma_{max}$，$\sigma_2 = \sigma_{min}$，有 $\sigma_2 = -52.5\text{ MPa}$，与 $\sigma_3 = 0$ 相矛盾。

为与题假设相符，则有 $\sigma_1 = 0,\ \sigma_2 = \sigma_{max},\ \sigma_3 = \sigma_{min}$，

$$\begin{cases}\tau_{max} = \dfrac{1}{2}(\sigma_1 - \sigma_3) \\ \sigma_1 + \sigma_2 = \sigma_x + \sigma_y = 27.5\ \text{MPa}\end{cases} \Rightarrow \sigma_1 = 53.75\ \text{MPa},\ \sigma_2 = -26.25\text{ MPa}$$

即

$$\sigma_1 = 53.75\ \text{MPa},\ \sigma_2 = 0,\ \sigma_3 = -26.25\ \text{MPa}$$

9.17　钢制圆柱形薄壁容器，直径为 800 mm，壁厚 $\delta = 4$ mm，$[\sigma] = 120$ MPa。试用强度

理论确定可能承受的内压力 p。

解：圆筒横截面上的应力：$\sigma' = \dfrac{pD}{4\delta}$，纵向截面上应力：$\sigma'' = \dfrac{pD}{2\delta}$

作用于内壁的内压力 p 和作用于外壁的大气压力，都远小于 σ' 和 σ''，可以认为等于 0，于是得到 3 个主应力分别为

$$\sigma_1 = \sigma'' = \frac{pD}{2\delta},\quad \sigma_2 = \sigma' = \frac{pD}{4\delta},\quad \sigma_3 = 0$$

由于容器材料为钢材，在认为其发生屈服失效的情况下，选用第三或第四强度理论来确定其能够承受的内压力 p。

$\sigma_{r3} = \sigma_1 - \sigma_3 = \dfrac{pD}{2\delta} \leqslant [\sigma]$，得 $p \leqslant \dfrac{2\delta[\sigma]}{D} = \dfrac{2\times4\times120}{800}\ \text{MPa} = 1.2\ \text{MPa}$

$$\sigma_{r4} = \sqrt{\frac{1}{2}(\sigma_1-\sigma_2)^2 + (\sigma_2-\sigma_3)^2 + (\sigma_3-\sigma_1)^2} = \sqrt{\frac{1}{2}(\sigma_1-\sigma_2)^2 + \sigma_2^2 + \sigma_1^2} = \frac{\sqrt{3}pD}{4\delta} \leqslant [\sigma]$$

得

$$p \leqslant \frac{4\delta[\sigma]}{\sqrt{3}D} = \frac{4\times4\times120}{\sqrt{3}\times800}\ \text{MPa} = 1.386\ \text{MPa}$$

第10章　组合变形

10.1　知识要点

1. 本章研究对象和研究内容

（1）研究对象——在载荷作用下同时产生两种或两种以上基本变形的构件，如拉压加弯曲，扭转加弯曲等。

（2）研究内容——理解叠加法的使用条件和截面核心的概念，重点掌握组合变形下的强度计算。

2. 叠加法的使用条件

组合变形问题的研究方法是按各基本变形计算后进行叠加，此法应用的前提条件是要求构件处于线弹性范围内，且变形很小，可按构件的原始形状和尺寸进行计算。

3. 截面核心

只使截面产生压应力的外力作用范围称为该截面的截面核心。截面核心的概念在土木工程中具有重要意义。这是由于土木结构中常用的砖、石、混凝土等建筑材料，其抗拉强度远低于抗压强度，在对这类构件进行设计计算时，为安全起见，一般最好不让截面上出现拉应力，以免出现拉裂破坏，这就需要确定截面核心的位置和范围。

10.2　解题步骤

组合变形下强度计算的步骤如下：

（1）外力分析。将载荷简化为符合基本变形的外力作用下的静力等效力系。

（2）内力分析。分别作出各基本变形的内力图，确定构件危险截面位置及其内力分量。

（3）应力分析。根据基本变形下横截面上的应力变化规律，确定危险点的位置及其应力分量，并按叠加原理画出危险点的应力状态。

（4）强度分析。按危险点的应力状态及材料的破坏可能性，选取适当的强度理论建立强度条件，进行强度计算。

10.3 习题详解

10.1 试求图示各构件在指定截面上的内力分量。

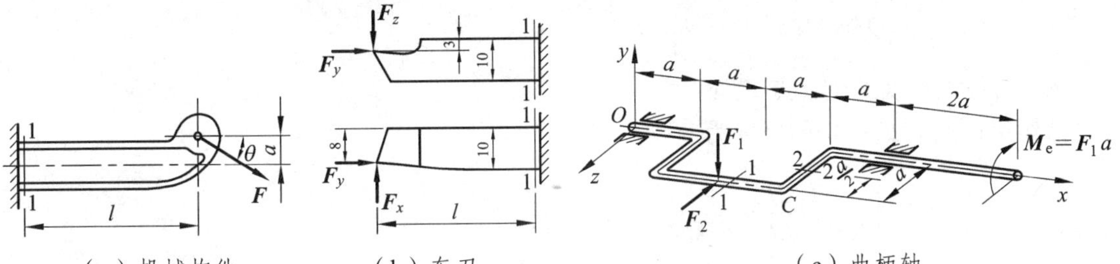

（a）机械构件 （b）车刀 （c）曲柄轴

题 10.1 图

解：

（a）$F_N = F\cos\theta,\ F_S = F\sin\theta,\ M = -(Fa\cos\theta + FL\sin\theta)$

（b）$F_N = -F_y$ ，$F_{Sx} = F_x$ ，$F_{Sz} = -F_z$ ，$T = 2F_x - 3F_z,\ M_x = 2F_y - F_z l,\ M_z = F_x l - 3F_y$

（c）1-1 截面

$$F_N = 0,\ F_{Sy} = -\frac{1}{2}F_1,\ F_{Sz} = \frac{1}{2}F_2,\ T = M_x = -M_e + \frac{1}{2}F_1 a = -F_1 a + \frac{1}{2}F_1 a = -\frac{1}{2}F_1 a$$

$$M_y = -\frac{1}{2}F_2 \cdot 2a = -F_2 a,\ M_z = \frac{1}{2}F_1 \cdot 2a = F_1 a$$

2-2 截面

$$F_N = -\frac{1}{2}F_2,\ F_{Sy} = \frac{1}{2}F_2,\ T = M_z = -\frac{1}{2}F_1 a$$

$$M_y = -\frac{1}{2}F_2 \cdot a = -\frac{1}{2}F_2 a,\ M_x = -M_e + \frac{1}{2}F_1\frac{a}{2} = -F_1 a + \frac{1}{4}F_1 a = -\frac{3}{4}F_1 a$$

10.2 如图所示，悬臂梁受到 F_1 和 F_2 两个作用在对称面内的横向力的作用。已知 $F_1 =$ 800 N，$F_2 =$ 1 650 N，$L =$ 1 m，$b =$ 90 mm，$h =$ 180 mm，$E =$ 10 GPa。试求梁中最大正应力及其作用点的位置，并求该梁的最大挠度。若横截面改为圆形，直径 $d =$ 130 mm，试求其最大正应力。

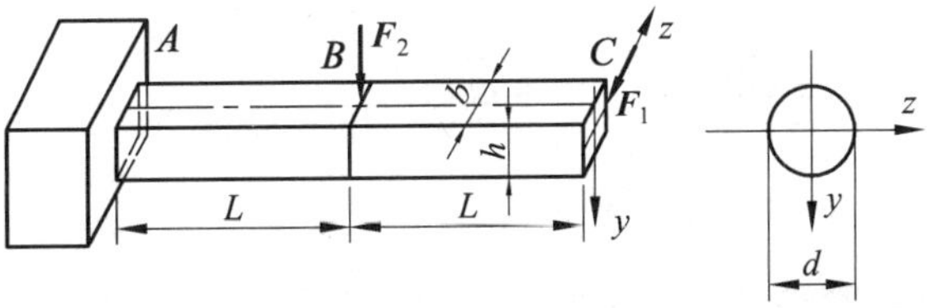

题 10.2 图

解：A 截面为危险截面，最大拉应力位于 A 截面右上角，最大压应力位于 A 截面左下角，

$$M_{z,A} = F_2 L,\ W_z = \frac{bh^2}{6}$$

$$M_{y,A}=2F_1L,\ W_y=\frac{hb^2}{6}$$

$$\sigma_{t,\max}=\frac{M_{z,A}}{W_z}+\frac{M_{y,A}}{W_y}=\frac{F_2L}{\frac{bh^2}{6}}+\frac{2F_1L}{\frac{hb^2}{6}}=\frac{6\times1650\times1}{0.09\times0.18^2}\ \text{Pa}+\frac{12\times800\times1}{0.18\times0.09^2}\ \text{Pa}=9.98\ \text{MPa}$$

$$\sigma_{c,\max}=9.98\ \text{MPa}$$

该梁的最大挠度发生在点 C 处。

F_1 单独作用在点 C 处产生的挠度为

$$w_{z,C}=\frac{F_1(2L)^3}{3EI_y}=\frac{8F_1L^3}{3EI_y}，\ I_z=\frac{bh^3}{12}$$

F_2 单独作用在点 B 处产生的挠度和转角分别为

$$w_{y,B}=\frac{F_2L^3}{3EI_z},\ \theta_B=\frac{F_2L^2}{2EI_z}$$

于是，F_2 单独作用在点 C 处产生的挠度为

$$w_{y,C}=w_{y,B}+\theta_BL=\frac{5F_2L^3}{6EI_z},\ I_z=\frac{hb^3}{12}$$

故

$$w_C=\sqrt{w_{z,C}^2+w_{y,C}^2}=\sqrt{\left(\frac{8F_1L^3}{3EI_y}\right)^2+\left(\frac{5F_2L^3}{6EI_z}\right)^2}=\frac{12L^3}{Ebh}\sqrt{\frac{64F_1^2}{9b^4}+\frac{25F_2^2}{36h^4}}$$

$$=\frac{12\times1^3}{10\times10^9\times0.09\times0.18}\sqrt{\frac{64\times800^2}{9\times0.09^4}+\frac{25\times1650^2}{36\times0.18^4}}\ \text{m}=19.76\ \text{mm}$$

若截面为圆形，则有

$$M_A=\sqrt{M_{z,A}^2+M_{y,A}^2}=\sqrt{(F_2L)^2+(2F_1L)^2},\ W=W_z=W_y=\frac{\pi d^3}{32}$$

$$\sigma_{t,\max}=\sigma_{c,\max}=\frac{M_A}{W}=\frac{\sqrt{(F_2L)^2+(2F_1L)^2}}{\frac{\pi d^3}{32}}$$

$$=\frac{\sqrt{(1\,650\times1)^2+(2\times800\times1)^2}}{\frac{\pi\times0.13^3}{32}}\text{Pa}=10.66\ \text{MPa}$$

10.3　No.14 工字钢悬臂梁受力情况如图所示。已知 $l=0.8$ m，$F_1=2.5$ kN，$F_2=1$ kN，F_1，F_2 都作用在对称面内，试求危险截面上的最大正应力。

解：A 截面为危险截面

$$M_{z,A}=\frac{1}{2}F_1l+F_1l=\frac{3}{2}F_1l,\ M_{y,A}=F_2l$$

对于 14 号工字钢查表知

$$W_z = 102\ \text{cm}^3,\ W_y = 16.1\ \text{cm}^3$$

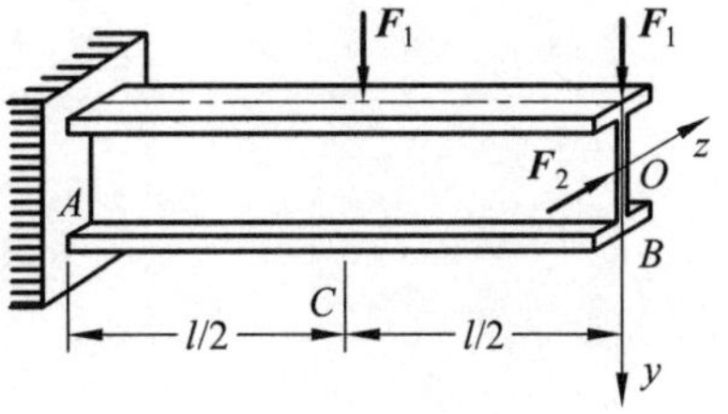

题 10.3 图

危险截面上的最大拉应力发生在左上角点处，最大压应力发生在右下角点处，其值为

$$\sigma_{t,\max} = \sigma_{c,\max} = \frac{M_{z,A}}{W_z} + \frac{M_{y,A}}{W_y} = \frac{\frac{3}{2}F_1 l}{W_z} + \frac{F_2 l}{W_y}$$

$$= \frac{1.5\times 2.5\times 10^3\times 0.8}{102\times 10^{-6}}\ \text{Pa} + \frac{10^3\times 0.8}{16.1\times 10^{-6}}\ \text{Pa}$$

$$= 79.1\ \text{MPa}$$

10.4　人字架及承受的载荷如图所示。试求截面 m-m 上的最大正应力和 A 点的正应力。

解：

（1）先求内力

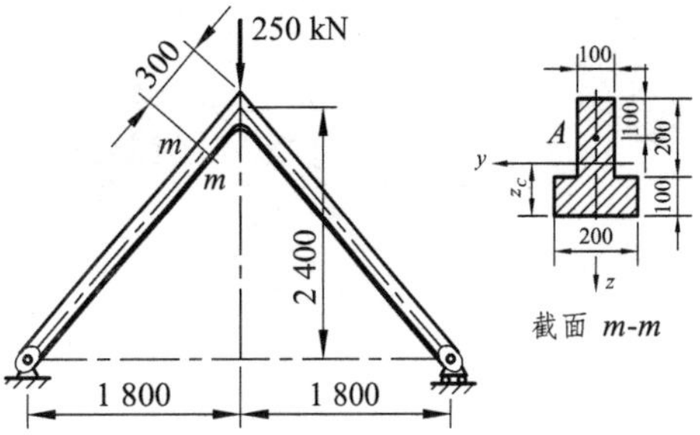

题 10.4 图

$$\sin\theta = \frac{1\,800}{\sqrt{1\,800^2 + 2\,400^2}} = \frac{1\,800}{3\,000} = 0.6$$

$$\cos\theta = 0.8$$

m-m 截面上的弯矩、剪力和轴力分别为

$$M = -250\times 300\times \sin\theta + 125\times(300\sin\theta + 1\,800)$$

$$= -250\times 300\times 0.6 + 125\times(300\times 0.6 + 1\,800)$$

$$= 202\,500\ \text{kN}\cdot\text{mm} = 202.5\ \text{kN}\cdot\text{m}$$

$$F_S = 250\times\sin\theta - 125\times\sin\theta = 75\ \text{kN}$$

$$F_N = -250\cos\theta + 125\cos\theta = -100\ \text{kN}$$

（2）计算 ⊥ 形截面形心坐标

$$z_C = \frac{200\times 100\times 50 + 100\times 200\times 200}{200\times 100 + 100\times 200}\ \text{mm} = 125\ \text{mm}$$

$$I_z = I_{z1} + I_{z2} = \frac{b_1 h_1^3}{12} + a_1^2 A_1 + \frac{b_2 h_2^3}{12} + a_2^2 A_2$$

$$= \left(\frac{200\times 100^3}{12} + 75^2\times 200\times 100 + \frac{100\times 200^3}{12} + 75^2\times 100\times 200\right)\ \text{mm}^4$$

$$= \left(\frac{200\times 100}{12}\times(100^2 + 200^2) + 2\times 75^2\times 200\times 100\right)\ \text{mm}^4$$

$$= 308.33\times 10^6\ \text{mm}^4$$

（3）求应力

$$\sigma_A = \frac{|M\cdot y_A|}{I_z} + \frac{|F_N|}{A} = \frac{202.5\times 75\times 10^{-3}\times 10^3}{308.33\times 10^6\times 10^{-12}}\ \text{Pa} + \frac{100\times 10^3}{2\times 100\times 200\times 10^{-6}}\ \text{Pa}$$

$$= 49.26\ \text{MPa} + 2.5\ \text{MPa}$$

$$= 51.76\ \text{MPa}\ (\text{压应力})$$

最大压应力发生在 ⊥ 形截面的上边缘处，下边缘处为最大拉应力

$$\sigma_{c,\max}=\frac{|M\cdot y_{\max 1}|}{I_z}+\frac{|F_N|}{A}=\frac{202.5\times10^3+175\times10^{-3}}{308.33\times10^6\times10^{-12}}\text{ Pa}+\frac{100\times10^3}{2\times100\times200\times10^{-6}}\text{ Pa}$$
$$=114.93\text{ MPa}+2.5\text{ MPa}$$
$$=117.43\ \text{MPa}\ (\text{拉应力})$$
$$\sigma_{t,\max}=\frac{|M\cdot y_{\max 2}|}{I_z}-\frac{|F_N|}{A}=\frac{202.5\times10^3+125\times10^{-3}}{308.33\times10^6\times10^{-12}}\text{ Pa}-\frac{100\times10^3}{2\times100\times200\times10^{-6}}\text{ Pa}$$
$$=82.10\text{ MPa}-2.5\text{ MPa}$$
$$=79.6\ \text{MPa}\ (\text{拉应力})$$

10.5 如图所示为屋架檩条计算简图。已知檩条跨度 $l=4$ m，均布载荷 $q=2$ kN/m，矩形截面 $b=120$ mm，$h=160$ mm，所用松木的弹性模量 $E=10$ GPa，许用应力$[\sigma]=12$ MPa，檩条许用挠度$[w]=l/150$，试校核檩条的强度和刚度。

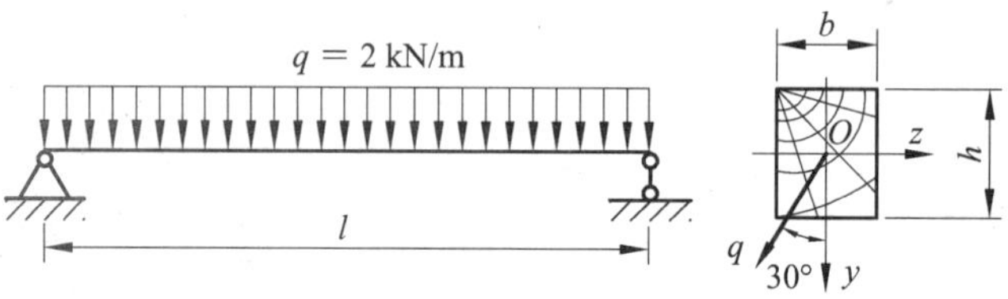

题 10.5 图

解：
$$|M_z|_{\max}=|M_z|_{\frac{l}{2}}=\frac{1}{8}(q\cos30°)l^2=\frac{\sqrt{3}}{16}ql^2,\qquad W_z=\frac{bh^2}{6},$$
$$|M_y|_{\max}=|M_y|_{\frac{l}{2}}=\frac{1}{8}(q\sin30°)l^2=\frac{1}{16}ql^2,\qquad W_y=\frac{hb^2}{6}$$
$$\sigma_{\max}=\frac{|M_z|_{\max}}{W_z}+\frac{|M_y|_{\max}}{W_y}=\frac{3ql^2}{8bh}\left(\frac{\sqrt{3}}{h}+\frac{1}{b}\right)$$
$$=\frac{3\times2\times10^3\times4^2}{8\times0.12\times0.16}\left(\frac{\sqrt{3}}{0.16}+\frac{1}{0.12}\right)\text{ Pa}=11.97\text{ MPa}$$

$\sigma_{\max}<[\sigma]=12$ MPa，故强度满足要求。

而

$$w_{y,\max}=w_{y,\frac{l}{2}}=\frac{5(q\cos30°)l^4}{384EI_z}=\frac{5\sqrt{3}ql^4}{64Ebh^3},\quad I_z=\frac{bh^3}{12},$$
$$w_{z,\max}=w_{z,\frac{l}{2}}=\frac{5(q\sin30°)l^4}{384EI_y}=\frac{5ql^4}{64Ehb^3},\quad I_y=\frac{hb^3}{12}$$
$$w_{\max}=\sqrt{(w_{z,\max})^2+(w_{y,\max})^2}=\frac{5ql^4}{64Ebh}\sqrt{\left(\frac{\sqrt{3}}{h^2}\right)^2+\left(\frac{1}{b^2}\right)^2}$$
$$=\frac{5\times2\times10^3\times4^4}{64\times10\times10^9\times0.12\times0.16}\sqrt{\frac{3}{0.16^4}+\frac{1}{0.12^4}}\text{ m}=20.2\text{ mm}$$

$[w]=\dfrac{l}{150}=\dfrac{4}{150}=26.7$ mm，$w_{\max}<[w]$，故刚度也满足要求。

10.6　作用于图示悬臂梁上自由端截面 z 轴上的水平载荷 $F_1 = 800$ N，在中间截面 y 轴上的竖向载荷 $F_2 = 1\,650$ N，材料的许用应力 $[\sigma] = 10$ MPa。若矩形截面 $h/b = 2$。试确定该梁的截面尺寸。

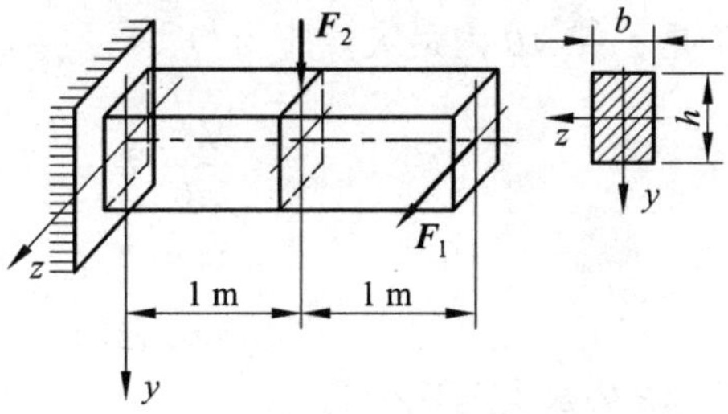

题 10.6 图

解：A 截面为危险截面

$$|M_{z,A}| = F_2 \times 1\ \text{m} = F_2,\quad W_z = \frac{bh^2}{6} = \frac{2}{3}b^3$$

$$|M_{y,A}| = F_1 \times 2\ \text{m} = 2F_1,\quad W_y = \frac{hb^2}{6} = \frac{1}{3}b^3$$

$$\sigma_{\max} = \frac{|M_{z,A}|}{W_z} + \frac{|M_{y,A}|}{W_y} = \frac{3}{b^3}\left(\frac{F_2}{2} + 2F_1\right)$$

由强度条件 $\sigma_{\max} \leqslant [\sigma]$　得 $\dfrac{3}{b^3}\left(\dfrac{F_2}{2} + 2F_1\right) \leqslant [\sigma]$

$$\Rightarrow b \geqslant \sqrt[3]{\frac{3}{[\sigma]}\left(\frac{F_2}{2} + 2F_1\right)} = \sqrt[3]{\frac{3}{10 \times 10^6}\left(\frac{1\,650}{2} + 2 \times 800\right)}\ \text{m} = 89.94\ \text{mm} \approx 90\ \text{mm}$$

则 $h = 2b = 180$ mm 。

10.7　如图所示为悬臂滑车架，杆 AB 为 18 号工字钢，其长度为 $l = 2.6$ m。试求当载荷 $F = 25$ kN 作用在 AB 的中点 D 处时，杆内的最大正应力。

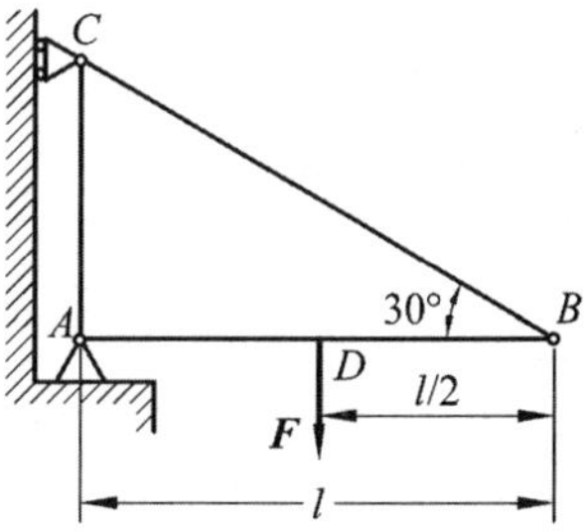

题 10.7 图

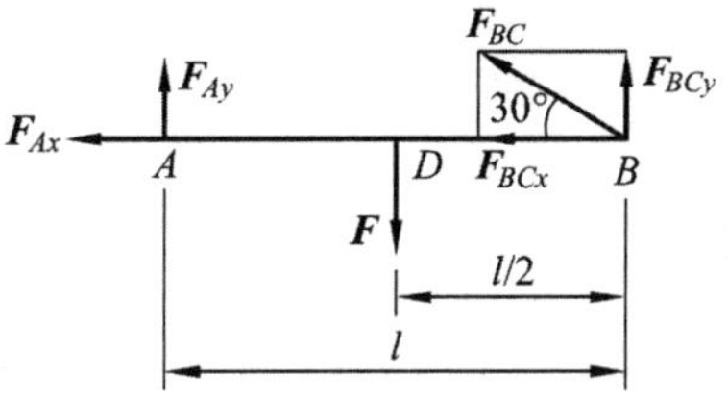

图 a

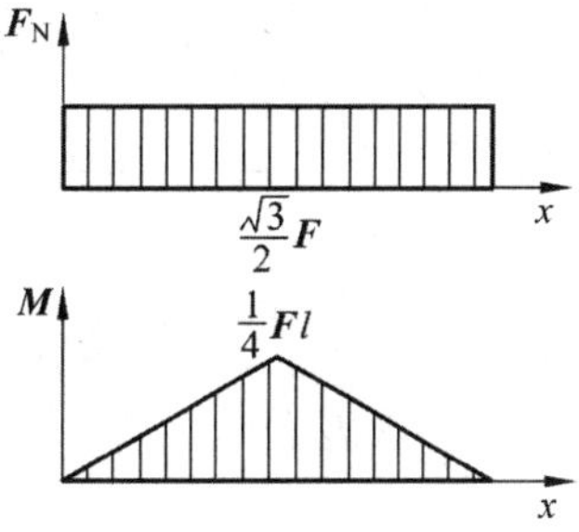

图 b

解：$\sum M_A = 0 \Rightarrow F \cdot \dfrac{l}{2} - (F_{BC}\sin 30°)l = 0 \Rightarrow F_{BC} = F$

$$\Rightarrow \begin{cases} F_{BC,x} = F_{BC}\cos 30° = \dfrac{\sqrt{3}}{2}F \\ F_{BC,y} = F_{BC}\sin 30° = \dfrac{1}{2}F \end{cases}$$

则杆 AB 内的轴力为

$$F_N = -\frac{\sqrt{3}}{2}F$$

当 F 作用在杆 AB 中点 D 时，

$$|M|_{\max} = |M_D| = \frac{1}{4}Fl$$

对于 18 号工字钢查表知

$$W_z = 185\ \text{cm}^3,\ A = 30.756\ \text{cm}^2$$

于是，杆 AB 内最大拉应力为

$$\begin{aligned}\sigma_{\text{t, max}} &= \frac{|M|_{\max}}{W_z} + \frac{F_{\text{N}}}{A} = \frac{Fl}{4W_z} - \frac{\sqrt{3}F}{2A} = \frac{25\times10^3\times2.6}{4\times185\times10^{-6}}\ \text{Pa} - \frac{\sqrt{3}\times25\times10^3}{2\times30.756\times10^{-4}}\ \text{Pa}\\ &= 87.84\ \text{MPa} - 7.04\ \text{MPa}\\ &= 80.8\ \text{MPa}\end{aligned}$$

杆 AB 内最大压应力为

$$\begin{aligned}\sigma_{\text{c, max}} &= \frac{|M|_{\max}}{W_z} - \frac{F_{\text{N}}}{A} = \frac{Fl}{4W_z} + \frac{\sqrt{3}F}{2A} = \frac{25\times10^3\times2.6}{4\times185\times10^{-6}}\ \text{Pa} + \frac{\sqrt{3}\times25\times10^3}{2\times30.756\times10^{-4}}\ \text{Pa}\\ &= 87.84\ \text{MPa} + 7.04\ \text{MPa}\\ &= 94.88\ \text{MPa}\end{aligned}$$

10.8　图示起重架的最大起吊重量（包括行走小车等）为 $W = 40$ kN，横梁 AC 由两根 No.18 槽钢组成，材料为 Q235 钢，许用应力$[\sigma] = 120$ MPa。试校核横梁的强度。

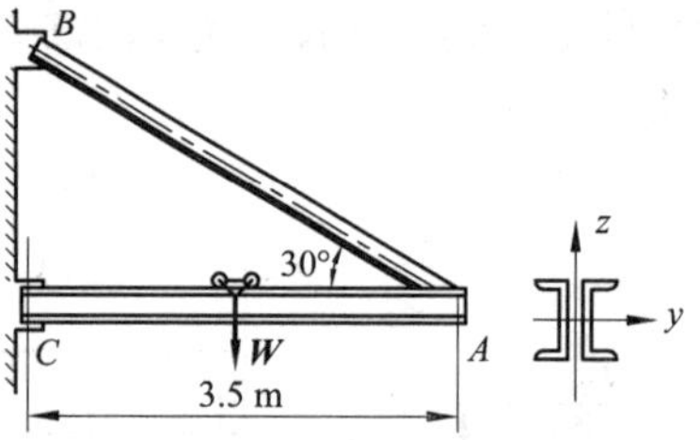

题 10.8 图

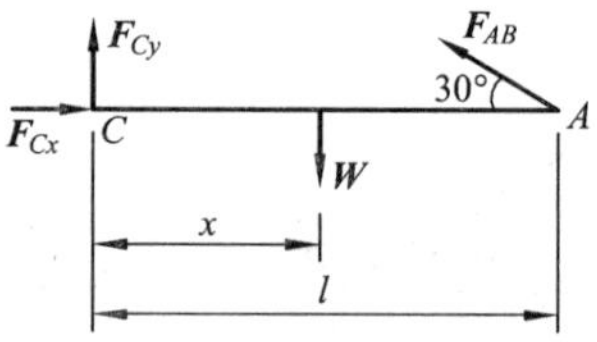

图 a

解：求内力

$$F_{AB} = \frac{Wx}{l\sin\theta} = \frac{Wx}{l\sin30^\circ}$$

$$F_{Cx} = F_{AB}\cos30^\circ = \frac{\sqrt{3}Wx}{l}$$

$$F_{Cy} = W - F_{AB}\sin30^\circ = W - \frac{Wx}{l} = W\left(1-\frac{x}{l}\right)$$

$$|M|_{\max} = F_{Cy}x = W\left(x-\frac{x^2}{l}\right)$$

$$F_{\text{N}} = F_{Cx} = \frac{\sqrt{3}Wx}{l}$$

$$\sigma = \frac{|M|_{\max}}{2W_z} + \frac{F_{\text{N}}}{2A} = \frac{W(xl-x^2)}{2W_z l} + \frac{\sqrt{3}Wx}{2Al}$$

令 $\dfrac{\mathrm{d}\sigma}{\mathrm{d}x} = 0$，得 $x = \dfrac{Al+\sqrt{3}W_z}{2A}$

对于 NO.18 槽钢，查表知 $W_z = 152\ \text{cm}^3$，$A = 29.299\ \text{cm}^2$，于是可求出

$$x = \frac{29.299 \times 3.5 \times 100 + \sqrt{3} \times 152}{2 \times 29.299}\ \text{cm} = 179.49\ \text{cm} = 1.795\ \text{m}$$

于是知 $x = 1.795$ m 时，其横截面上工作应力达到最大值，其值为

$$\sigma_{\max} = \sigma_{\text{c, max}} = \frac{|M|_{\max}}{2W_z} + \frac{F_{\text{N}}}{2A} = \frac{W(x\ell - x^2)}{2W_z l} + \frac{\sqrt{3}Wx}{2Al}$$

$$= \frac{40 \times 10^3 \times (1.795 \times 3.5 - 1.795^2)}{2 \times 152 \times 10^{-6} \times 3.5}\ \text{Pa} + \frac{\sqrt{3} \times 40 \times 10^3 \times 1.795}{2 \times 29.299 \times 10^{-4} \times 3.5}\ \text{Pa}$$

$$= (115.055 + 6.064)\ \text{MPa}$$

$$= 121.12\ \text{MPa}$$

$(121.12 - 120)/120 = 0.93\%$，超过许用应力 0.93%，故仍可使用。

10.9　松木矩形截面柱受力如图所示，已知 $F_1 = 50$ kN，$F_2 = 5$ kN，$e = 2$ cm，$[\sigma_c] = 12$ MPa，$[\sigma_t] = 10$ MPa，$H = 1.2$ m，$b = 12$ cm，$h = 20$ cm，此柱容许出现拉应力。试校核柱的强度。

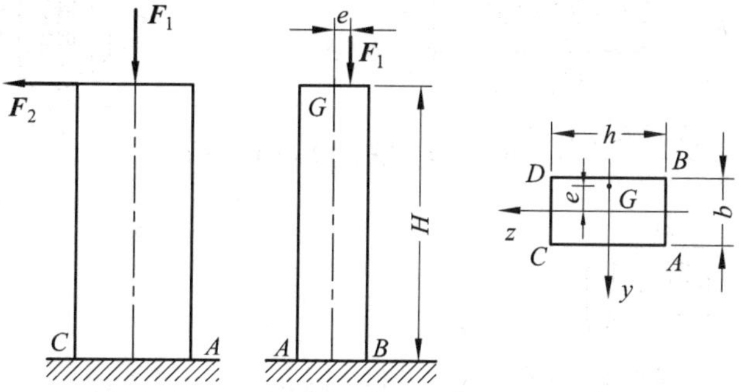

题 10.9 图

解：危险截面位于固定端处，固定端处的轴力为

$$F_{\text{N}} = -F_1$$

弯矩为

$$|M_z| = F_1 e,\quad W_z = \frac{hb^2}{6}$$

$$|M_y| = F_2 H,\quad W_y = \frac{bh^2}{6}$$

最大拉应力发生在 A 点

$$\sigma_{\text{t, max}} = |\sigma_A| = \frac{|M_z|}{W_z} + \frac{|M_y|}{W_y} + \frac{F_{\text{N}}}{A} = \frac{6F_1 e}{hb^2} + \frac{6F_2 H}{bh^2} - \frac{F_1}{bh}$$

$$= \frac{6 \times 50 \times 10^3 \times 0.02}{0.2 \times 0.12^2}\ \text{Pa} + \frac{6 \times 5 \times 10^3 \times 1.2}{0.12 \times 0.2^2}\ \text{Pa} - \frac{50 \times 10^3}{0.12 \times 0.2}\ \text{Pa}$$

$$= (2.083 + 7.5 - 2.083)\ \text{MPa}$$

$$= 7.5\ \text{MPa}$$

$$\sigma_{\text{t, max}} < [\sigma_{\text{t}}] = 10\ \text{MPa}$$

最大压应力发生在 D 点

$$\sigma_{c,\max}=|\sigma_D|=\frac{|M_z|}{W_z}+\frac{|M_y|}{W_y}-\frac{F_N}{A}=\frac{6F_1e}{hb^2}+\frac{6F_2H}{bh^2}+\frac{F_1}{bh}$$

$$=\frac{6\times50\times10^3\times0.02}{0.2\times0.12^2}\text{Pa}+\frac{6\times5\times10^3\times1.2}{0.12\times0.2^2}\text{Pa}+\frac{50\times10^3}{0.12\times0.2}\text{Pa}$$

$$=(2.083+7.5+2.083)\ \text{MPa}$$

$$=11.666\ \text{MPa}$$

$\sigma_{c,\max}<[\sigma_c]=12\ \text{MPa}$，故松木柱的强度满足要求。

10.10　如图所示的拆卸工具的爪由 45 钢制成，其许用应力$[\sigma]=180\ \text{MPa}$。试按爪的强度，确定工具的最大顶压力 $F_{\max}$。

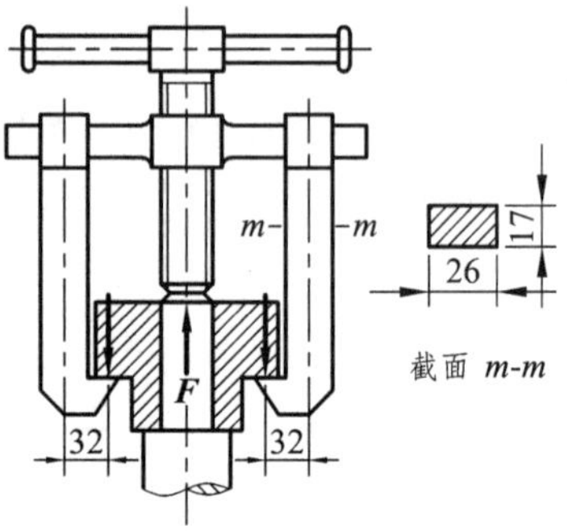

题 10.10 图

解：

（1）求内力　$F_N=\frac{1}{2}F,\ M=\frac{1}{2}F\times32\times10^{-3}\ \text{N}\cdot\text{m}$

（2）确定 $F_{\max}$

$$\sigma=\frac{M}{W_z}+\frac{F_N}{A}=\frac{\frac{1}{2}F\times32\times10^{-3}}{W_Z}+\frac{\frac{1}{2}F}{A}\leqslant[\sigma]$$

$$W_z=\frac{bh^2}{6}=\frac{17\times26^2\times10^{-9}}{6}\text{m}^3,\ A=26\times17\times10^{-6}\ \text{m}^2$$

$$\Rightarrow F\leqslant\frac{2[\sigma]}{\left(\frac{32}{W_z}+\frac{1}{A}\right)}$$

$$=\frac{2\times180\times10^6}{\frac{32\times10^{-3}\times6}{17\times26^2\times10^{-9}}+\frac{1}{26\times17\times10^{-6}}}\text{N}=18.98\ \text{kN}$$

10.11　单臂液压机机架及其立柱的横截面尺寸如图所示。$F=1\ 600\ \text{kN}$，材料的许用应力$[\sigma]=160\ \text{MPa}$。试校核机架立柱的强度。

解：

（1）求 y_c，I_z

$$y_C=1\ 400-890=510\ \text{mm}$$

$$I_{z1}=\frac{b_1h_1^3}{12}+a_1^2A_1=\frac{860\times1\ 400^3}{12}\ \text{mm}^4+(700-510)^2\times860\times1\ 400\ \text{mm}^4=2\ 401.2\times10^{-4}\ \text{m}^4$$

$$I_{z2}=\frac{b_2h_2^3}{12}+a_2^2A_2=\frac{828\times1\ 334^3}{12}\ \text{mm}^4+(717-510)^2\times828\times1\ 334\ \text{mm}^4=2\ 111.3\times10^{-4}\ \text{m}^4$$

$$I_z=I_{z1}-I_{z2}=289.9\times10^{-4}\ \text{m}^4$$

（2）求内力

$$F_N=F=1\ 600\ \text{kN},\ M=F\times(900+510)\ \text{kN}\cdot\text{mm}=2\ 256\ \text{kN}\cdot\text{m}$$

（3）求最大工作应力

$$\sigma_{t,\max}=\frac{My_C}{I_z}+\frac{F_N}{A}=\frac{2\ 256\times10^3\times510\times10^{-3}}{289.9\times10^{-4}}\text{Pa}+\frac{1\ 600\times10^3}{(1\ 400\times860-1\ 334\times828)\times10^{-6}}\text{ Pa}$$
$$=(39.69+16.09)\text{ MPa}$$
$$=55.78\text{ MPa}<[\sigma]=160\text{ MPa}$$

$$\sigma_{c,\max}=\frac{M\cdot y_1}{I_z}-\frac{F_N}{A}=\frac{2\ 256\times10^3\times890\times10^{-3}}{289.9\times10^{-4}}\text{Pa}-\frac{1\ 600\times10^3}{(1\ 400\times860-1\ 334\times828)\times10^{-6}}\text{ Pa}$$
$$=(69.26-16.09)\text{ MPa}$$
$$=53.17\text{ MPa}<[\sigma]=160\text{ MPa}$$

故安全。

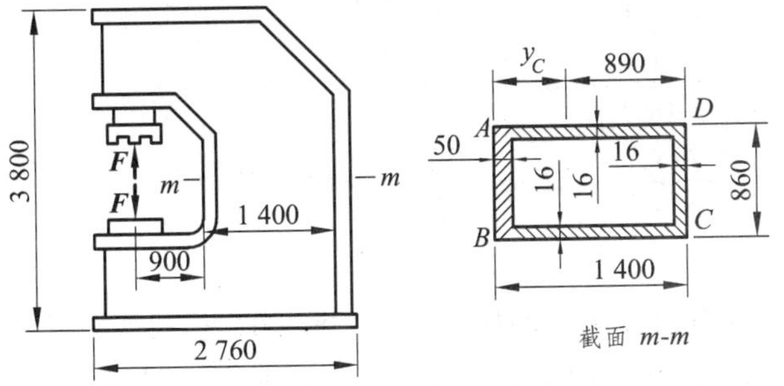

题 10.11 图

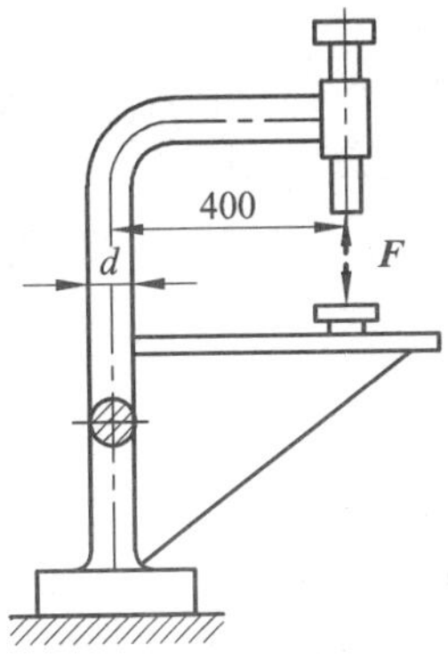

题 10.12 图

10.12　图示钻床的立柱为铸铁制成，$F=15$ kN，许用拉应力$[\sigma_t]=35$ MPa。试确定立柱所需直径 d。

解：

（1）求内力。

立柱横截面上的内力分量有：$F_N=F=15$ kN，$M=F\times400$ kN·mm $=6$ kN·m

（2）求应力。

由轴力及弯矩引起的应力分别为

$$\sigma'=\frac{F_N}{A}=\frac{F_N}{\frac{\pi d^2}{4}}=\frac{4F_N}{\pi d^2}\text{，}\quad \sigma''=\frac{M}{W_z}=\frac{M}{\frac{\pi d^3}{32}}=\frac{32M}{\pi d^3}$$

于是，有

$$\sigma_{t\max}=\sigma'+\sigma''=\frac{4F_N}{\pi d^2}+\frac{32M}{\pi d^3}\leqslant[\sigma_t]$$

取等号，有

$$\frac{4F_N}{\pi d^2}+\frac{32M}{\pi d^3}=[\sigma_t]$$

代入相应数值，即有

$$d^3-0.546\times10^3 d-1.746\times10^6=0$$

求此方程的近似解

$$x_n = x_{n-1} - \frac{f(x_{n-1})}{f'(x_{n-1})}$$

$f(d) = d^3 - 0.546\times10^3 d - 1.746\times10^6$， $f'(d) = 3d^2 - 0.546\times10^3 = 0 \Rightarrow d = 13.49$

$d > 13.49,\ f'(d) > 0,\ d > 13.49,\ f'(d) < 0$，而 $f(13.49) < 0,\ f(0) < 0$， $f(150) > 0$

于是可以确定 $f(d) = 0$ 的正根在（13.49，150）区域内，采用切线法求方程的近似解。

在（13.49，150）区域内， $f'(d) = 3d^2 - 0.546\times10^3 > 0$， $f''(d) = 6d > 0$

$f''(d)$ 与 $f(150)$ 同号，所以令 $x_0 = 150$，由公式得

$$x_1 = x_0 - \frac{f(x_0)}{f'(x_0)} = 150 - \frac{1\,547\,100}{47\,757} \approx 126.89$$

$$f(126.89) > 0,\ x_2 = x_1 - \frac{f(x_1)}{f'(x_1)} = 126.89 - \frac{227\,783.1}{47\,757} \approx 122.12$$

$$f(122.12) > 0,\ x_3 = x_2 - \frac{f(x_2)}{f'(x_2)} = 122.12 - \frac{8\,534}{47\,757} \approx 121.93$$

$$f(121.93) > 0,\ x_4 = x_3 - \frac{f(x_3)}{f'(x_3)} = 121.93 - \frac{150.4}{47\,757} \approx 121.93$$

故直径 $d = 12$ mm。

10.13　图示为一厂房的牛腿柱，设由房顶传来的压力 $P_1 = 100$ kN，由吊车梁传来的压力 $P_2 = 30$ kN，已知 $e = 0.2$ m，$b = 0.18$ m，问截面边 h 为多少时，截面不出现拉应力。并求出这时的最大压应力。

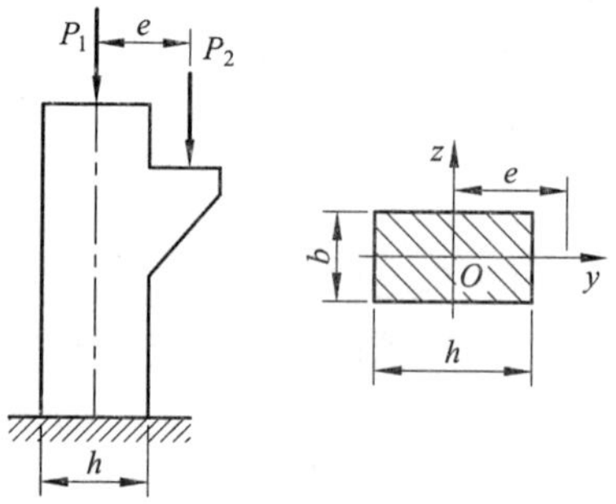

题 10.13 图

解：截面不出现拉应力，则要求 $\sigma_{t,\max} = 0$，而

$$\sigma_{t,\max} = \frac{P_2 e}{W_z} - \frac{P_1 + P_2}{A}$$

即
$$\frac{P_2}{W_z} - \frac{P_1 + P_2}{A} = 0 \Rightarrow \frac{6P_2 e}{bh^2} - \frac{P_1 + P_2}{bh} = 0$$

$$\Rightarrow h = \frac{6P_2 e}{P_1 + P_2}$$

$$= \frac{6\times30\times10^3\times0.2}{(100+30)\times10^3}\text{mm} = 276.9\text{ mm}$$

取 $h = 277$ mm，此时，截面上的最大压应力为

$$\sigma_{c,\max} = \frac{P_2 e}{W_z} + \frac{P_1 + P_2}{A} = \frac{6P_2 e}{bh^2} - \frac{P_1 + P_2}{bh}$$

$$= \frac{6\times30\times10^3\times0.2}{0.18\times0.277^2}\text{MPa} + \frac{(100+30)\times10^3}{0.18\times0.277}\text{MPa}$$

$$= 5.21\text{ MPa}$$

10.14　如图所示高 $H = 1.2$ m，厚 $b = 0.3$ m 的钢筋混凝土墙，浇筑于牢固的基础上，作挡水坝用。已知水的密度 $\rho_0 = 1\,000$ kg/m³，混凝土的密度 $\rho_1 = 2\,450$ kg/m³，试求：（1）当水位达到坝顶时，坝底部截面处的最大拉、压应力；（2）如果要求底部截面不出现拉应力，问

最大允许水深为多少?

解：取单位宽度坝体为研究对象。

（1）当水位达到坝顶时，坝底部截面处的最大拉应力为

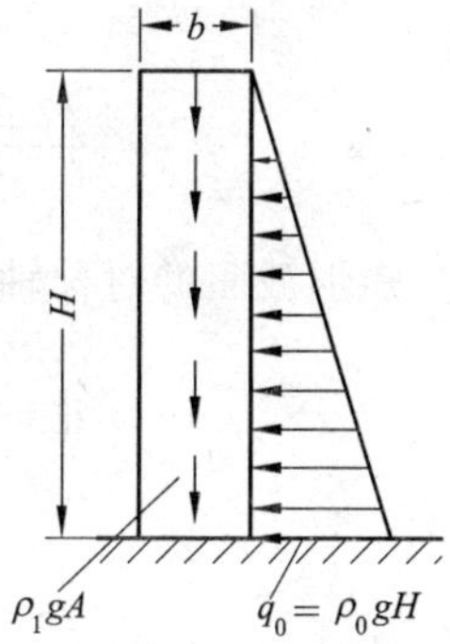

题 10.14 图

$$\sigma_{\mathrm{t,\,max}}=\frac{F_{\mathrm{R}}\cdot\frac{1}{3}H}{W_z}-\frac{P}{A}=\frac{\frac{1}{6}\cdot 1\cdot\rho_0 gH^3}{\frac{1}{6}\cdot 1\cdot b^2}-\frac{\rho_1 gAH}{A}$$

$$=\frac{\rho_0 gH^3}{b^2}-\rho_1 gH$$

$$=\frac{1\,000\times 9.8\times 1.2^3}{0.3^2}\ \mathrm{Pa}-2\,450\times 9.8\times 1.2\ \mathrm{Pa}$$

$$=(0.188\,16-0.028\,812)\ \mathrm{MPa}$$

$$=0.159\ \mathrm{MPa}$$

坝底部截面处的最大压应力为

$$\sigma_{\mathrm{c,\,max}}=\frac{F_R\cdot\frac{1}{3}H}{W_z}+\frac{P}{A}=\frac{\frac{1}{6}\cdot 1\cdot\rho_0 gH^3}{\frac{1}{6}\cdot 1\cdot b^2}+\frac{\rho_1 gAH}{A}=\frac{\rho_0 gH^3}{b^2}+\rho_1 gH$$

$$=\frac{1\,000\times 9.8\times 1.2^3}{0.3^2}\ \mathrm{Pa}+2\,450\times 9.8\times 1.2\ \mathrm{Pa}$$

$$=(0.188\,16+0.028\,812)\ \mathrm{MPa}$$

$$=0.217\ \mathrm{MPa}$$

（2）若要求坝底部截面不出现拉应力，则有 $\sigma_{\mathrm{t,\,max}}\leqslant 0$，假设水深度为 h，即有

$$\frac{\rho_0 gh^3}{b^2}-\rho_1 gH\leqslant 0\Rightarrow h\leqslant\sqrt[3]{\frac{\rho_1 b^2 H}{\rho_0}}=\sqrt[3]{\frac{2\,450\times 0.3^2\times 1.2}{1\,000}}\ \mathrm{m}=0.642\ \mathrm{m}$$

10.15　图示短柱受载荷 F_1 和 F_2 的作用，试求固定端截面上角点 A，B，C 及 D 的正应力。

解：在固定端截面上，存在着 F_1 引起的压缩应力，以及由 F_1 和 F_2 分别引起的弯矩 M_y，M_z 所产生的弯曲应力，在该横截面上，坐标为 (y,z) 的 K 点与三种变形对应的应力分别为

$$\sigma'=-\frac{F_1}{A}\ （式中负号表示压应力），\ \sigma''=\frac{M_y z}{I_y}=\frac{F_1\cdot 25z}{I_y}，\ \sigma'''=\frac{M_z y}{I_z}=\frac{F_2\cdot 600y}{I_z}$$

叠加以上三种应力得到 K 点的应力，并注意到 $I_z=Ai_z^2$，$I_y=Ai_y^2$，得

$$\sigma=-\frac{1}{A}\left(F_1-\frac{F_1\cdot 25z}{i_y^2}-\frac{F_2\cdot 600y}{i_z^2}\right)$$

横截面上离中性轴最远的点应力最大，为此应先确定中性轴的位置，若中性轴上各点的坐标为 $(y_0,\ z_0)$，则由于中性轴上各点的应力等于零，把 y_0 和 z_0 代入上式，有

$$-\frac{1}{A}\left(F_1-\frac{F_1\cdot 25z_0}{i_y^2}-\frac{F_2\cdot 600y_0}{i_z^2}\right)=0$$

即

$$\frac{F_1 \cdot 25z_0}{i_y^2}+\frac{F_2 \cdot 600y_0}{i_z^2}=F_1$$

矩形截面的对称轴即为形心主惯性轴，而

$$i_y^2=\frac{b^2}{12}=\frac{100^2}{12}，\ i_z^2=\frac{h^2}{12}=\frac{150^2}{12}$$

于是，有

$$\frac{25\times10^3\times25z_0}{\dfrac{100^2}{12}}+\frac{5\times10^3\times600y_0}{\dfrac{150^2}{12}}=25$$

整理得

$$15z_0+32y_0=500$$

这是一个直线方程，也就是中性轴的方程式。若中性轴在 y 轴和 z 轴上的截距分别是 a_y 和 a_z，则上式中令 $y_0=a_y$，$z_0=0$ 和 $y_0=0$，$z_0=a_z$，即可得出 $a_y=15.625\ \text{mm}$，$a_z=33.33\ \text{mm}$。

求角点 A，B，C，D 的应力。各角点坐标为

$$\begin{aligned}&A(y_A,\ z_A)\to A(75,\ 50)\\&B(y_B,\ z_B)\to B(75,\ -50)\\&C(y_C,\ z_C)\to C(-75,\ -50)\\&D(y_D,\ z_D)\to D(-75,\ 50)\end{aligned}$$

代入公式

$$\sigma=-\frac{F_1}{A}+\frac{F_1\cdot 25z}{I_y}+\frac{F_2\cdot 600y}{I_z}$$

$$\begin{aligned}\sigma_A&=-\frac{25\times10^3}{0.15\times0.1}\ \text{Pa}+\frac{25\times10^3\times0.025\times0.05}{\dfrac{0.15\times0.1^3}{12}}\ \text{Pa}+\frac{5\times10^3\times0.6\times0.075}{\dfrac{0.1\times0.15^3}{12}}\ \text{Pa}\\&=(-1.67+2.5+8)\ \text{MPa}\\&=8.83\ \text{MPa}\end{aligned}$$

$$\begin{aligned}\sigma_B&=-\frac{25\times10^3}{0.15\times0.1}\ \text{Pa}+\frac{25\times10^3\times0.025\times(-0.05)}{\dfrac{0.15\times0.1^3}{12}}\ \text{Pa}+\frac{5\times10^3\times0.6\times0.075}{\dfrac{0.1\times0.15^3}{12}}\ \text{Pa}\\&=(-1.67-2.5+8)\ \text{MPa}\\&=3.83\ \text{MPa}\end{aligned}$$

$$\begin{aligned}\sigma_C&=-\frac{25\times10^3}{0.15\times0.1}\ \text{Pa}+\frac{25\times10^3\times0.025\times(-0.05)}{\dfrac{0.15\times0.1^3}{12}}\ \text{Pa}+\frac{5\times10^3\times0.6\times(-0.075)}{\dfrac{0.1\times0.15^3}{12}}\ \text{Pa}\\&=(-1.67-2.5-8)\ \text{MPa}\\&=-12.17\ \text{MPa}\end{aligned}$$

$$\sigma_D = -\frac{25\times10^3}{0.15\times0.1}\ \text{Pa} + \frac{25\times10^3\times0.025\times0.05}{\frac{0.15\times0.1^3}{12}}\ \text{Pa} + \frac{5\times10^3\times0.6\times(-0.075)}{\frac{0.1\times0.15^3}{12}}\ \text{Pa}$$

$$= (-1.67+2.5-8)\ \text{MPa}$$

$$= -7.17\ \text{MPa}$$

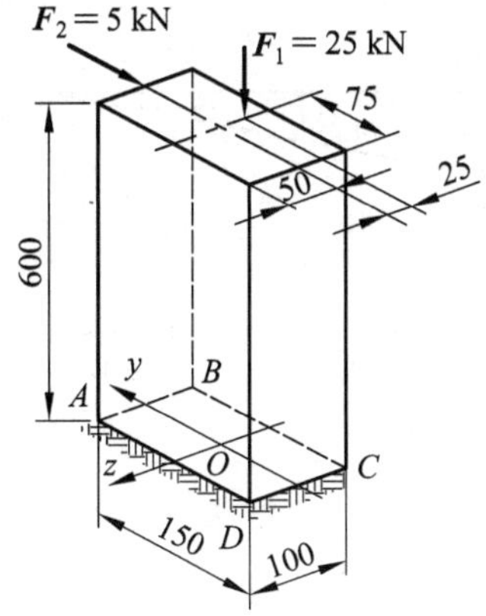

题 10.15 图

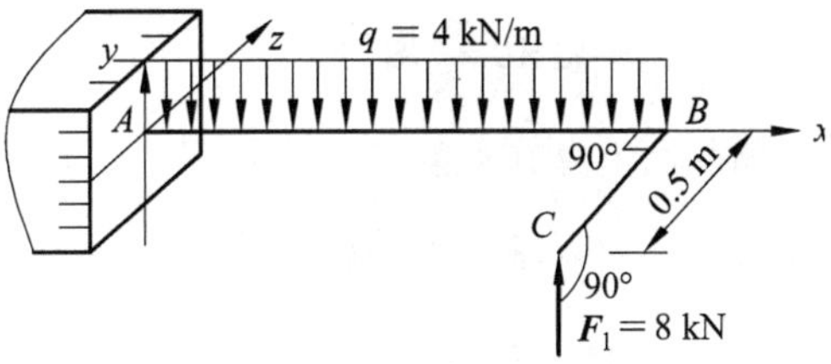

题 10.16 图

10.16　图示钢制圆截面折杆 ABC，其直径 $d = 100$ mm，AB 杆长 2 m，材料的许用应力 $[\sigma] = 135$ MPa。不计杆横截面上的剪力影响，试按第三强度理论校核 AB 杆的强度。

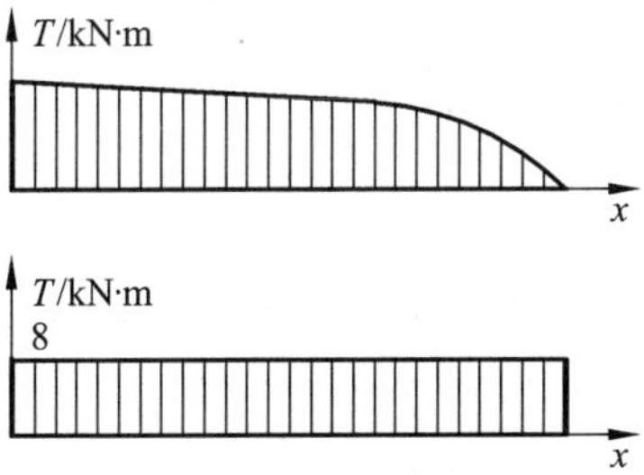

图 a

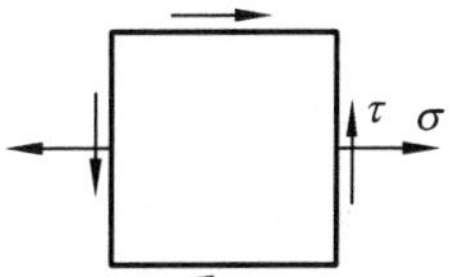

图 b

解：A 截面为危险截面

$$|T|_{\max} = |T_A| = 4\ \text{kN}\cdot\text{m}\ ,\quad W_t = \frac{\pi d^3}{16}\ ,\quad |M|_{\max} = |M_A| = 8\ \text{kN}\cdot\text{m}\ ,\quad W_z = \frac{\pi d^3}{32}$$

采用第三强度理论，得到圆轴在扭转与弯曲组合变形下的强度条件为

$$\frac{1}{W}\sqrt{M^2+T^2} \leqslant [\sigma]$$

$$\frac{1}{W}\sqrt{M^2+T^2} = \frac{1}{W_z}\sqrt{|M|_{\max}^2 + |T|_{\max}^2} = \frac{32}{\pi\times0.1^3}\sqrt{(8\times10^3)^2+(4\times10^3)^2}\ \text{Pa} = 91.1\ \text{MPa}$$

$\frac{1}{W}\sqrt{M^2+T^2} = 91.1\ \text{MPa} \leqslant [\sigma] = 135\ \text{MPa}$，故强度满足要求。

10.17　如图所示电动机的功率为 9 kW，转速 715 r/min，带轮直径 $D = 250$ mm，主轴外伸部分长度为 $l = 120$ mm，主轴直径 $d = 40$ mm。若$[\sigma] = 60$ MPa，试用第三强度理论校核轴的强度。

解：该电机主轴承受扭转与弯曲组合变形。

$$T=\frac{1}{2}FD,\ |M|_{\max}=3Fl$$

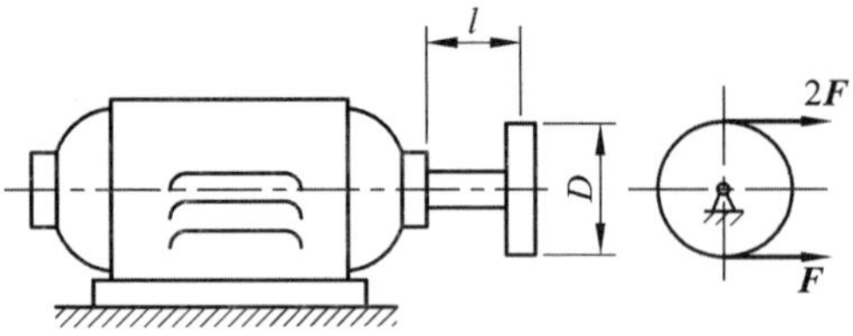

题 10.17 图

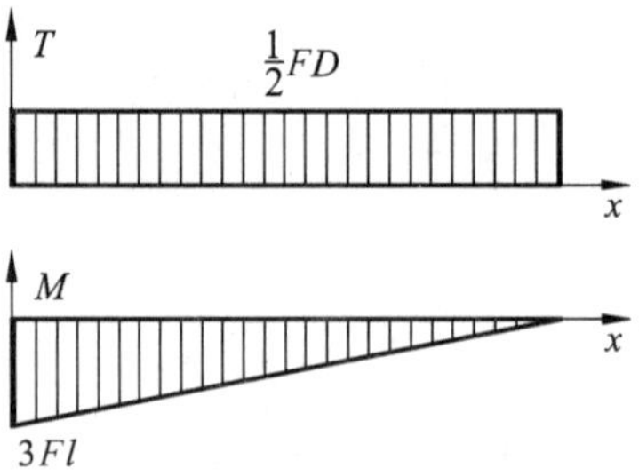

图 a

在轴根部截面上存在危险点，采用第三强度理论，计算相当应力 $\sigma_{r3}=\frac{1}{W}\sqrt{M^2+T^2}$ 。

由已知条件知输入轴的外力偶矩

$$M_e=9\ 549\times\frac{9}{715}\ \text{N}\cdot\text{m}=120.2\ \text{N}\cdot\text{m}$$

而 $M_e=T=\frac{1}{2}FD$ ，于是得 $F=\frac{2M_e}{D}=\frac{2\times120.2}{0.25}\ \text{N}=961.6\ \text{N}$

于是，相当应力

$$\sigma_{r3}=\frac{\sqrt{9F^2l^2+M_e^2}}{\frac{\pi d^3}{32}}=\frac{32\times\sqrt{9\times961.6^2\times0.12^2+120.2^2}}{\pi\times0.04^3}\text{Pa}=58.32\ \text{MPa}<[\sigma]=60\ \text{MPa}$$

故安全。

10.18　试根据第三强度理论确定图示手摇卷扬机能起吊的最大容许载荷 F_2 的数值。已知机轴的横截面为直径 $d=30$ mm 的圆形，材料的容许应力[σ] = 160 MPa。

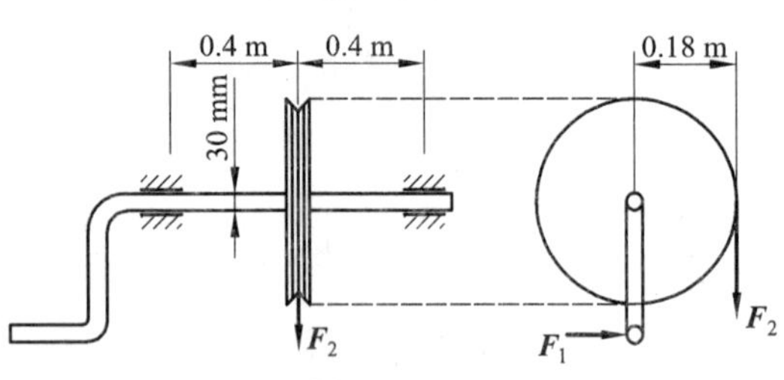

题 10.18 图

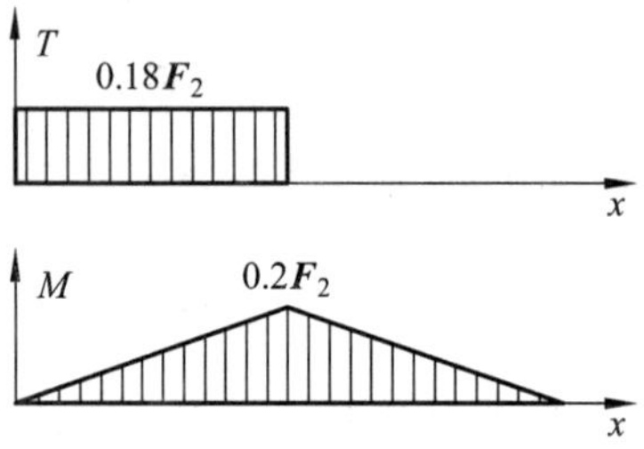

图 a

解：圆轴承受的扭矩

$$|T|_{\max}=|T|=0.18F_2\ \ \text{kN}\cdot\text{m}$$

圆轴承受的最大弯矩

$$|M|_{\max}=|M_{中}|=0.2F_2\ \ \text{kN}\cdot\text{m}$$

在轴的中间截面上，存在危险点。采用第三强度理论，得到圆轴在扭转与弯曲组合变形下的强度条件为

$$\frac{1}{W}\sqrt{M^2+T^2}\leqslant[\sigma]$$

于是，有

$$\frac{1}{W}\sqrt{(0.2F_2)^2+(0.18F_2)^2}\leqslant[\sigma]\Rightarrow F_2\leqslant\frac{W[\sigma]}{\sqrt{0.04+0.18^2}}$$

而

$$W=\frac{\pi d^3}{32}$$

即有

$$F_2\leqslant\frac{\dfrac{\pi\times0.03^3}{32}\times160\times10^6}{\sqrt{0.04+0.18^2}}\ \text{N}=1.576\ \text{kN}$$

10.19　图示为操纵装置水平杆，截面为空心圆形，内径 $d=24$ mm，外径 $D=30$ mm。材料 Q235 钢，$[\sigma]=100$ MPa。控制片受力 $F_1=600$ N。试用第三强度理论校核杆的强度。

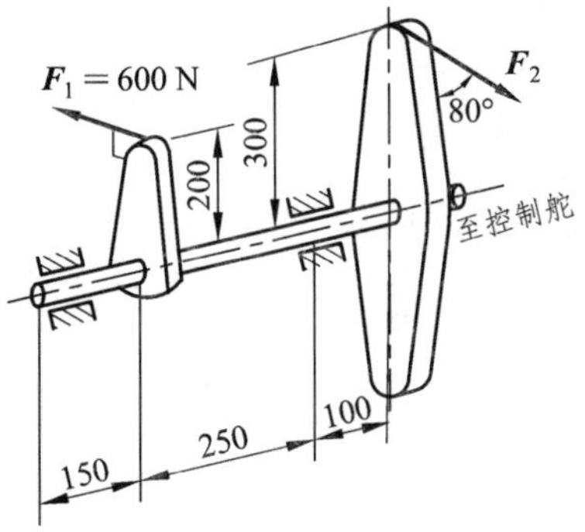

题 10.19 图

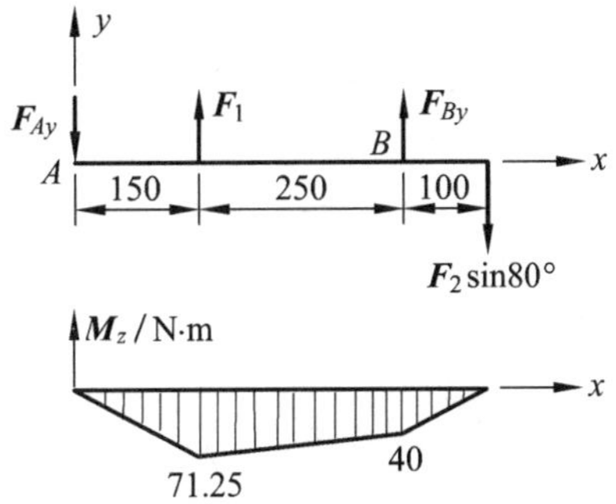

图 a

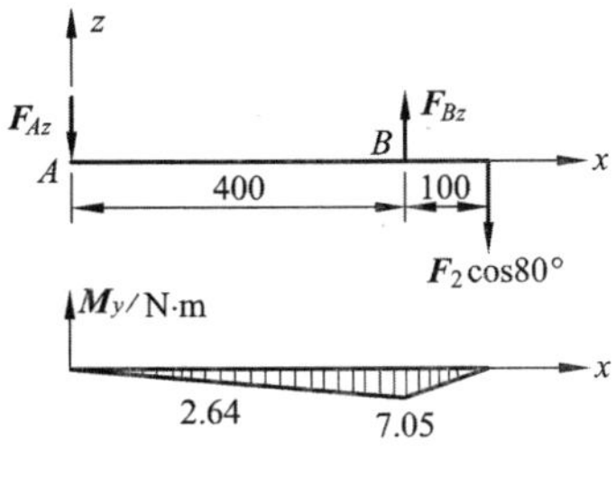

图 b

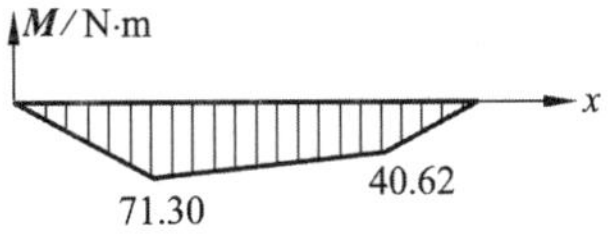

图 c

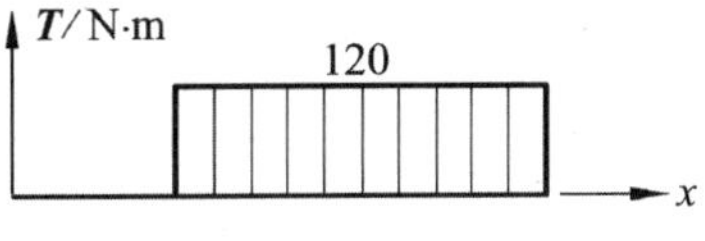

图 d

解：该轴承受扭转与弯曲组合变形。

（1）求支反力

$$F_1\times0.2=(F_2\sin80°)\times0.3\Rightarrow F_2=406.2\ \text{N}$$

即

$$\begin{cases}F_2\sin80°=\dfrac{2}{3}F_1=400\ \text{N}\\F_2\cos80°=70.5\ \text{N}\end{cases},\quad\begin{cases}F_{Ay}=-475\ \text{N}\\F_{By}=275\ \text{N}\end{cases},\quad\begin{cases}F_{Az}=-17.6\ \text{N}\\F_{Bz}=\dfrac{5}{4}F_2\cos80°=88.1\ \text{N}\end{cases}$$

（2）求内力

$$T = F_1 \times 0.2 = 600 \times 0.2 = 120\ \text{N}\cdot\text{m},\quad |M|_{\max} = 71.30\ \text{N}\cdot\text{m}$$

水平杆受力图、xy 面内弯矩 M_z 图、xz 面内弯矩 M_y 图及弯矩 M 总图和扭矩 T 图如图 a～图 d 所示。采用第三强度理论，计算相当应力

$$\sigma_{r3} = \frac{1}{W}\sqrt{M^2+T^2} = \frac{32\cdot D\sqrt{M^2+T^2}}{\pi(D^4-d^4)} = \frac{32\times 0.03\times\sqrt{71.30^2+120^2}}{\pi(0.03^4-0.024^4)}\ \text{Pa}$$
$$= 89.2\ \text{MPa} < [\sigma] = 100\ \text{MPa}$$

故安全。

第 11 章　压杆稳定

11.1　知识要点

1. 本章研究对象和研究内容

（1）研究对象——构件为直线形状的轴向受压杆件（多为细长压杆）。

（2）研究内容——理解失稳现象和弹性系统稳定性的概念、平衡稳定性的判断准则、压杆稳定性和临界载荷、临界应力、柔度等概念，重点掌握理想压杆临界载荷的公式和压杆的稳定性计算方法。

2. 稳定性问题与强度问题的区别

弹性系统平衡的稳定性问题与强度问题有重大区别。在失效实质上，前者是由于平衡构形的突变，引起大变形而使构件丧失承载能力，后者是由于材料的破坏而使构件丧失承载能力。从失效原因来说，前者是载荷超过临界载荷而引起失稳，后者是应力达到材料的极限应力而造成材料破坏。从失效特点来说，前者是整体失效，往往是突发性的，后者是局部失效，破坏是逐步产生的。这些区别便造成了研究方法和设计方法的不同。

3. 压杆临界载荷的确定和稳定性计算

压杆临界载荷的确定和稳定性计算是本章的重点。三类压杆失效形式不同，计算公式也不同，临界应力总图给出了总体描述。计算压杆的柔度是解决压杆稳定性问题的关键。大柔度杆发生弹性屈曲，用欧拉公式确定其临界载荷。中柔度杆发生弹塑性屈曲，用经验公式确定其临界载荷。小柔度杆发生强度失效，可按轴向压缩的强度条件计算。

11.2　解题步骤

压杆的稳定性计算有两种方法：安全因素法和折减系数法，前者适用于稳定性校核和确定许用压力，后者用于截面设计较方便。采用哪种方法要根据有关部门的设计规范确定。进行稳定性计算的一般步骤如下：

（1）首先根据压杆的支承条件进行简化，确定适当的长度因数 μ。

（2）计算压杆的柔度。这需要判断压杆可能在哪个平面失稳，应采用最大的柔度进行计算。可根据约束条件和截面惯性矩的大小进行判断。

（3）根据柔度大小选用正确的临界载荷或临界应力公式，进行稳定性计算。

（4）采用折减系数法进行截面设计时，一般应用试算法，即逐次逼近法求解。

11.3 习题详解

11.1 图示各细长压杆的材料和截面均相同，试问哪根杆能承受的压力最大？哪一根最小？

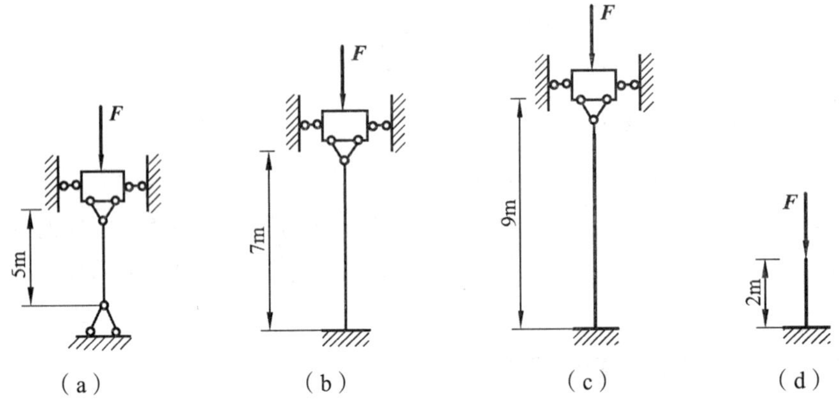

题 11.1 图

解：

（a）两端铰支，$\mu=1$，$l=5\text{ m}$，临界压力

$$F_{cr}=\frac{\pi^2EI}{(\mu l)^2}=\frac{\pi^2EI}{(1\times5)^2}=\frac{\pi^2EI}{5^2}$$

（b）一端固定，一端铰支，$\mu\approx0.7$，$l=7\text{ m}$，临界压力

$$F_{cr}=\frac{\pi^2EI}{(\mu l)^2}=\frac{\pi^2EI}{(0.7\times7)^2}=\frac{\pi^2EI}{4.9^2}$$

（c）两端固定，$\mu=0.5$，$l=9\text{ m}$，临界压力

$$F_{cr}=\frac{\pi^2EI}{(\mu l)^2}=\frac{\pi^2EI}{(0.5\times9)^2}=\frac{\pi^2EI}{4.5^2}$$

（d）一端固定，一端自由，$\mu=2$，$l=2\text{ m}$，临界压力

$$F_{cr}=\frac{\pi^2EI}{(\mu l)^2}=\frac{\pi^2EI}{(2\times2)^2}=\frac{\pi^2EI}{4^2}$$

题 11.1 图（d）中杆能承受的压力最大，题 11.1 图（a）中杆能承受的压力最小。

11.2 试用欧拉公式计算下列细长压杆的临界压力。杆件两端均为球铰支座，弹性模量均为 $E=200\text{ GPa}$。

（1）圆截面，$d=25\text{ mm}$，$l=2.0\text{ m}$。

（2）矩形截面，$h=2b=40\text{ mm}$，$l=1.0\text{ m}$。

（3）No.18 工字钢，$l=2.0\text{ m}$。

解：

（1）两端铰支，$\mu=1$，$l=2\text{ m}$，$I=\dfrac{\pi d^4}{64}$，临界压力

$$F_{cr}=\frac{\pi^2 EI}{(\mu l)^2}=\frac{\pi^2\times 200\times 10^9\times\dfrac{\pi\times 0.025^4}{64}}{(1\times 2)^2}\text{ N}=9.46\text{ kN}$$

（2）两端铰支，$\mu=1$，$l=1\text{ m}$，$I_{min}=\dfrac{bh^3}{12}=\dfrac{h^4}{96}$，临界压力

$$F_{cr}=\frac{\pi^2 EI_{min}}{(\mu l)^2}=\frac{\pi^2\times 200\times 10^9\times\dfrac{0.04^4}{96}}{(1\times 1)^2}\text{ N}=52.64\text{ kN}$$

（3）两端铰支，$\mu=1$，$l=2\text{ m}$，$I_{min}=122\ \text{cm}^4$，临界压力

$$F_{cr}=\frac{\pi^2 EI}{(\mu l)^2}=\frac{\pi^2\times 200\times 10^9\times 122\times 10^{-8}}{(1\times 1)^2}\text{ N}=602.05\text{ kN}$$

11.3　截面为 100 mm × 150 mm 的矩形木柱，一端固定，另一端铰支，杆长 l = 5.0 m，材料的弹性模量 E = 10 GPa，λ_p = 110。试求此木柱的临界压力。

解：设 b = 100 mm，h = 150 mm

$$I=Ai^2,\quad i=\sqrt{\frac{I}{A}},\quad i_{min}=\sqrt{\frac{I_{min}}{A}}=\sqrt{\frac{\dfrac{hb^3}{12}}{bh}}=\frac{\sqrt{3}}{6}b$$

依题意，知 $\mu=0.7$，$l=5.0\text{ m}$，故

$$\lambda=\frac{\mu l}{i_{min}}=\frac{6\mu l}{\sqrt{3}b}=\frac{6\times 0.7\times 5}{\sqrt{3}\times 0.1}=121$$

而 $\lambda_p=110$，因 $\lambda>\lambda_p$，故此木柱的临界压力可采用欧拉公式求得

$$F_{cr}=\frac{\pi^2 EI_{min}}{(\mu l)^2}=\frac{\pi^2\times 10\times 10^9\times\dfrac{0.15\times 0.1^3}{12}}{(1\times 1)^2}\text{ N}=100.7\ \text{kN}$$

或
$$F_{cr}=\frac{\pi^2 E}{\lambda^2}\cdot A=\frac{\pi^2\times 10\times 10^9}{121^2}\times 0.1\times 0.15\ \text{ N}=101.1\ \text{kN}$$

11.4　如图所示托架中杆 AB 的直径 d = 40 mm，长度 l = 800 mm，两端可视为球铰链约束，材料为 Q235 钢。试求：

（1）托架的临界载荷。

（2）若已知工作载荷 F = 70 kN，并要求杆 AB 的稳定安全因数 n_{st} = 2.0，校核托架是否安全。

（3）若横梁为 No.18 普通热轧工字钢，$[\sigma]$ = 160 MPa，并要求杆 AB 的稳定安全因数 n_{st} = 2.0，则托架所能承受的最大载荷为多少？

解：

（1）对于用 Q235 钢制成的压杆，只有当柔度（长细比）$\lambda > \lambda_{\mathrm{p}} = 100$时，才可以使用欧拉公式。此题中，$\mu = 1$，$l = 800\ \mathrm{mm}$，$d = 40\ \mathrm{mm}$，故

$$\lambda = \frac{\mu l}{i} = \frac{\mu l}{\sqrt{\frac{I}{A}}} = \frac{\mu l}{\frac{d}{4}} = \frac{4\mu l}{d} = \frac{4\times1\times0.8}{0.04} = 80$$

又 $\lambda_{\mathrm{s}} = \dfrac{a-\sigma_{\mathrm{s}}}{b}$，对于 Q235 钢，查表可知 $a = 304\ \mathrm{MPa}$，$b = 1.12\ \mathrm{MPa}$，$\sigma_{\mathrm{s}} = 235\ \mathrm{MPa}$，于是，可求得 $\lambda_{\mathrm{s}} = 61.6$。$\lambda_{\mathrm{s}} < \lambda < \lambda_{\mathrm{p}}$，即杆 AB 为中柔度杆，其临界压力为

$$F_{\mathrm{cr}} = \sigma_{\mathrm{cr}}\cdot A = (a-b\lambda)\cdot A = (304-1.12\times80)\times10^{6}\times\frac{\pi\times0.04^{2}}{4}\ \mathrm{N} = 269.42\ \mathrm{kN}$$

对于托架而言，有 $\sum M_C = 0$，即 $F\times0.9-(F_{AB}\sin\theta)\times0.6 = 0$，而 $\sin\theta = \dfrac{\sqrt{7}}{4}$，于是得

$$F = \frac{2}{3}F_{AB}\sin\theta = \frac{\sqrt{7}}{6}F_{AB}$$

则，托架的临界载荷为

$$[F] = \frac{\sqrt{7}}{6}F_{\mathrm{cr}} = 118.8\ \mathrm{kN}$$

（2）因 $F = \dfrac{\sqrt{7}}{6}F_{AB}$，所以

$$F_{AB} = \frac{6}{\sqrt{7}}F = \frac{6}{\sqrt{7}}\times70\ \mathrm{kN} = 158.74\ \mathrm{kN}$$

$$n = \frac{F_{\mathrm{cr}}}{F_{AB}} = \frac{269.42}{158.74} = 1.70 < n_{\mathrm{st}} = 2.0$$

故该托架并不安全。

（3）对于横梁 CD，其为 No.18 普通热轧工字钢，查表知 $W_z = 185\ \mathrm{cm}^3$，$A = 30.756\ \mathrm{cm}^2$，最大工作应力为

$$\sigma_{\max} = \frac{M}{W_z} + \frac{F_{\mathrm{N}}}{A}$$

根据强度条件 $\sigma_{\max} \leqslant [\sigma]$，有

$$\frac{0.3F}{185\times10^{-6}}\ \mathrm{Pa} + \frac{\frac{9}{14}\sqrt{7}F}{30.756\times10^{-4}}\ \mathrm{Pa} \leqslant [\sigma] = 160\times10^{6}\ \mathrm{Pa}$$

于是得

$$F \leqslant 73.58\ \mathrm{kN}$$

对于杆 AB，通过前面的分析知其临界压力为：$F_{\mathrm{cr}} = 269.42\ \mathrm{kN}$，托架所承受的荷载 $F =$

$\dfrac{\sqrt{7}}{6}F_{AB}$，若要求杆 AB 的稳定安全因数 $n_{st}=2.0$，则有

$$\frac{F_{cr}}{F_{AB}}=\frac{F_{cr}}{\dfrac{6}{\sqrt{7}}F}\geqslant n_{st}$$

于是得

$$F\leqslant\frac{F_{cr}}{n_{st}}\cdot\frac{\sqrt{7}}{6}=\frac{269.42}{2}\times\frac{\sqrt{7}}{6}\ \text{kN}=59.40\ \text{kN}$$

故此时托架所能承受的最大载荷为 59.40 kN。

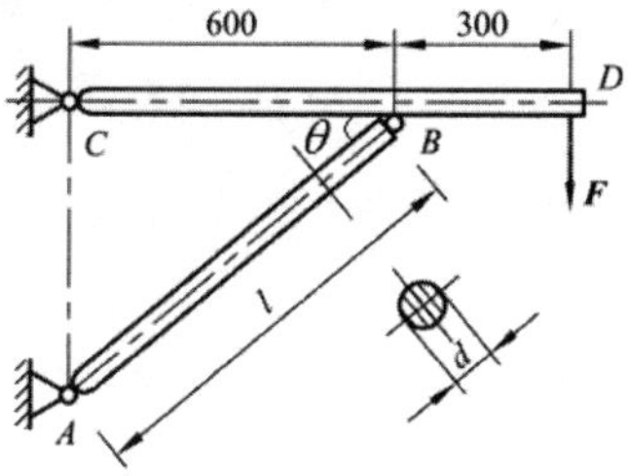

题 11.4 图

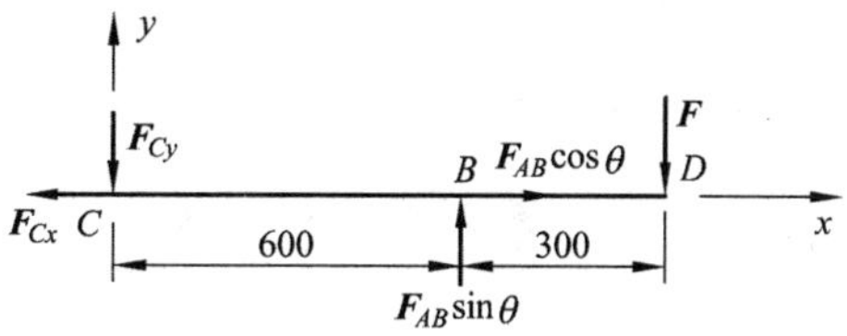

图 a

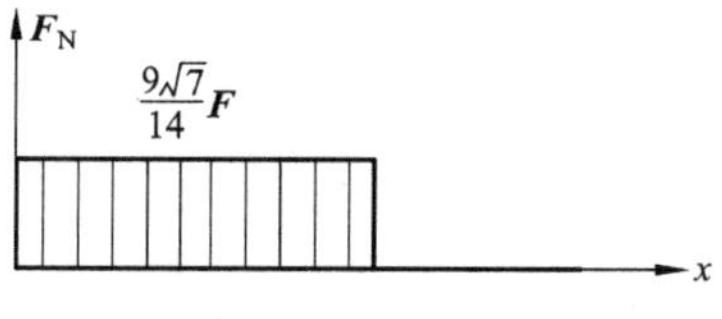

图 b

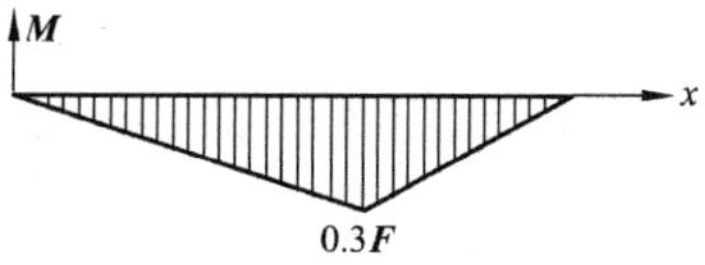

图 c

11.5　如图所示正方形桁架，各杆的抗弯刚度均为 EI，且均为细长杆。试问当载荷 F 为何值时结构中的个别杆件将失稳？如果将载荷 F 的方向改为向内，则使杆件失稳的载荷 F 又为何值？

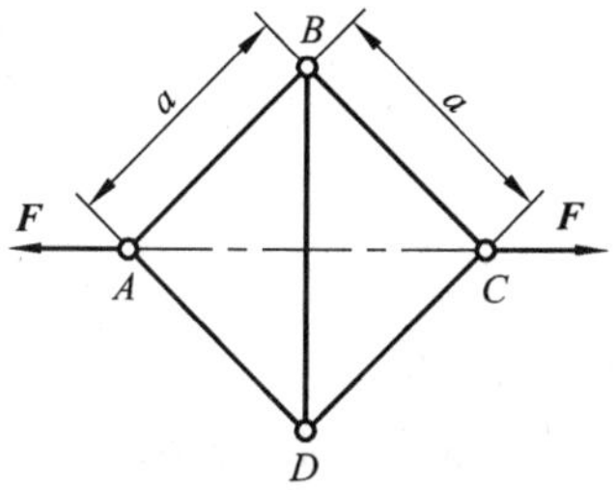

题 11.5 图

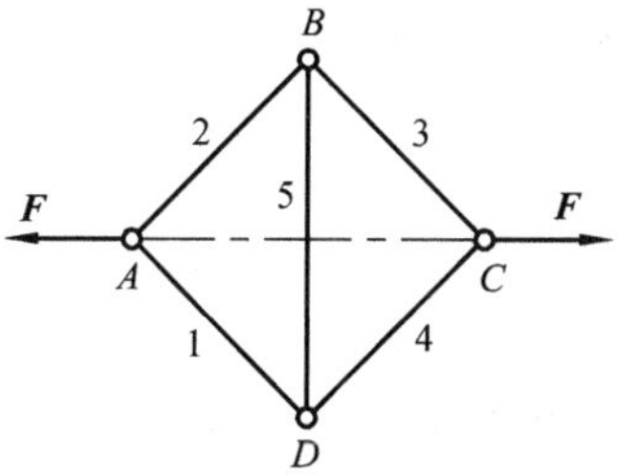

图 a

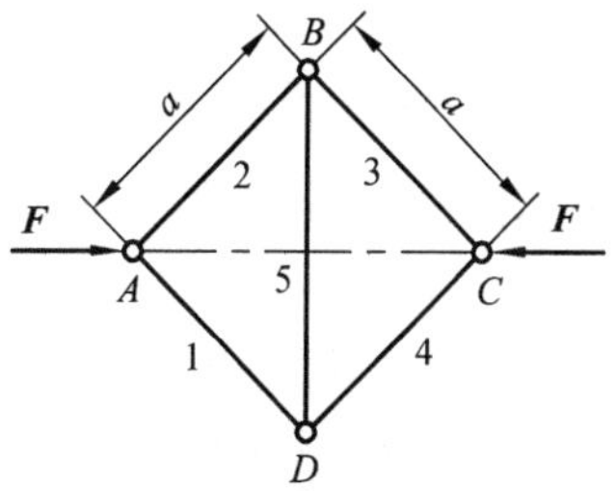

图 b

解：

（1）$F_1=F_2=F_3=F_4=\dfrac{\sqrt{2}}{2}F$，$F_5=-F$，杆 5 易发生失稳，其临界压力为 $F_{cr}=\dfrac{\pi^2EI}{(\mu\ell)^2}=\dfrac{\pi^2EI}{(\sqrt{2}a)^2}=\dfrac{\pi^2EI}{2a^2}$，此时 $F=F_{cr}=\dfrac{\pi^2EI}{2a^2}$。

（2）$F_1 = F_2 = F_3 = F_4 = -\dfrac{\sqrt{2}}{2}F$，$F_5 = F$，杆 1～4 易发生失稳，其临界压力为 $F_{cr} = \dfrac{\pi^2 EI}{(\mu\ell)^2} = \dfrac{\pi^2 EI}{a^2}$，此时 $F = \sqrt{2}F_{cr} = \dfrac{\sqrt{2}\pi^2 EI}{a^2}$。

11.6　平面磨床的工作台液压驱动装置如图所示。油缸活塞直径 $d = 65$ mm，油压 $p = 1.2$ MPa，活塞杆长度 $l = 1\ 250$ mm，材料的 $E = 210$ GPa，$\sigma_p = 220$ MPa，$n_{st} = 6$。活塞杆可简化为两端铰支的压杆，试确定活塞杆的直径。

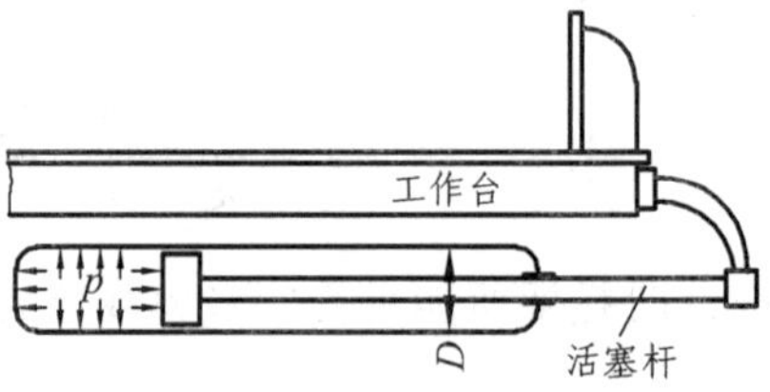

题 11.6 图

解：活塞杆受到的压力为

$$F = pA = p\frac{\pi d^2}{4} = 1.2\times10^6\times\frac{\pi\times0.065^2}{4}\ \text{N}$$
$$= 3.982\ \text{kN}$$

活塞杆的临界压力为

$$F_{cr} = F\cdot n_{st} = 3.982\times6\ \text{kN} = 23.892\ \text{kN}$$

根据已知条件，有

$$\lambda_p = \sqrt{\frac{\pi^2 E}{\sigma_p}} = \pi\sqrt{\frac{210\times10^3}{220}} = 97.06$$

假设此活塞杆为大柔度杆，即其 $\lambda > \lambda_p$，则由欧拉公式，有 $F_{cr} = \dfrac{\pi^2 EI}{(\mu l)^2}$，其中，$\mu = 1$，$l = 1.25$ m，$I = \dfrac{\pi d_1^4}{64}$，而 $F_{cr} = 23.892$ kN，于是，可求得活塞杆的直径为

$$d_1 = \left(\frac{64F_{cr}(\mu l)^2}{\pi^3 E}\right)^{\frac{1}{4}} = \left(\frac{64\times23.892\times10^3\times1.25^2}{\pi^3\times210\times10^9}\right)^{\frac{1}{4}}\ \text{m} = 24.61\ \text{mm}$$

取 $d_1 = 25$ mm，再计算 λ，$\lambda = \dfrac{\mu l}{i} = \dfrac{4\mu l}{d} = \dfrac{4\times1\times1.25}{0.025} = 200$，$\lambda > \lambda_p$，则假设成立，于是可确定此活塞杆的直径为 25 mm。

11.7　石油工程中为了钻直井在钻柱上安装扶正器如图所示。当钻井压力和下部钻铤尺寸一定时，上扶正器与钻头之间的距离超过某一最大值就会导致钻柱失稳。设钻压为 245 kN，钻铤直径为 $d = 178$ mm，钢钻铤的弹性模量 $E = 206$ GPa。上扶正器和钻头之间的钻铤可视为两端铰支的大柔度压杆，求上扶正器与钻头间的最大临界距离。

解：由欧拉公式 $F_{cr} = \dfrac{\pi^2 EI}{(\mu l)^2}$，得

$$l = \left(\frac{\pi^2 EI}{\mu^2 F_{cr}}\right)^{\frac{1}{2}} = \left(\frac{\pi^3 Ed^4}{64\mu^2 F_{cr}}\right)^{\frac{1}{2}} = \left(\frac{\pi^3\times206\times10^9\times0.178^4}{64\times1^2\times245\times10^3}\right)^{\frac{1}{2}}\ \text{m} = 20.22\ \text{m}$$

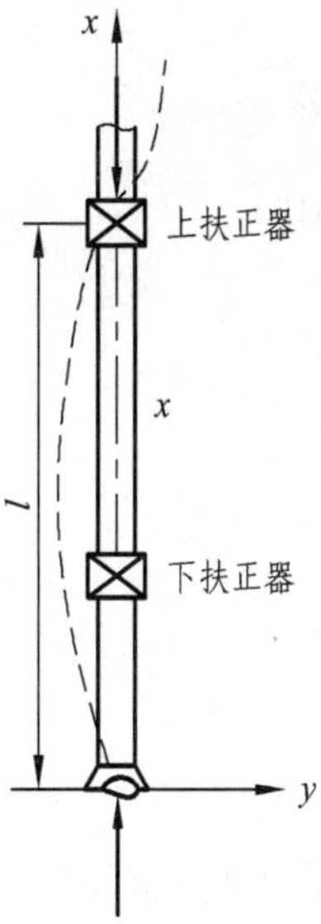

题 11.7 图

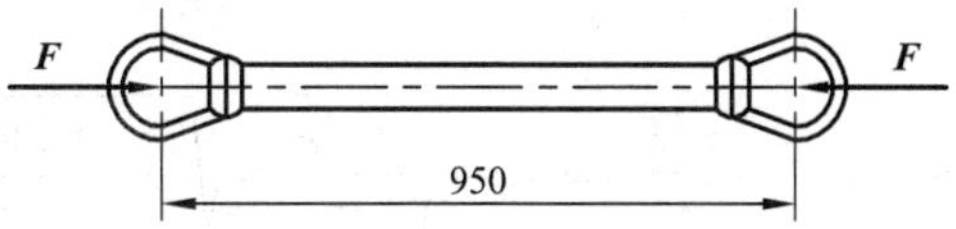

题 11.8 图

11.8　如图所示为某型飞机起落架中承受轴向压力的斜撑杆。杆为空心圆管，外径 $D=52$ mm，内径 $d=44$ mm，$l=950$ mm。撑杆材料参数为$\sigma_b=1\ 600$ MPa，$\sigma_p=1\ 200$ MPa，$E=210$ GPa。试求斜撑杆的临界载荷 F_{cr}。

解：
$$\lambda_1=\sqrt{\frac{\pi^2 E}{\sigma_p}}=\sqrt{\frac{\pi^2\times 210\ 000}{1\ 200}}=41.56$$

$$\lambda=\frac{\mu l}{i}=\frac{4\mu l}{\sqrt{D^2+d^2}}=\frac{4\times1\times950}{\sqrt{52^2+44^2}}=55.79$$

斜撑杆简化为两铰支杆，$\mu=1$，$\lambda>\lambda_1$，为大柔度压杆，应用欧拉公式计算临界压力

$$F_{cr}=\frac{\pi^2 EI}{(\mu l)^2}=\frac{\pi^2\times210\times10^9\times\dfrac{\pi(52^4-44^4)}{64}\times10^{-12}}{(1\times0.95)^2}\ \text{N}=401.7\ \text{kN}$$

11.9　矩形截面钢质连杆长 $l=0.6$ m，截面尺寸如图所示。连杆在图示 xy 平面（摆动平面）内可视为两端铰支，在 xz 平面内可视为两端固支。材料为 Q235 钢，两端用柱形铰支承。求连杆的临界压力。

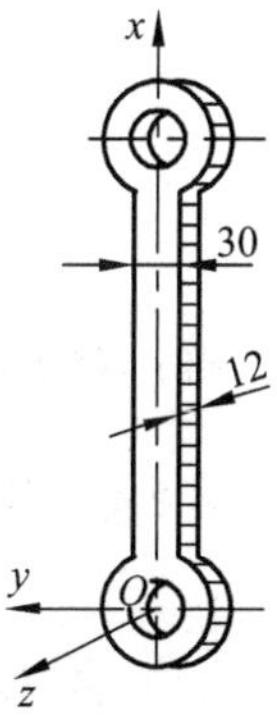

题 11.9 图

解：矩形截面的惯性半径

$$i=\sqrt{\frac{I}{A}}=\sqrt{\frac{hb^3}{12bh}}=\frac{h}{2\sqrt{3}}$$

$$i_z=\frac{30}{2\sqrt{3}}=\frac{15}{\sqrt{3}}=5\sqrt{3}\ \text{mm}，\quad i_y=\frac{12}{2\sqrt{3}}=\frac{6}{\sqrt{3}}=2\sqrt{3}\ \text{mm}$$

$$\lambda_{xy}=\frac{\mu_{xy}l}{i_z}=\frac{1\times0.6}{5\sqrt{3}\times10^{-3}}=69.3，\quad \lambda_{xz}=\frac{\mu_{xz}l}{i_y}=\frac{0.5\times0.6}{2\sqrt{3}\times10^{-3}}=86.6$$

对于 Q235 钢，其 $\lambda_p=100$，$\lambda_s=61.6$，因此，此连杆为中柔度杆，选

用直线经验公式计算其临界压力。

又压杆将在柔度大的方向最先发生失稳，故应取 λ_{xz} 进行计算

$$\sigma_{\mathrm{cr}}=a-b\lambda_{xz}=304\ \mathrm{MPa}-1.12\times 86.6\ \mathrm{MPa}=207\ \mathrm{MPa}$$

故临界压力为

$$F_{\mathrm{cr}}=\sigma_{\mathrm{cr}}\cdot A=207\times 10^{6}\times 0.03\times 0.012\ \mathrm{N}=74.52\ \mathrm{kN}$$

若采用抛物线经验公式，则对于 Q235 钢，有

$$a_1=\sigma_{\mathrm{s}}=235\ \mathrm{MPa}\ ,\quad b_1=\frac{\sigma_{\mathrm{s}}^2}{4\pi^2 E}=0.006\ 8\ \mathrm{MPa}$$

由 $\sigma_{\mathrm{cr}}=a_1-b_1\lambda^2=\dfrac{\pi^2 E}{\lambda^2}\Rightarrow \lambda_{\mathrm{c}}=\sqrt{\dfrac{2\pi^2 E}{\sigma_{\mathrm{s}}}}=\sqrt{\dfrac{2\pi^2\times 206\times 10^3}{235}}=131.5$，$\lambda_{xz}<\lambda_c$，

$$\sigma_{\mathrm{cr}}=a_1-b_1\lambda_{xz}^2=235\ \mathrm{MPa}-0.006\ 8\times 86.6^2\ \mathrm{MPa}=184\ \mathrm{MPa}$$

故临界压力为

$$F_{\mathrm{cr}}=\sigma_{\mathrm{cr}}\cdot A=184\times 10^{6}\times 0.03\times 0.012\ \mathrm{N}=66.24\ \mathrm{kN}$$

11.10　移动式起重机的起重臂 AB 长 $l=5.6$ m，截面外径 $D=115$ mm，内径 $d=105$ mm，如图所示。材料为 Q235 钢，弹性模量 $E=206$ GPa，试求起重臂能承受的最大压力。

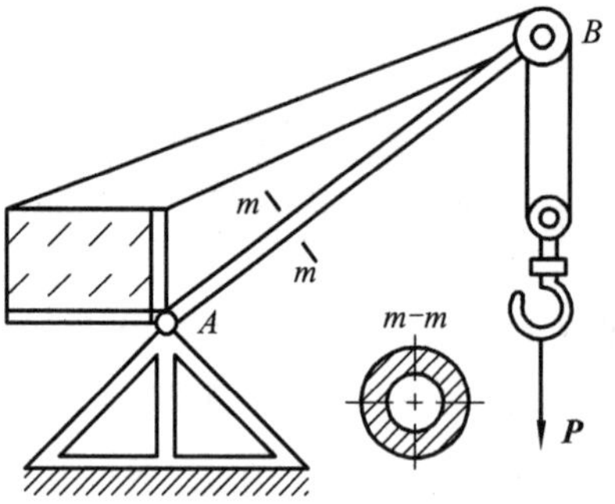

题 11.10 图

解：对于起重臂 AB，其 $\lambda=\dfrac{\mu l}{i}=\dfrac{4\mu l}{\sqrt{D^2+d^2}}=\dfrac{4\times 1\times 5.6}{\sqrt{0.115^2+0.105^2}}=143.8$

$\lambda>\lambda_{\mathrm{p}}=100$，故为大柔度杆，采用欧拉公式计算其临界压力为

$$F_{\mathrm{cr}}=\sigma_{\mathrm{cr}}\cdot A=\frac{\pi^2 E}{\lambda^2}\cdot\frac{\pi(D^2-d^2)}{4}=\frac{\pi^2\times 206\times 10^9}{143.8^2}\times\frac{\pi\times(0.115^2-0.105^2)}{4}\ \mathrm{N}=169.9\ \mathrm{kN}$$

起重臂能承受的最大压力即为失稳时的临界压力，为 169.9 kN。

11.11 如图所示工字钢直杆在温度 $t = 20$ °C 时安装，此时杆不受力。已知杆长 $l = 6$ m，材料为 Q235 钢，$E = 200$ GPa。试问：当温度升高到多少摄氏度时，杆将失稳（材料的线膨胀系数 $\alpha = 12.5 \times 10^{-6}$ °C^{-1}）？

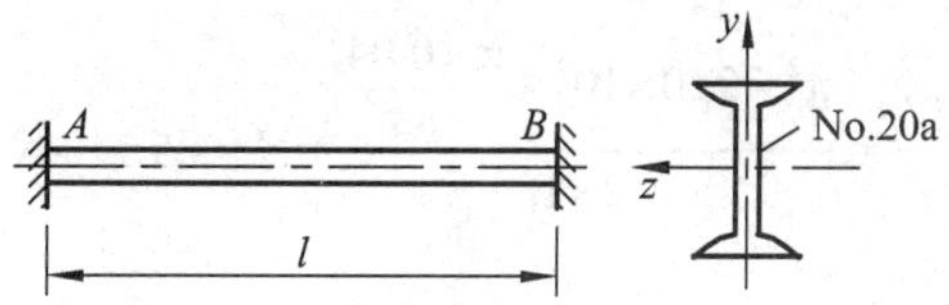

题 11.11 图

解：设温度升高引起的伸长量为

$$\Delta l_1 = \alpha \cdot l \cdot \Delta t \ , \quad \Delta t = t_2 - t_1$$

此直杆为超静定结构，则由于固定端处的约束力引起的缩短量为

$$\Delta l_2 = \frac{F_N l}{EA}$$

而 $\Delta l_1 = \Delta l_2$，于是，得

$$F_N = EA\alpha\Delta t$$

对于此工字钢（No.20a）直杆，查表可知 $i_{min} = 2.12$ cm，$I_{min} = 158$ cm^4，$A = 35.578$ cm^2
于是可求得，其

$$\lambda_{max} = \frac{\mu l}{i_{min}} = \frac{0.5 \times 6}{2.12 \times 10^{-2}} = 141.5 > \lambda_p = 100$$

故其为大柔度杆，其临界压力可由欧拉公式 $F_{cr} = \dfrac{\pi^2 EI_{min}}{(\mu l)^2}$ 计算求得。

随着温度的升高，F_N 将逐渐增大，当 F_N 增至 F_{cr} 时，杆件将发生失稳，则可得

$$\Delta t = \frac{\pi^2 I_{min}}{(\mu l)^2 A\alpha} = \frac{\pi^2 \times 158 \times 10^{-8}}{(0.5 \times 6)^2 \times 35.578 \times 10^{-4} \times 12.5 \times 10^{-6}} \ ^\circ\text{C} = 38.96 \ ^\circ\text{C}$$

$$t_2 = t_1 + \Delta t = 20 \ ^\circ\text{C} + 38.96 \ ^\circ\text{C} = 58.96 \ ^\circ\text{C}$$

11.12 如图所示活塞杆，用硅钢制成，其直径 $d = 40$ mm，外伸部分的最大长度 = 1 m，弹性模量 $E = 210$ GPa，$\lambda_p = 100$。试确定活塞杆的临界压力。

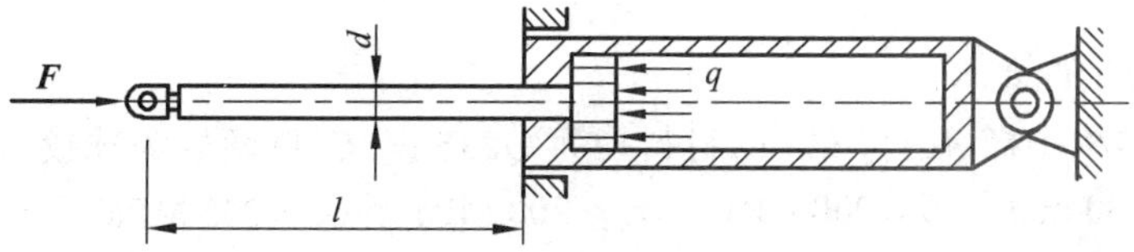

题 11.12 图

解：将活塞杆看为一端固定、一端自由的压杆，$\mu=2$，$l=1\text{ m}$，$\lambda=\dfrac{\mu l}{i}=\dfrac{4\mu l}{d}=\dfrac{4\times2\times1}{0.04}=$ $200>\lambda_{\text{p}}=100$，故此活塞杆为大柔度杆，采用欧拉公式计算临界载荷为

$$F_{\text{cr}}=\frac{\pi^2EI}{(\mu l)^2}=\frac{\pi^2\times210\times10^9\times\dfrac{\pi\times0.04^4}{64}}{(2\times1)^2}\text{ N}=65.11\text{ kN}$$

11.13　如图所示蒸汽机的活塞杆 AB，所受的压力 $F=120$ kN，$l=1\ 800$ mm，横截面为圆形，直径 $d=75$ mm。材料为 Q255 钢，$E=210$ GPa，$\sigma_{\text{p}}=240$ MPa，$n_{\text{st}}=8$。试校核活塞杆的稳定性。

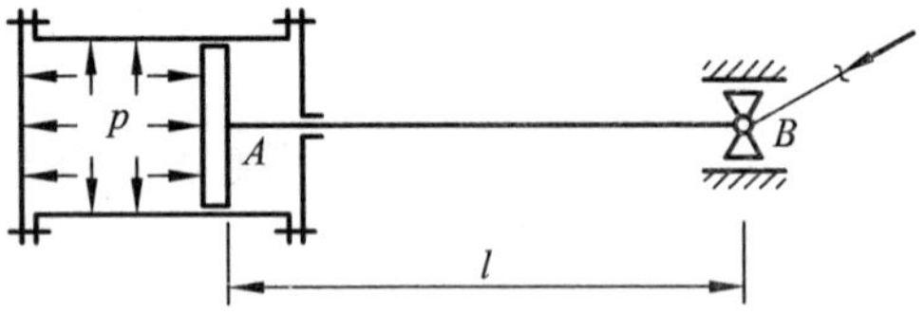

题 11.13 图

解：将活塞杆简化为两端铰支的压杆，$\mu=1$，$l=1.8$ m，其柔度为

$$\lambda=\frac{\mu l}{i}=\frac{4\mu l}{d}=\frac{4\times1\times1.8}{0.075}=96$$

而对于 Q255 钢，有

$$\lambda_{\text{p}}=\sqrt{\frac{\pi^2E}{\sigma_{\text{p}}}}=\pi\sqrt{\frac{E}{\sigma_{\text{p}}}}=\pi\sqrt{\frac{210\ 000}{240}}=92.9$$

$\lambda>\lambda_{\text{p}}$，则此杆为大柔度杆，应用欧拉公式计算临界压力为

$$F_{\text{cr}}=\frac{\pi^2EI}{(\mu l)^2}=\frac{\pi^2\times210\times10^9\times\dfrac{\pi\times0.075^4}{64}}{(1\times1.8)^2}\text{ N}=993.55\text{ kN}$$

工作安全因数为

$$n=\frac{F_{\text{cr}}}{F}=\frac{993.55}{120}=8.28>n_{\text{st}}=8$$

故该活塞杆满足稳定性要求。

11.14　图示结构中杆 AC 与 CD 的材料均为 Q235 钢，C、D 两处为球铰。已知 $d=20$ mm，$b=100$ mm，$h=180$ mm，$E=200$ GPa，$\sigma_{\text{p}}=200$ MPa，$\sigma_{\text{s}}=235$ MPa，$\sigma_{\text{b}}=400$ MPa，强度安全因数 $n=2.0$，稳定安全因数 $n_{\text{st}}=3.3$，试确定该结构的许可载荷。

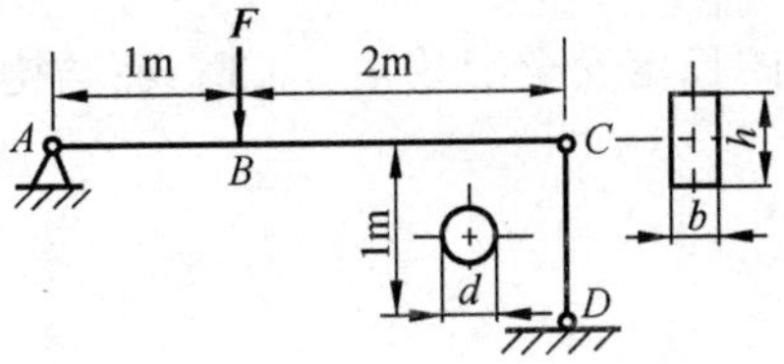

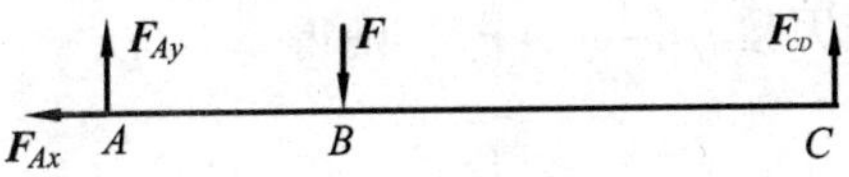

题 11.14 图

解：该结构中，杆 AC 为矩形截面梁，杆 CD 为压杆。研究杆 AC，受力如图，列平衡方程，有

$$\sum M_A = 0\text{，}\ F_{CD}\times 3\ \text{m} - F\times 1\ \text{m} = 0 \quad \Rightarrow \quad F_{CD} = \frac{1}{3}F$$

$$\sum M_C = 0\text{，}\ F\times 2\ \text{m} - F_{Ay}\times 3\ \text{m} = 0 \quad \Rightarrow \quad F_{Ay} = \frac{2}{3}F$$

先根据杆 AC 来确定结构的许可载荷。

因为杆 AC 的材料为 Q235 钢，所以材料许用应力 $[\sigma]=\dfrac{\sigma_s}{n}$，

代入数据解得，$[\sigma]=\dfrac{235\ \text{MPa}}{2}=117.5\ \text{MPa}$

杆 AC 内的最大弯矩发生在 B 截面处，且 $|M|_{\max}=\dfrac{2}{3}F\times 1\ \text{m}=\dfrac{2}{3}F\ (\text{N}\cdot\text{m})$

依据强度条件，有

$$\sigma_{\max}=\frac{|M|_{\max}}{W_Z}=\frac{\dfrac{2}{3}F}{\dfrac{bh^2}{6}}\leqslant[\sigma]\text{，}$$

代入数据解得，$F\leqslant\dfrac{bh^2}{4}[\sigma]=\dfrac{0.1\times 0.18^2}{4}\times 117.5\times 10^6\ \text{N}=95.175\ \text{kN}$

然后再根据压杆 CD 来确定结构的许可载荷。

对于压杆 CD，$\mu=1$，$l_{CD}=1\ \text{m}$，$d=20\ \text{mm}$，故其柔度，

$$\lambda=\frac{\mu\ell}{i}=\frac{\mu\ell}{\sqrt{\dfrac{I}{A}}}=\frac{\mu\ell}{\dfrac{d}{4}}=\frac{4\mu\ell}{d}=\frac{4\times 1\times 1}{0.02}=200$$

对于用 Q235 钢制成的压杆，只有当柔度（长细比）$\lambda>\lambda_p$ 时，才可以使用欧拉公式。此题中，$\lambda_p=\sqrt{\dfrac{\pi^2E}{\sigma_p}}=\sqrt{\dfrac{\pi^2 200\times 10^3}{200}}=99.3$

故 $\lambda>\lambda_p$，压杆 CD 为大柔度杆，可以应用欧拉公式进行计算，从而来确定结构的许可载荷。

根据欧拉公式有，$F_{cr}=\sigma_{cr}A=\dfrac{\pi^2E}{\lambda^2}\cdot\dfrac{\pi d^2}{4}$，压杆的稳定安全因数 $n_{st}=3.3$，而结构的工作稳定安全因数 $n=\dfrac{F_{cr}}{F}\geqslant n_{st}$，则得

$$F\leqslant\frac{F_{cr}}{n_{st}}=\frac{\dfrac{\pi^2E}{\lambda^2}\cdot\dfrac{\pi d^2}{4}}{3.3}=\frac{\pi^3 200\times10^9\times0.02^2}{200^2\times4\times3.3}\ \text{N}=4.70\ \text{kN}$$

故此结构的许用载荷为：$[F]=4.70\ \text{kN}$。

11.15 如图所示柴油机挺杆是钢制空心圆管，外径 $D=12$ mm，内径 $d=10$ mm，杆长 $l=383$ mm，钢的 $E=210$ GPa，挺杆所受的最大压力 $F=2.29$ kN。规定的稳定安全因数 $n_{st}=3\sim5$。试校核该挺杆的稳定性。

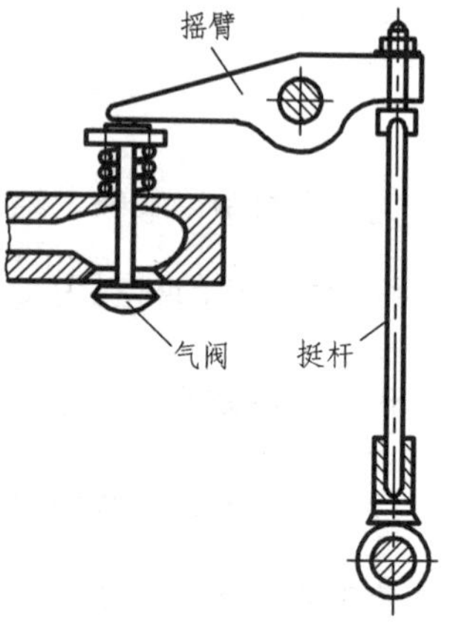

题 11.15 图

解：将挺杆简化为两端铰支的压杆，$\mu=1$，$l=0.383$ m，挺杆横截面的惯性矩为

$$I=\frac{\pi}{64}(D^4-d^4)=\frac{\pi}{64}(0.012^4-0.01^4)=0.052\ 7\times10^{-8}\ \text{m}^4$$

此挺杆的临界压力为

$$F_{cr}=\frac{\pi^2EI}{(\mu l)^2}=\frac{\pi^2\times210\times10^9\times0.052\ 7\times10^{-8}}{(1\times0.383)^2}\ \text{N}=7.446\ \text{kN}$$

挺杆工作安全因数为

$$n=\frac{F_{cr}}{F}=\frac{7.446}{2.29}=3.25$$

规定的稳定安全因数为 $n_{st}=3\sim5$，故该挺杆能够满足稳定性要求。

11.16 如图所示螺旋千斤顶丝杠的最大承载 $F=150$ kN，直径 $d=52$ mm，最大升高长度 $l=500$ mm，材料为 Q235 钢。可以认为丝杠下端是固定的，上端是自由的。试计算丝杠的工作安全因数。

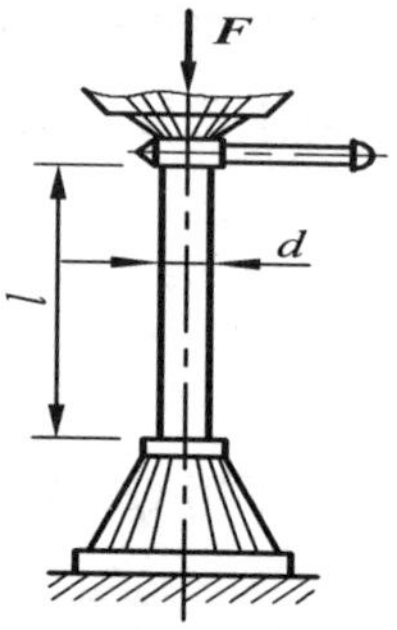

题 11.16 图

解：将千斤顶丝杠简化为一端固定，一端自由的压杆，

$$\mu=2,\quad l=0.5\ \text{m},\quad \lambda=\frac{\mu l}{i}=\frac{4\mu l}{d}=\frac{4\times2\times0.5}{0.052}=76.9$$

对于 Q235 钢，其 $\lambda_p=100$，$\lambda_s=61.6$，因此，此丝杠为中柔度杆，选用直线经验公式计算其临界压力，其中

$$a=304\ \text{MPa},\ b=1.12\ \text{MPa}$$

$$F_{cr}=\sigma_{cr}\cdot A=(a-b\lambda)\cdot A$$

$$=(304-1.12\times76.9)\times10^6\times\frac{\pi\times0.052^2}{4}\ \text{N}=462.7\ \text{kN}$$

丝杠稳定安全因数

$$n = \frac{F_{\text{cr}}}{F} = \frac{462.7}{150} = 3.08$$

若采用抛物线经验公式，则对于 Q235 钢，有

$$a_1 = \sigma_s = 235 \text{ MPa} \text{ ，} \quad b_1 = \frac{\sigma_s^2}{4\pi^2 E} = 0.006\ 8 \text{ MPa}$$

$$F_{\text{cr}} = \sigma_{\text{cr}} \cdot A = (a_1 - b_1\lambda^2) \cdot A = (235 - 0.006\ 8 \times 76.9^2) \times 10^6 \times \frac{\pi \times 0.052^2}{4} \text{N} = 413.7 \text{ kN}$$

丝杠稳定安全因数

$$n = \frac{F_{\text{cr}}}{F} = \frac{413.7}{150} = 2.76$$

11.17　如图所示结构中，横梁 AB 与立柱 CD 的材料均为 Q235 钢，$E = 200$ GPa，$\sigma_s =$ 240 MPa，均匀分布载荷集度 $q = 40$ kN/m。立柱由两根 63 mm × 63 mm × 5 mm 等边角钢连接而成。试确定梁与立柱的工作安全因数。

解：对于 No.16 号工字钢，查表知 $I_{AB} = I_x = 1\ 130 \text{ cm}^4$ ，$W_{AB} = W_x = 141 \text{ cm}^3$ 。

对于等边角钢 63 × 63 × 5（两根焊接成一体）

$$A_{CD} = 2A = 2 \times 6.143 \text{ cm}^2 = 12.286 \text{ cm}^2 \text{ ,}$$
$$I_{\min} = 2I_y = 23.17 \times 2 \text{ cm}^4 = 46.34 \text{ cm}^4 \text{ ，} \quad i_{\min} = 1.94 \text{ cm}$$

对于梁 AB，设 C 点处的位移为 f_C ，则

$$f_C = \frac{5ql_{AB}^4}{384EI_{AB}} - \frac{F_C l_{AB}^3}{48EI_{AB}} \quad (\downarrow)$$

对于立柱 CD，其轴向变形量设为 Δl ，则

$$\Delta l = \frac{F_C l_{CD}}{EA_{CD}}$$

令 $l_{AB} = l$ ，依题意知 $l_{CD} = \frac{1}{2}l$ ，因为 $f_C = \Delta l$ ，于是可得

$$F_C = \frac{5ql^3 A_{CD}}{8(24I_{AB} + A_{CD}l^2)} = \frac{5 \times 40 \times 4^3 \times 12.286 \times 10^{-4}}{8 \times (24 \times 1130 \times 10^{-8} + 12.286 \times 10^{-4} \times 4^2)} \text{ kN} = 98.64 \text{ kN}$$

立柱 CD 的柔度为

$$\lambda = \frac{\mu l_{CD}}{i} = \frac{1 \times 2}{1.94 \times 10^{-2}} = 103$$

对于 Q235 钢，$\lambda_p = 100,\ \lambda > \lambda_p$ ，立柱 CD 为大柔度杆，其临界压力为

$$F_{cr}=\frac{\pi^2 EI_{min}}{(\mu l_{CD})^2}=\frac{\pi^2\times200\times10^9\times46.34\times10^{-8}}{(1\times2)^2}\text{N}=228.68\text{ kN}$$

立柱 CD 的工作安全因数

$$n=\frac{F_{cr}}{F_C}=\frac{228.68}{98.64}=2.32$$

研究梁 AB，由对称性可知 $F_A=F_B$，而 $F_A+F_B+F_C-ql=0$，于是，得

$$F_A=F_B=\frac{1}{2}(ql-F_C)=\frac{1}{2}\times(40\times4-98.64)\text{ kN}=30.68\text{ kN}$$

于是，可求得

$$|M|_{max}=|M_C|=\left|30.68\times0.767-\frac{1}{2}\times40\times0.767^2\right|=18.64\text{ kN}\cdot\text{m}$$

$$\sigma_{max}=\frac{|M|_{max}}{W_{AB}}=\frac{18.64\times10^3}{141\times10^{-6}}\text{ Pa}=132.2\text{ MPa}$$

梁 AB 的工作安全因数

$$n=\frac{\sigma_s}{\sigma_{max}}=\frac{240}{132.2}=1.82$$

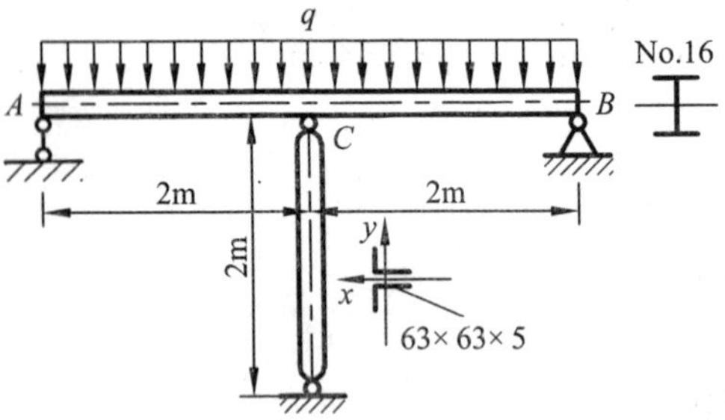

题 11.17 图

图 a

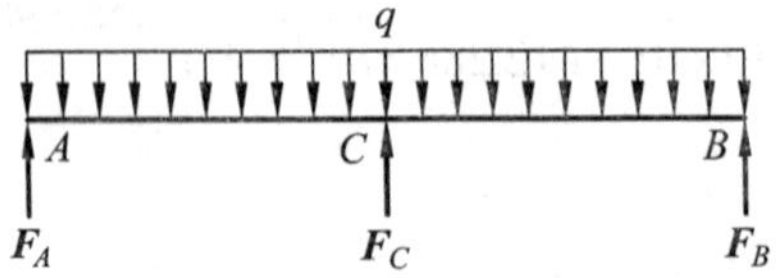

图 b

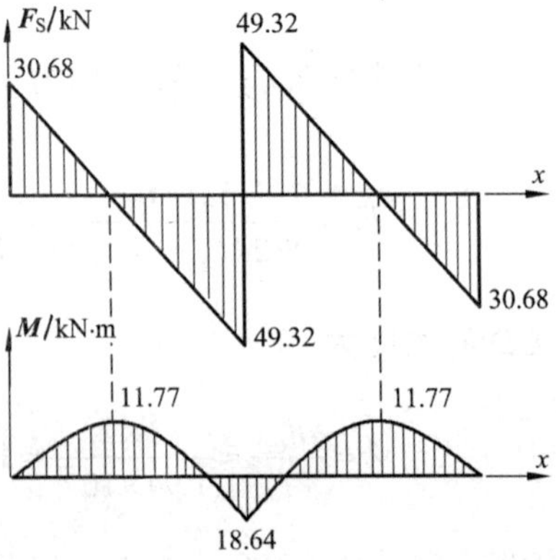

图 c

11.18　如图所示结构中，CF 为铸铁圆杆，直径 $d_1 = 100$ mm，许用压应力$[\sigma_c] = 120$ MPa；BE 为 Q235 钢圆杆，直径 $d_2 = 50$ mm，许用应力$[\sigma] = 160$ MPa；横梁 $ABCD$ 可视为刚体。试求结构的许可载荷$[F]$。已知铸铁的 $E_1 = 120$ GPa，钢的 $E_2 = 200$ GPa。

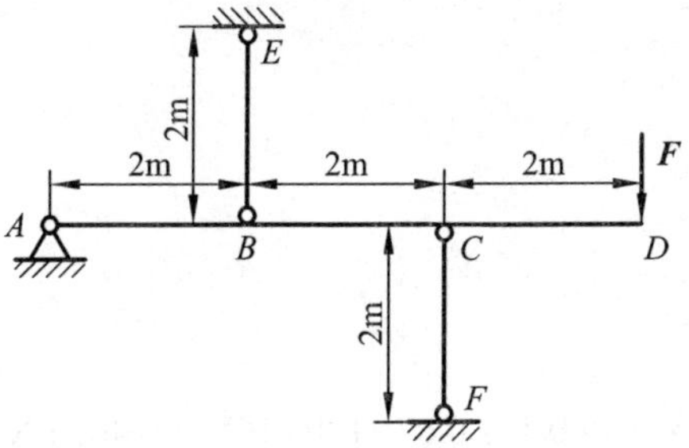

题 11.18 图

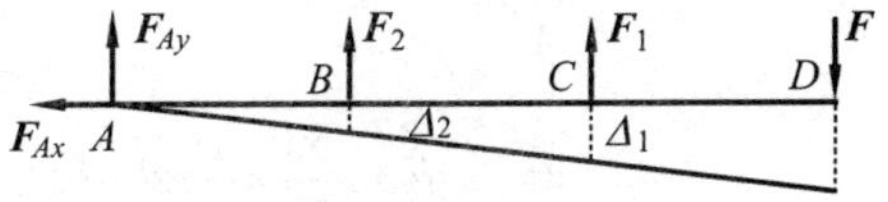

图 a

解：设杆 CF 为杆 1，杆 BE 为杆 2。假设杆 1 受压、杆 2 受拉，研究横梁 $ABCD$，受力如图，列平衡方程，有

$$\sum M_A = 0,\ F_2 \times 2\ \text{m} + F_1 \times 4\ \text{m} - F \times 6\ \text{m} = 0$$

$$\Rightarrow \quad F_2 + 2F_2 - 3F = 0 \qquad (1)$$

杆 1 缩短量设为：$\Delta_1 = \dfrac{F_1 \ell_1}{E_1 A_1}$，

杆 2 伸长量设为：$\Delta_2 = \dfrac{F_2 \ell_2}{E_2 A_2}$，

由于横梁 $ABCD$ 为刚体，由变形协调条件可知 $2\Delta_2 = \Delta_1$，即

$$2\frac{F_2 \ell_2}{E_2 A_2} = \frac{F_1 \ell_1}{E_1 A_1} \Rightarrow \frac{F_2}{F_1} = \frac{E_2 d_2^2}{2E_1 d_1^2},$$

代入数据：$\ell_1 = \ell_2 = 2$ m，$E_1 = 120$ GPa，$E_2 = 120$ GPa，$d_1 = 100$ mm，$d_2 = 50$ mm，于是得

$$F_1 = 4.8F_2 \qquad (2)$$

综合（1）、（2）两式，求得　$F_1 = \dfrac{72}{53}F$，$F_2 = \dfrac{15}{53}F$。

首先，根据杆 2 即拉杆 BE 来确定结构的许可载荷，材料许用应力 $[\sigma] = 160$ MPa。

依据强度条件，有

$$\sigma_2 = \frac{F_2}{A_2} = \frac{\dfrac{15}{53}F}{\dfrac{1}{4}\pi d_2^2} \leqslant [\sigma]$$

即有：$F \leqslant \dfrac{53}{15} \times \dfrac{1}{4}\pi d_2^2 \times [\sigma] = \dfrac{53}{15} \times \dfrac{1}{4}\pi \times 0.05^2 \times 160 \times 10^6\ \text{N} = 1\,100\ \text{kN}$

然后，再根据杆 1 即压杆 CF 来确定结构的许可载荷，材料许用压应力 $[\sigma_c] = 120$ MPa。

对于压杆来说，通常易发生失稳，此处采用折减系数法进行计算，压杆 CF 的柔度为 $\lambda=\frac{\mu\ell}{i}=\frac{4\mu\ell}{d}=\frac{4\times1\times2}{0.1}=80$，此压杆为铸铁杆，通过查表，知 $\lambda=80$ 对应的折减系数 $\varphi=0.67$，于是，依据强度条件 $\sigma_1=\frac{F_1}{A_1}\leqslant\varphi[\sigma_c]$，有

$$\frac{\frac{72}{53}F}{\frac{1}{4}\pi d_1^2}\leqslant\varphi[\sigma]$$

$$\Rightarrow\quad F\leqslant\frac{53}{72}\times\frac{1}{4}\pi d_1^2\times\varphi[\sigma_c]=\frac{53}{72}\times\frac{1}{4}\pi\times0.1^2\times0.67\times120\times10^6\ \text{N}=465\ \text{kN}$$

故此结构的许用载荷为：$[F]=465\ \text{kN}$。